高等学校计算机类专业“十三五”规划教材

Android 程序设计教程

(Android Studio 版)

向守超　李再友　邓永生　编著

西安电子科技大学出版社

内 容 简 介

本书基于 Android Studio 3.1 集成开发工具，对 Android 技术进行了全面、深入的讲解。内容涵盖 Android 基本理论概述、集成开发环境的安装配置、UI 界面程序设计、Android 四大组件技术应用、Android 网络编程、百度地图应用和传感器使用等技术。

本书以案例为驱动，深入浅出，重难点突出，主要强调动手操作能力。所有案例都在 Android 7.0 及以上版本进行成功调试，使得读者能够快速理解并掌握各项重难点知识，全面提高分析问题、解决问题以及动手编程的能力。

本书可作为高等学校物联网工程、移动互联网技术、计算机科学与技术等专业的移动终端程序设计课程教材，也可以作为培训机构、自学爱好者的 Android 学习参考资料。

图书在版编目(CIP)数据

Android 程序设计教程：Android Studio 版 / 向守超，李再友，邓永生编著. —西安：西安电子科技大学出版社，2019.10

ISBN 978-7-5606-5471-3

Ⅰ. ① A… Ⅱ. ① 向… ② 李… ③ 邓… Ⅲ. ① 移动终端—应用程序—程序设计—高等学校—教材 Ⅳ. ① TN929.53

中国版本图书馆 CIP 数据核字(2019)第 196621 号

策划编辑 刘玉芳
责任编辑 郑一锋 阎 彬
出版发行 西安电子科技大学出版社(西安市太白南路 2 号)
电　　话 (029)88242885 88201467　　邮　　编 710071
网　　址 www.xduph.com　　电子邮箱 xdupfxb001@163.com
经　　销 新华书店
印刷单位 陕西天意印务有限责任公司
版　　次 2019 年 10 月第 1 版　2019 年 10 月第 1 次印刷
开　　本 787 毫米×1092 毫米 1/16　　印　张 20
字　　数 475 千字
印　　数 1～3000 册
定　　价 47.00 元
ISBN 978-7-5606-5471-3 / TN

XDUP 5773001-1

前　言

Android(安卓)是一种基于 Linux 的开源操作系统，由 Google 公司和开放手机联盟领导及开发，主要用于移动终端设备，如智能手机、平板电脑等。Android 系统以其开源性和丰富的扩展性受到广大用户好评。伴随着智能手机、平板电脑的普及和“互联网+”的发展，各种 Android 程序已深入到大众生活，Android 移动编程技术的前景将无限广阔。

本书作为一本 Android 开发从入门到精通的教材，通过理论知识的讲解和大量案例的演示，深入浅出地介绍了 Android 应用开发的各方面知识。Android 开发使用的是 Java 语言，因此在学习本书之前，读者需要具备 Java 面向对象程序设计的知识，建议读者先掌握理论知识，掌握组件的使用方法，然后通过具体的案例来融会贯通、举一反三，最终达到熟练应用。

本书共 11 章，具体如下：

第 1 章主要介绍 Android 的起源、发展史、特点和体系结构等知识，让读者对 Android 系统有一个基本的了解。

第 2 章主要介绍 Android Studio 集成开发环境的安装与配置，包括搭建 Android Studio 开发环境、Android Studio 编程环境介绍、Android Studio 应用程序等知识，让读者对 Android Studio 开发环境有一个全面、细致的了解。

第 3 章主要介绍 Android 应用程序，包括 Android 四大组件、Android 应用程序生命周期、程序调试和应用程序的权限管理。

第 4 章主要介绍 Android 用户界面程序设计，包括界面的布局、常用基本控件、高级控件、事件处理、对话框、Fragment 基础和资源管理等。通过这些基础知识的讲解，可以让开发者设计自己需要的 UI 界面，并能实现基本的功能。

第 5 章主要介绍 Intent 意图和 BroadcastReceiver 广播接收机制，还包括 Handler 消息传递机制和 AsyncTask 异步类，让读者实现 Activity 组件之间的各种形式的数据传递。

第 6 章主要介绍 Service 服务，包括 Service 分类以及不同方式的 Service 启动，还包括前台 Service 和远程 Service 的调用方法，让读者对 Service 组件有一个系统的了解和掌握。

第 7 章主要介绍 Android 数据存储，包括文件方式存储、SharedPreferences 方式存储、SQLite 数据库存储，还包括使用 LitePal 插件对 SQLite 数据库的基本操作等。

第 8 章主要介绍 ContentProvider 数据共享，包括 ContentProvider 类和 ContentResolver 类的介绍、注册 ContentProvider 类和开发 ContentProvider 程序，以及操作系统的 ContentProvider 等知识。

第 9 章主要介绍 Android 网络编程，包括 Socket 编程、HttpURLConnection 数据传输、WiFi 管理、蓝牙设备的查找与配对、蓝牙的连接与数据传输等知识，让读者对 Android 的网络编程知识有一个全面的掌握。

第 10 章主要介绍 GPS 与百度地图应用，主要包括百度地图应用开发步骤、基础地图、百度定位以及位置检索功能的开发。

第 11 章主要介绍 Android 传感器的应用开发，包括使用传感器的步骤，以及对光线传感器、加速度传感器、陀螺仪传感器和磁场传感器的具体应用开发。

本书在编写过程中尽量做到理论联系实践，以图文结合的方式来阐明知识理论，以具体实例来引导学生进行设计开发。本书由向守超(重庆机电职业技术大学)、李再友(重庆电信职业学院)、邓永生(重庆机电职业技术大学)编写。其中第 1～3 章由邓永生编写，第 4～8 章由向守超编写，第 9～11 章由李再友编写。

由于编者水平有限，加之软件集成开发工具的不断进步和 Android 知识理论体系的不断扩展与更新，书中难免有不足和疏漏之处，恳请广大读者批评指正。

编　者

2019 年 5 月于重庆机电职业技术大学

目　录

第1章　Android概述

本章目标：

- 了解Android的历史发展和特点；
- 掌握Android的系统架构。

Android(安卓)是基于Linux开放性内核的操作系统，是Google(谷歌)公司在2007年11月5日公布的手机操作系统。自问世以来，Android就受到了众多关注，并成为移动平台最受欢迎的操作系统之一。

1.1　Android简介

1.1.1　Android的起源

Android一词最早出现于法国作家维里耶德利尔·亚当(Auguste Villiers de L'Isle-Adam，1838—1889)在1886年发表的科幻小说《未来的夏娃》(L'ève future)中。该书中的男主角为了回报他的救命恩人，帮他制造了一个女性机器人，并命名为Hadaly，这种仿人机器在书中被称为Android。

《未来的夏娃》一书主要描述了人性、灵魂和科学之间的矛盾碰撞。由于这种题材非常吸引人，一位名叫Andy Rubin的年轻人在2003年创立面向移动终端OS开发的公司时就将该公司命名为Android。2005年，美国Google公司收购了Android公司，而Android则作为OS的名称保留下来。Android之父Andy Rubin后来成为了Google公司的工程副总裁。

Android是一个以Linux为基础的开源操作系统，主要用于智能手机和平板电脑等移动设备。Android操作系统的发展离不开Google公司的研发和开放手机联盟(Open Handset Alliance，OHA)的推动。

Android的LOGO是由Ascender公司设计的，诞生于2010年，其设计灵感源于男女厕所门上的图形符号，Android LOGO设计者Irina Blok(布洛克)绘制了一个简单的机器人，它的躯干就像锡罐的形状，头上还有两根天线，Android小机器人就这样诞生了。其中的文字使用了Ascender公司专门制作的称之为“Droid”的字体。Android是一个全身绿色的机器人，绿色也是Android的标志。其颜色采用了PMS376C和RGB中十六进制的#A4C639来绘制，这是Android操作系统的品牌象征。Android图标如图1.1所示。

图1.1　Android图标

目前，移动互联网已经深入到人们生活的方方面面，如社交、购物、旅游等等，为人们的衣食住行提供了极大的便利，并最终改变了人们的生活方式。传统的 IT 企业都在向移动互联转型，以拓展更广阔的业务空间，获取更大的利润增长。而移动互联的快速发展离不开智能手机操作系统，常用的智能手机操作系统包括以下几种：

(1) Android：Google 公司发布的基于 Linux 内核的开源移动操作系统。

(2) iOS：苹果公司(Apple Inc.)开发的移动操作系统。

(3) Windows Phone：微软公司(Microsoft)发布的基于 Windows CE 内核的移动操作系统。

(4) BlackBerry OS(黑莓)：加拿大 RIM 公司推出的一款移动电子邮件系统。

(5) Symbian(塞班)：塞班公司(被诺基亚收购)设计的一款纯 32 位手机操作系统。

在这些手机操作系统中，Android 系统在全球范围内占据着主导地位，正是 Android 系统的快速发展奠定了移动互联网的基础。根据权威机构对移动终端市场的统计，截至 2016 年第二季度，采用 Android 和 iOS 操作系统的智能手机出货量占全部智能手机出货量的 99.1%，其中 Android 全球份额接近 86.2%，占有绝对优势。

1.1.2 Android 的发展史

2008 年 9 月 23 日，Google 发布了 Android 1.0 版，这是一个稳定版本。1.0 版的 SDK 中分别提供了基于 Windows、Mac 和 Linux 操作系统的集成开发环境，包含完整高效的 Android 模拟器和开发工具、详细的说明文档和开发示例。

10 月 21 日，Google 又公布了 Android 平台的源代码，任何人或机构都可以免费试用 Android，并对它进行改进。

10 月 22 日，第一款 Android 手机 T-Mobile G1(HTC Dream)(见图 1.2)在美国上市，由中国台湾的宏达电子公司(HTC)制造。

2009 年，Android 系统发展迅速，继 Android 1.5、1.6 版本后，Android 2.0 版本正式发布。同年，HTC Hero G3 手机成为全球最受欢迎的智能手机。

2010 年，Google 发布了旗下第一款自主品牌手机 Nexus one(HTC G5)。同年 5 月 20 日，Google 对外正式展示了搭载 Android 系统的智能电视——Google TV，成为全球首台智能电视机。

图 1.2 第一款 T-Mobile G1 手机

2011 年 2 月，Android 3.0 版正式发布；5 月，Android 3.1 版正式发布。这两个版本是专为平板电脑设计的 Android 系统，在界面上更加注重用户体验和良好互动，并重新定义了多任务处理功能。同年 10 月，Android 4.0 版本正式发布，该版本最显著的特征是同时支持智能手机、平板电脑、电视等设备，而不再需要根据设备不同选择不同版本的 Android 系统。经过这一年的迅猛发展，Android 手机已经占据全球智能机市场 48% 左右的份额，并在亚太地区牢牢占据了统治地位，终结了诺基亚 Symbian 的霸主地位，跃居全球第一。截止 2018 年 8 月，Android 的最新版本是 9.0 版。表 1-1 整理了 Android 系统的主要版本，有趣的是，每一版本的 Android 代号大都是以甜点名称来命名的。

表 1-1　Android系统的主要版本

版　本	代　号	发布日期
Android 1.0	Astro(铁臂阿童木)	2008 年 9 月 23 日
Android 2.0/2.1	Eclair(闪电泡芙)	2009 年
Android 2.2	Froyo(冻酸奶)	2010 年 5 月 20 日
Android 2.3	Gingerbread(姜饼)	2010 年 12 月 6 日
Android 3.0/3.1/3.2	Honeycomb(蜂巢)	2011 年
Android 4.0	Ice Cream Sandwich(冰激凌三明治)	2011 年 10 月 19 日
Android 4.1/4.2/4.3	Jelly Bean(果冻豆)	2012 年
Android 4.4	KitKat(奇巧巧克力棒)	2013 年 9 月 3 日
Android 5.0/5.1	Lollipop(棒棒糖)	2014 年 6 月 25 日
Android 6.0	Marshmallow(棉花糖)	2015 年 5 月 28 日
Android 7.0	Nougat(牛轧糖)	2016 年 5 月 18 日
Android 8.0	Oreo(奥利奥)	2017 年 8 月 22 日
Android 9.0	Pistachio Ice Cream(开心果冰淇淋)	2018 年 8 月 7 日

1.1.3　Android 的特点

Android 系统作为使用 Linux 内核的智能手机操作系统之所以能够成功，是由以下特点决定的。

第一，真正开放性。Android 是一个真正意义上的开放性移动开发平台，它同时包含底层操作系统以及上层的用户界面和应用程序——移动电话工作所需的全部软件，而且不存在任何以往阻碍移动产业创新的专有权障碍。Google 与 OHA 合作开发 Android，目的就是通过与运营商、设备厂商、开发商等结成深层次的合作伙伴关系，来建立标准化、开放式的移动电话软件平台，在移动产业内形成一个开放式的生态系统，这样应用程序之间的通用性和互联性将在最大程度上得到保持。另一方面，Android 平台的开放性还体现在不同的厂商可以根据自己的需求对平台进行定制和扩展，以及使用这个平台无需任何授权许可费用等。显著的开放性可以使其拥有更多的开发者，随着用户和应用的日益丰富，一个崭新的平台也将很快走向成熟。开放性对于 Android 的发展而言，有利于积累人气，这里的人气包括消费者和厂商，而对于消费者来讲，最大的收益正是丰富的软件资源。开放的平台也会带来更大竞争，如此一来，消费者将可以用更低的价位购得心仪的手机。

第二，应用程序相互平等。所有的 Android 应用程序之间是完全平等的，所有的应用程序都运行在一个核心引擎上面，这个核心引擎就是一个虚拟机，它提供了一系列用于应用程序和硬件资源间通信的 API。抛开这个核心引擎，Android 系统的核心应用和第三方应用都是完全平等的。

第三，应用程序之间沟通无界限。在 Android 平台下开发应用程序，可以方便实现应用程序之间的数据共享，只需要经过简单的声明或操作，应用程序即可访问或调用其他应用程序的功能，或者将自己的部分数据和功能提供给其他应用程序使用。

第四，快速方便的应用程序开发。Android 平台为开发人员提供了大量的实用库和工具，开发人员可以快速创建自己的应用程序。如今，Google 服务如地图、邮件、搜索等都已经成为连接用户和互联网的重要纽带，而 Android 平台手机将无缝结合这些优秀的 Google 服务。

此外，Android 的浏览器还支持最新的 HTML5 和 JavaScript 脚本，不断更新的 SDK 在个性支持、Widget、Shortcut、Live Wallpapers 上表现得更加华丽和时尚，这一切都让其未来充满希望。

1.2　Android 体系结构

Android 是基于 Linux 内核的软件平台和操作系统，采用了 HAL(Hardware Abstract Layer，硬件抽象层)架构，主要分为四部分，如图 1.3 所示。第一层以 Linux 内核为基础，由 C 语言开发，只提供由操作系统内核管理的底层基本功能；第二层为中间件层，也称系统运行库层，包括函数库和 Android 运行时，由 C++开发；第三层为应用程序框架层，提供了 Android 平台基本的管理功能和组件重用机制；第四层为应用程序层，提供了一系列核心应用程序，包括通话程序、短信程序等，应用软件则由各公司自行开发，以 Java 作为编写程序。

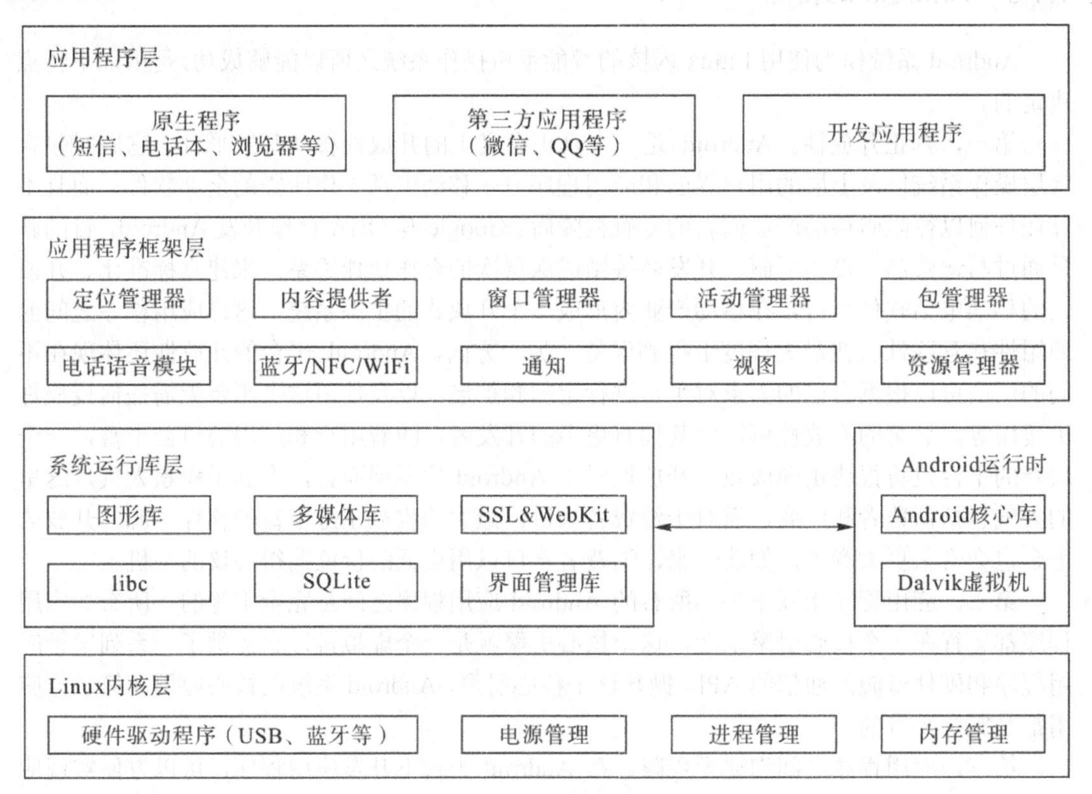

图 1.3　Android 体系结构

1. Linux 内核层

Android 基于 Linux 2.6 提供核心系统服务，包括安全管理、内存管理、进程管理、网络堆栈、驱动模型等。该层也作为硬件和软件之间的抽象层，它隐藏具体硬件细节而为上层提供统一的服务。如果只是做应用开发，则不需要深入了解 Linux 内核层。

2. 系统运行库层

在 Linux 内核层之上，Android 提供了各种 C/C++ 核心库，包括标准 C 系统库(libc)、多媒体库、界面管理库、图形库、数据库引擎、字体库等。

Android 运行时包含一个 Android 核心库和 Dalvik 虚拟机。核心库提供大部分在 Java 编程语言核心类库中可用的功能。

每一个 Android 应用程序都是 Dalvik 虚拟机中的实例，运行在它们自己的进程中。大多数虚拟机，包括 JVM 都是基于栈的，而 Dalvik 虚拟机则是基于寄存器的。两种架构各有优势，一般而言，基于栈的机器需要更多指令，而基于寄存器的机器指令更大。Dalvik 虚拟机依赖于 Linux 内核提供基本功能，如线程和底层内存管理。

3. 应用程序框架层

通过提供开放的开发平台，Android 使开发者能够编制极其丰富和新颖的应用程序。开发者可以自由地利用设备硬件优势、访问位置信息、运行后台服务、设置闹钟、向状态栏添加通知等，也可以完全使用核心应用程序所使用的框架 API。应用程序的体系结构旨在简化组件的重用，任何应用程序都能发布它的功能，且任何其他应用程序也可以使用这些功能(需要服从框架执行的安全限制)。这一机制允许用户替换组件(所有的应用程序其实是一组服务的系统)。这一层包括活动管理器(Activity Manager)、内容提供者(Content Providers)、通知管理器(Notification Manager)、资源管理器(Resource Manager)、定位管理器(Location)、电话语音模块(Telephony Manager)等。

4. 应用程序层

Android 装配一个核心应用程序集合，包括电子邮件客户端、SMS 程序、日历、地图、浏览器、联系人和其他设置。所有应用程序都是用 Java 编程语言写的，更加丰富的应用程序有待我们去开发。

从上面可知，Android 的架构是分层的，非常清晰，分工很明确。Android 本身是一套软件堆迭(Software Stack)，或称为“软件迭层架构”。该迭层主要分成三层：操作系统、中间件、应用程序。开发者不但可以直接调用这些应用，而且也可以利用此模式分享自己的 API，允许其他软件调用。

第 2 章　Android Studio 集成开发环境

本章目标：

- 掌握 Android Studio 开发环境的搭建；
- 了解 Android Studio 编程环境；
- 掌握 Android SDK 和 AVD 的基本操作；
- 掌握 Android 应用程序的基本结构。

“工欲善其事，必先利其器”出自《论语》，意思是要想高效地完成一件事，就非常需要一个合适的工具。对于 Android 开发人员来说，集成开发工具至关重要。谷歌公司已经宣布不再对 Eclipse+SDK 环境提供支持，并推出了 Android Studio 集成开发环境作为一个全新的 Android 开发工具。在本章的内容中，将详细讲解搭建 Android 开发环境的基本知识，为后面知识的学习打下基础。

2.1　搭建 Android Studio 开发环境

Android Studio 是谷歌推出的一个基于 IntelliJ IDEA 的 Android 集成开发工具，类似 Eclipse ADT，Android Studio 提供了集成的 Android 开发和调试工具。

2.1.1　Android Studio 介绍

2013 年 5 月 16 日，在 I/O 大会上，谷歌推出了新的 Android 集成开发环境——Android Studio，并对开发者控制台进行了改进，增加了五个新的功能，包括优化小贴士、应用翻译服务、推荐跟踪、营收曲线图、用版测试和阶段性展示。在 IDEA 的基础上，Android Studio 为开发者提供了以下功能：

(1) 基于 Gradle 的实现项目构建。

(2) Android 专属的重构和快速修复功能。

(3) 通过提示工具以及时捕获性能、可用性、版本兼容性等问题。

(4) 支持 ProGuard 和应用程序签名功能。

(5) 通过基于模板的向导来生成常用的 Android 应用程序设计和组件。

(6) 功能强大的布局编辑器，用户可以拖拉 UI 控件并进行效果预览。

对于很多习惯用 Eclipse 的开发者来说，可能一开始对 Android Studio 不是很适应，但是在上手之后会发现 Android Studio 功能要比 Eclipse 功能强大很多，并且在程序开发工作上也更加方便和简单。Android Studio 的优势如下：

(1) 可以在工程的布局界面和代码中实时预览颜色、图片等信息。

(2) 可以实时预览 String 的效果。

(3) 可以实现多屏幕预览功能，并且可以实时截图设备框界面，也可以随时录制模拟器视频。

(4) 可以直接打开工程文件所在的文件夹。

(5) 可以实现跨多个工程的移动、搜索和跳转功能。

(6) 可以实时自动保存。

(7) 实现了智能重构和智能预测报错功能，也可以灵活、方便地编译整个项目。

2.1.2　下载并安装 JDK

JDK(Java Development Kit)是整个 Java 的核心，包括了 Java 运行环境、Java 工具和 Java 基础类库。安装 Android Studio 开发环境，首先需要先安装 Java 开发工具包(JDK)。JDK 可在 ORACLE 官网(http://www.oracle.com/technetwork/java/javase/downloads/index.html)下载，如图 2.1 所示。下载时请注意选择相应的系统及处理器型号。

图 2.1　JDK 官网下载页面

JDK 的安装非常简单，双击下载的“exe”可执行文件，初学者建议选用默认安装即可。

2.1.3　下载并安装 Android Studio

登录 Android 的官方网站 https://developer.android.google.cn/，如图 2.2 所示，单击顶部导航中的“Android Studio”链接，进入 Android Studio 的下载页面，点击“DOWNLOAD ANDROID STUDIO”按钮，即可下载当前最新版本的安装工具包。

图 2.2　Android Studio 官方网站

下载完成之后会得到一个“exe”格式的可执行文件，用鼠标双击后弹出安装欢迎界面，如图 2.3 所示。单击“Next”按钮，来到选择工具界面，如图 2.4 所示。

图 2.3　安装欢迎界面

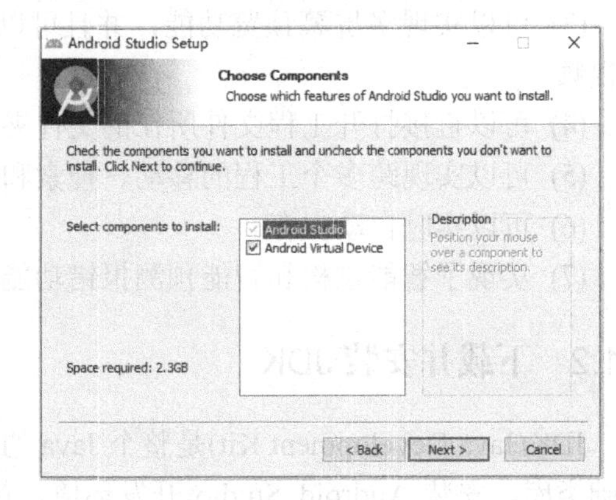

图 2.4　选择工具界面

单击“Next”按钮，来到设置 Android Studio 的安装目录界面，如图 2.5 所示。选定好安装目录后，点击“Next”按钮，进入启动菜单设置界面，如图 2.6 所示。

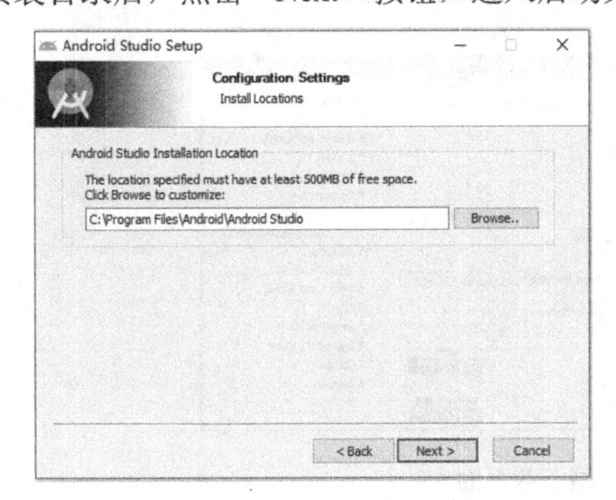

图 2.5　安装目录设置界面

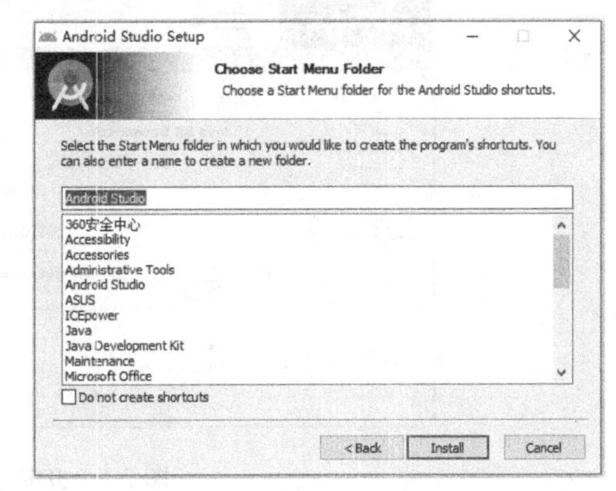

图 2.6　启动菜单设置界面

单击启动菜单设置界面的“Install”按钮，进入安装进度界面，如图 2.7 所示。该界面通过进度条显示安装进度，安装完成后弹出安装完成界面，如图 2.8 所示，单击“Finish”按钮完成全部的安装工作。

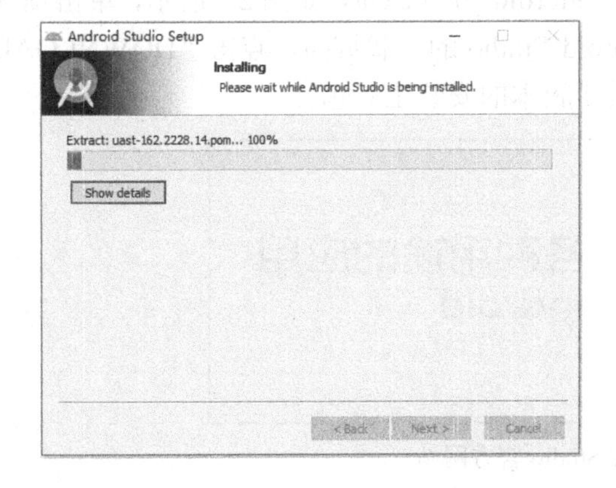

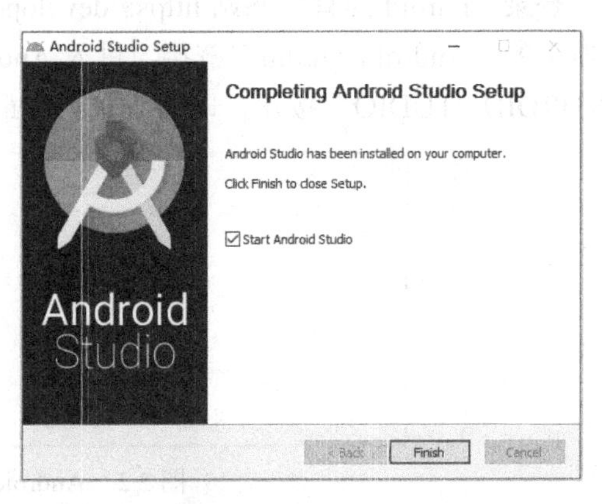

图 2.7　安装进度界面　　　　　　　　　　图 2.8　安装完成界面

2.1.4　启动 Android Studio

Android Studio 安装完成以后，就可以直接启动 Android Studio 了。双击“studio64.exe”或在开始菜单中单击“Android Studio”后弹出启动界面，第一次启动会弹出“Complete Installation”对话框，如图 2.9 所示。如果曾经安装使用过 SDK 或 ADT，就选第一个选项，再选择以前文件的位置；如果是第一次安装则选第二个，也就是默认选项，是电脑上首次安装的选择项。

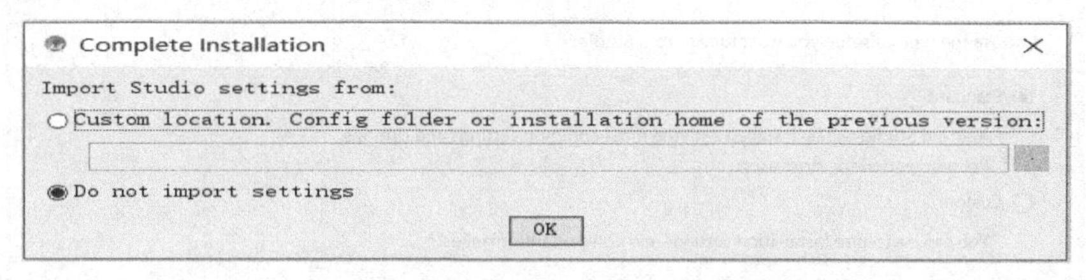

图 2.9　Complete Installation 对话框

单击“OK”按钮，则进入 HTTP 代理设置界面，如图 2.10 所示，我们直接选择默认的“No proxy”选项，单击“OK”按钮，进入 Android 工作室设置向导界面，如图 2.11 所示。

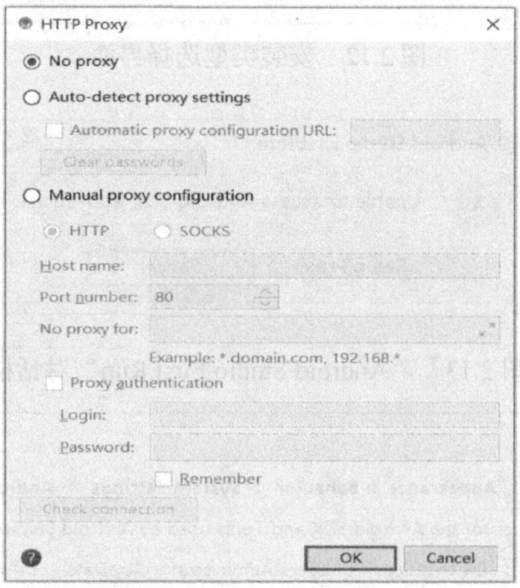

图 2.10　HTTP 代理设置界面

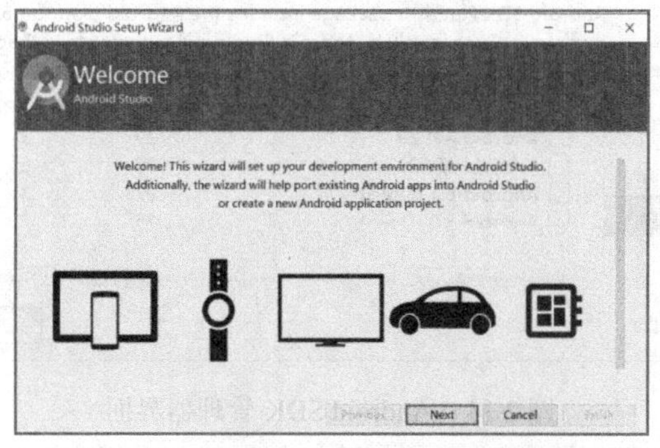

图 2.11　Android 工作室设置向导界面

单击 Android 工作室设置向导界面的“Next”按钮，则进入安装类型选择界面，如图 2.12 所示。我们选择默认的 Standard(标准)选项，单击“Next”按钮，则会弹出图 2.13 所示的“Android Studio First Run”对话框，这是由于是第一次运行，电脑没有 SDK 的原因所致，直接点击“Cancel”按钮，则进入 Android SDK 管理器界面，如图 2.14 所示。

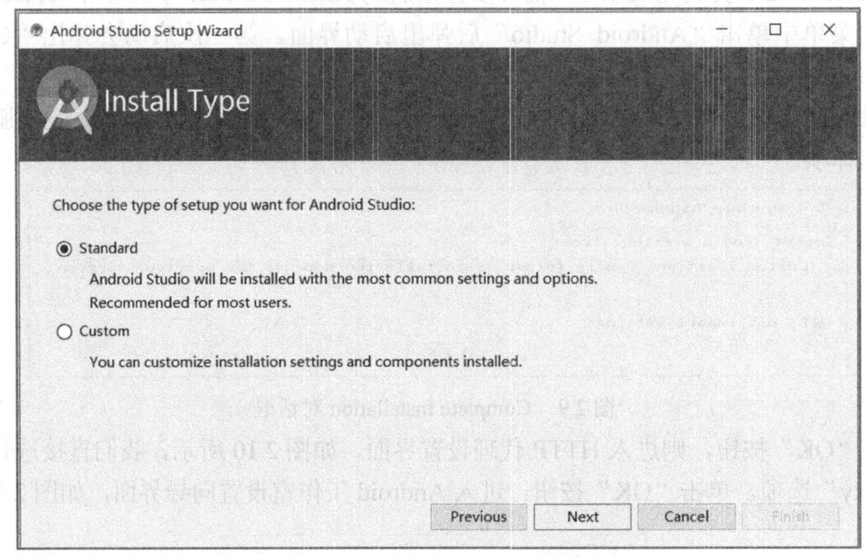

图 2.12　安装类型选择界面

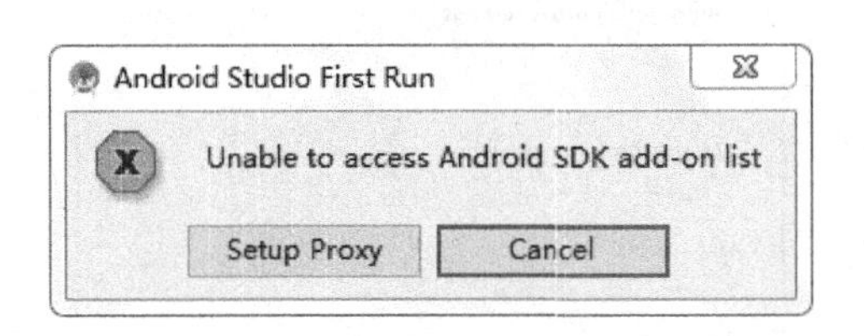

图 2.13　“Android Studio First Run”对话框

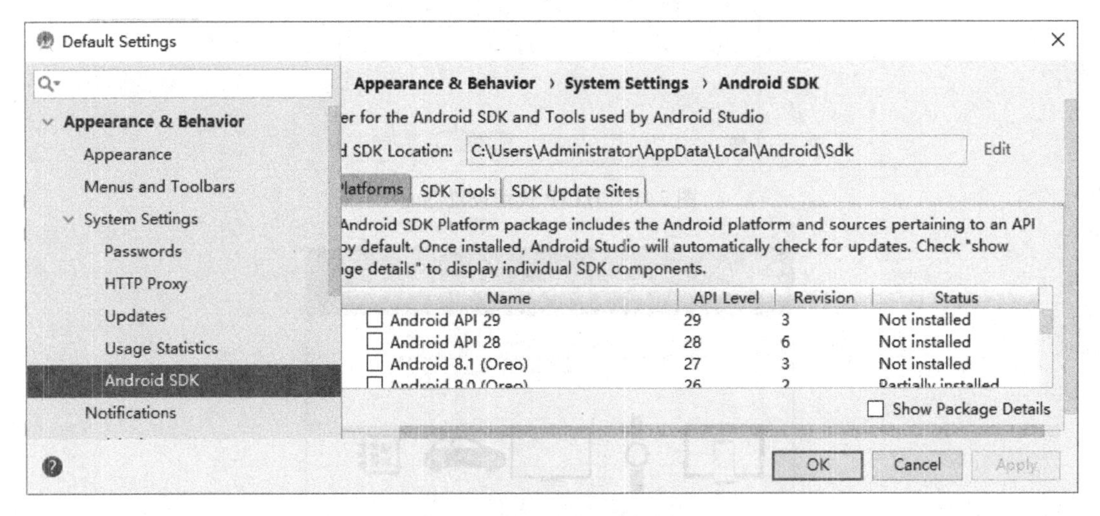

图 2.14　Android SDK 管理器界面

单击 Android SDK 管理器界面的“Edit”超链接，则进入 SDK 组件安装界面，如图 2.15

所示。在 Android SDK Location 文本框中设置 SDK 下载目录，点击“Next”按钮，进入安装验证设置界面，直接点击“Next”按钮，则进入下载 SDK 组件进度条界面。当 SDK 组件下载完成以后，点击“Finish”按钮，则进入 Android Studio 欢迎界面，如图 2.16 所示。

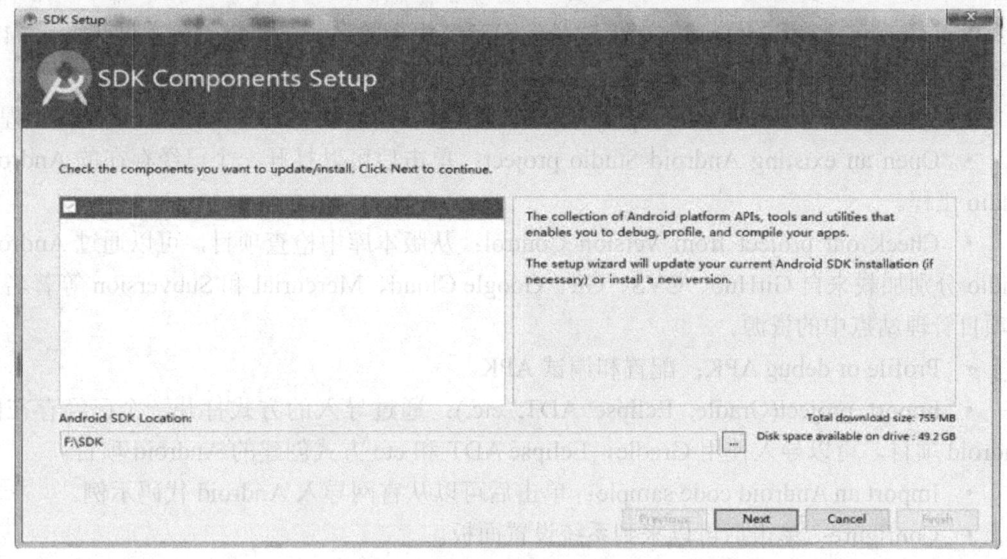

图 2.15　SDK 组件安装界面

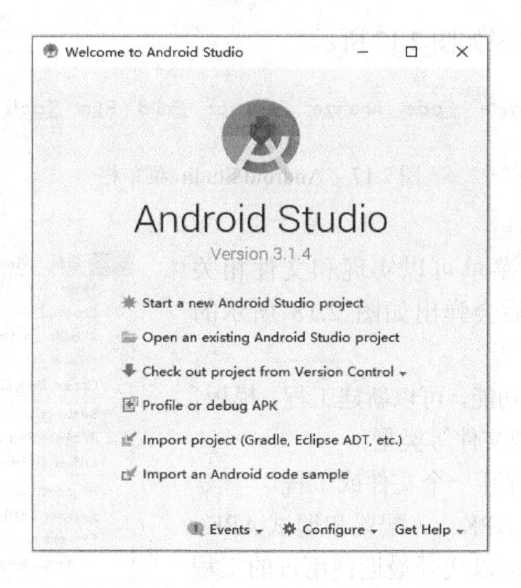

图 2.16　Android Studio 欢迎界面

2.2　Android Studio 编程环境介绍

在前面的章节中，我们已经详细介绍了搭建 Android 开发环境的基本知识，并了解了获取和安装 Android Studio 的具体过程。接下来将详细介绍 Android Studio 集成开发环境的基本知识。

2.2.1　Android Studio 编程环境

1. Welcome to Android Studio 面板

Welcome to Android Studio 面板就是前面章节提到的 Android Studio 欢迎界面，如图 2.16 所示。每个选项含义如下：

- Start a new Android Studio project：单击后可以创建一个新的 Android Studio 工程。
- Open an existing Android Studio project：单击后可以打开一个已经存在的 Android Studio 工程。
- Check out project from Version Control：从版本库中检查项目，可以通过 Android Studio 分别加载来自 GitHub、CVS、Git、Google Cloud、Mercurial 和 Subversion 等著名开源项目管理站点中的资源。
- Profile or debug APK：配置和调试 APK。
- Import project(Gradle, Eclipse ADT, etc.)：通过导入的方式打开一个已经存在的 Android 项目，可以导入使用 Gradle，Eclipse ADT 和 etc 方式创建的 Android 项目。
- Import an Android code sample：单击后可以从官网导入 Android 代码示例。
- Configure：单击后可以来到系统设置面板。

2. 菜单栏

Android Studio 菜单栏如图 2.17 所示。

File　Edit　View　Navigate　Code　Analyze　Refactor　Build　Run　Tools　VCS　Window　Help

图 2.17　Android Studio 菜单栏

1) “File”子菜单

通过 File(文件)子菜单可以实现和文件相关的操作，单击“File”后会弹出如图 2.18 所示的子菜单。

- New：实现新建功能，可以新建工程、模板、文件、包和 Android 资源文件等类型。
- Open…：可以打开一个文件或工程。
- Profile or Debug APK…：配置和调试 APK。
- Open Recent：可以代开最近使用过的工程或文件。
- Close Project：关闭当前工程。
- Settings…：打开系统设置面板。
- Project Structure…：可以查看当前项目的结构，打开后可以看到 SDK Location 信息。
- Other Settings：其他设置信息。
- Import Settings…：导入设置。
- Export Settings…：导出设置。

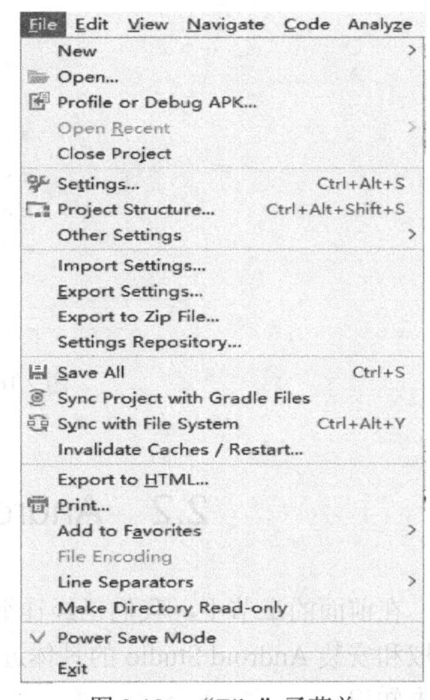

图 2.18　“File”子菜单

- Export to Zip File…：导出到 Zip 文件。
- Settings Repository…：设置库信息。
- Save All：保存当前所有的文件。
- Sync Project with Gradle Files：用 Gradle 文件同步项目。
- Sync with File System：与文件系统同步。
- Invalidate Caches/Restart…：清除无效缓存并重启。
- Export to HTML…：导出到 HTML。
- Print…：打印。
- Add to Favorites：添加到收藏夹。
- File Encoding：设置项目的编码格式，例如可以设置为 GBK 或 UTF-8 等。
- Line Separtators：选择不同系统下的分隔符。
- Make File Read-only：设置当前文件为只读格式。
- Power Save Mode：代码自动提示设置。
- Exit：退出 Android Studio。

2)　“Edit”子菜单

通过 Edit(编辑)子菜单可以实现和编辑操作相关的功能，单击“Edit”后会弹出如图 2.19 所示的子菜单。

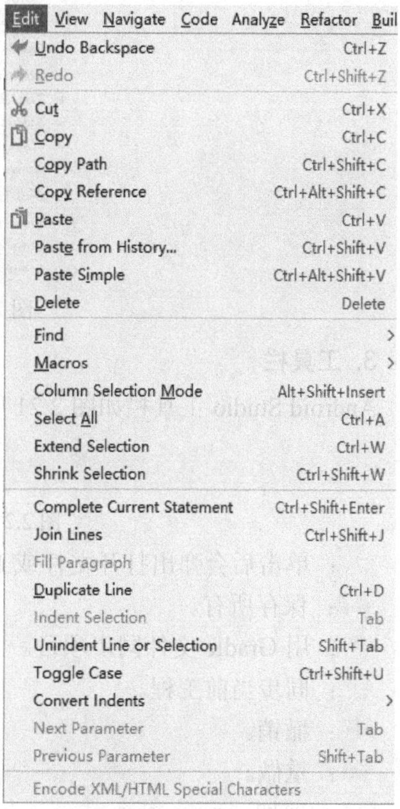

- Undo Backspace：撤销操作，和 Word 中的撤销功能一样。
- Redo：重做，和 Word 中的重做功能一样。
- Cut：剪切。
- Copy：复制。
- Copy Path：复制当前文件的路径地址。
- Copy Reference：复制参考信息，例如当前代码所属的文件和行数等信息。
- Paste：粘贴。
- Paste from History…：从历史操作中选择一个复制记录。
- Delete：删除。
- Select All：选中全部。
- Find：实现和搜索有关的功能。
- Macros：宏。

图 2.19　“Edit”子菜单

3)　“View”子菜单

通过 View(视图)子菜单可以设置在 Android Studio 主界面中显示或隐藏哪些功能面板，单击“View”后会弹出如图 2.20 所示的子菜单。

- Tool Windows：工具窗口。其子菜单中包含 Project(工程视图)、Favorites(收藏夹)、

Run(运行程序)、Structure(当前类的所在工程结构视图)、Logcat(信息界面)、TODO(引用面板)等。

- Toolbar：隐藏上方工具条。
- Tool Buttons：外边框按钮工具条。
- Status Bar：状态栏工具条。
- Navigation Bar：导航栏
- Enter Presentation Mode：开启陈述(播放)模式。
- Enter Full Screen：开启全屏模式。

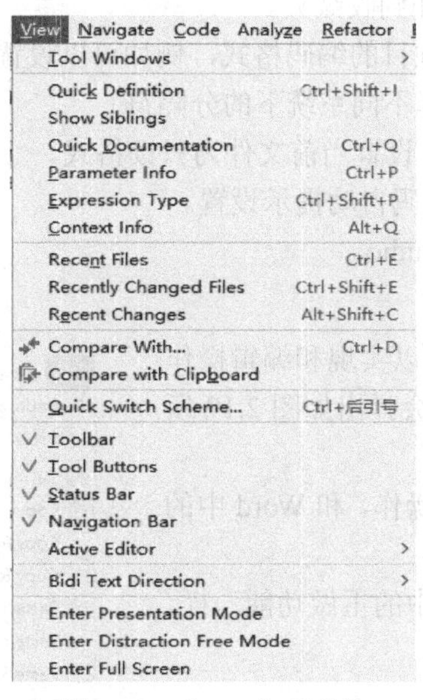

图 2.20　“View”子菜单

3. 工具栏

Android Studio 工具栏如图 2.21 所示。

图 2.21　Android Studio 工具栏

：单击后会弹出打开文件或工程对话框。

：保存所有。

：用 Gradle 文件同步项目。

：同步当前工程。

：撤销。

：重做。

：剪切。

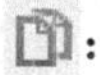

：复制。

：粘贴。

：搜索查找。

：搜索替换。

：返回。

：前进。

：构建项目。

app ：单击后会弹出程序调试设置对话框。

：运行当前程序。

：调试应用程序。

：配置应用程序。

：将调试器附加到安卓进程。

：AVD 管理器。

：项目结构。

：SDK 管理器。

：帮助。

2.2.2　Android SDK 操作

在 Android Studio 的开发过程中离不开 Android SDK，Android SDK 是实现 Android 应用程序核心功能的基础。谷歌公司已经将 Android SDK 集成在 Android Studio 开发环境中，单击 Android Studio 编程界面工具栏的 图标，就可以打开 Android SDK 管理器界面，如图 2.22 所示。

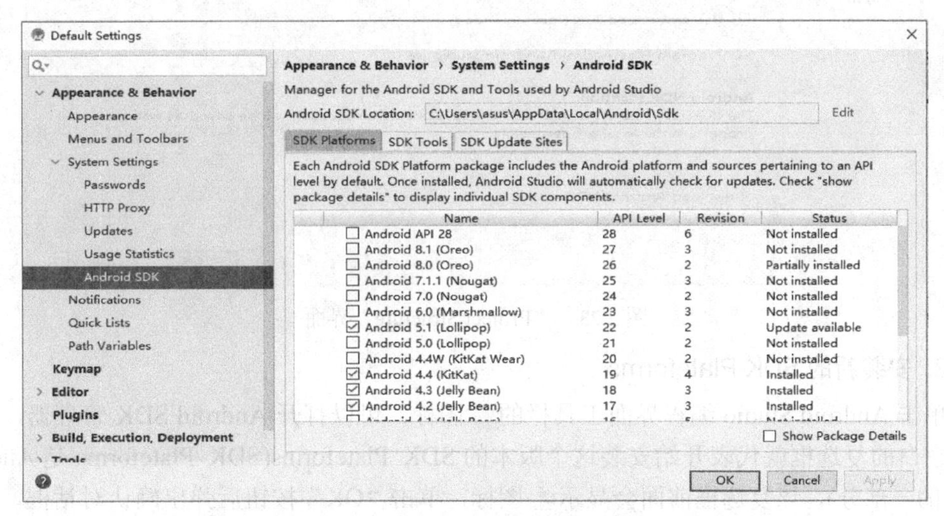

图 2.22　Android SDK 管理器界面

- Android SDK Location：在此设置当前机器安装 Android SDK 的路径，该路径一定是 SDK 的根目录。
- SDK Platforms：列出了当前机器中已经安装的版本、未安装的版本和未完全安装的版本三种 SDK 信息，三者之间的状态可以相互转变。
- SDK Tools：列出了当前机器中已经安装的版本、未安装的版本和需要更新的版本三种 SDK Tools 信息。

- SDK Update Sites：列出了在线更新 Android SDK 的官方地址，更新 SDK 时下载的资料就是从这些网址中下载获取的。
- Show Package Details：选择后会启动显示 Android SDK 管理器的典型界面，在此界面中列出了当前机器中的 Android SDK 信息。

1. 设定 Android SDK Location

如果打开一个 Android 工程后，发现 Android SDK 工具栏的图标处于灰色不可用状态，则说明设置的“Android SDK Location”不正确，此时需要在 Android Studio 中设置 Android SDK 的根目录路径。

鼠标右键单击 Android Studio 工程名，在弹出的菜单中选择“Open Module Settings”选项，弹出“Project Structure”界面，如图 2.23 所示。在弹出的界面左侧可以看到“SDK Location”选项，单击“SDK Location”选项后可以在右侧设定“Android SDK location”的目录路径，设置完成后单击“OK”按钮。经过上述操作后就可以发现 Android SDK 工具栏的图标处于可用状态了。

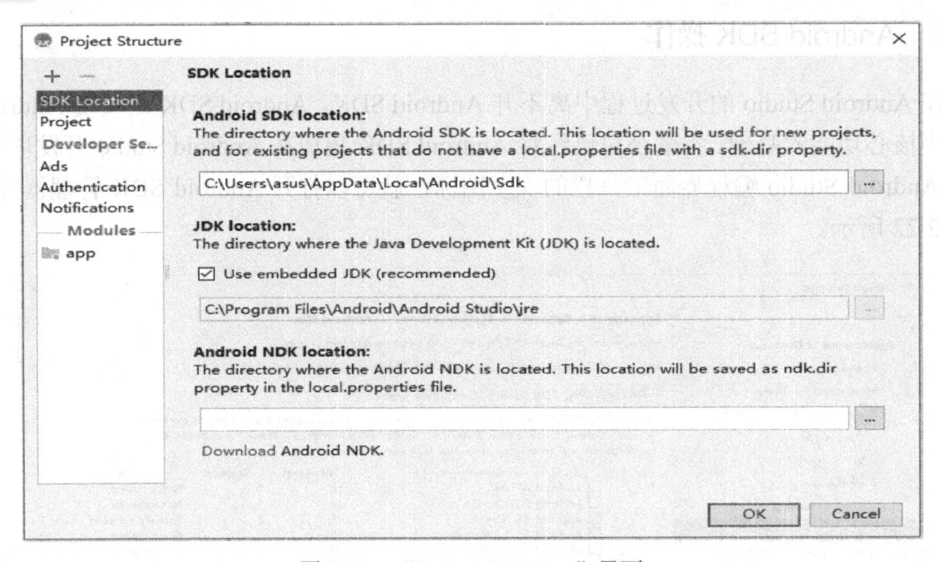

图 2.23　“Project Structure”界面

2. 安装新的 SDK Plateforms

单击 Android Studio 编程界面工具栏的图标，可以打开 Android SDK 管理器，勾选一个空白的复选框就代表开始安装这个版本的 SDK Plateforms(SDK Plateforms 是 Android SDK 的一部分)，该复选框前面会显示图标，单击“OK”按钮后弹出确认对话框，如图 2.24 所示。

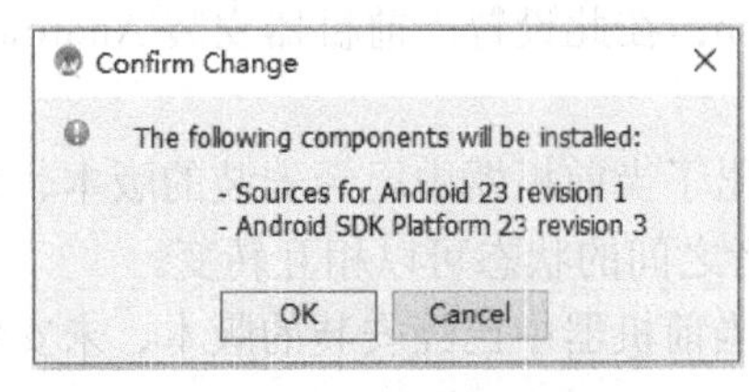

图 2.24　安装确认对话框

单击确认安装对话框的“OK”按钮后会弹出安装进度条界面，如图 2.25 所示。安装进度完成后单击“Finish”按钮完成安装工作，此时需要安装的版本在 Android SDK 管理器列表中就处于 Installed(已安装)状态了。

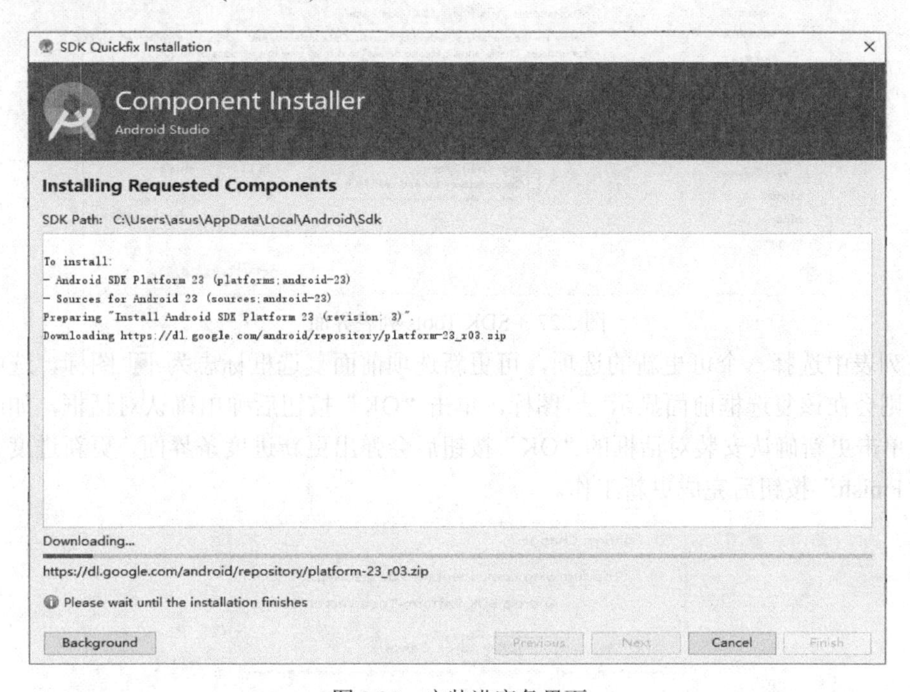

图 2.25　安装进度条界面

3. 删除已安装的 SDK Plateforms

删除已安装 SDK Plateforms 的过程和安装新的 SDK Plateforms 的过程相反，在 Android SDK 管理器界面取消被勾选复选框的选中状态，则在该复选框前面会显示 ✕ 图标，单击“OK”按钮，弹出确认删除对话框，如图 2.26 所示。然后单击“OK”按钮后删除该版本的 SDK Plateforms，之后在 Android SDK 管理器列表中该版本就处于 Not installed(未安装)状态了。

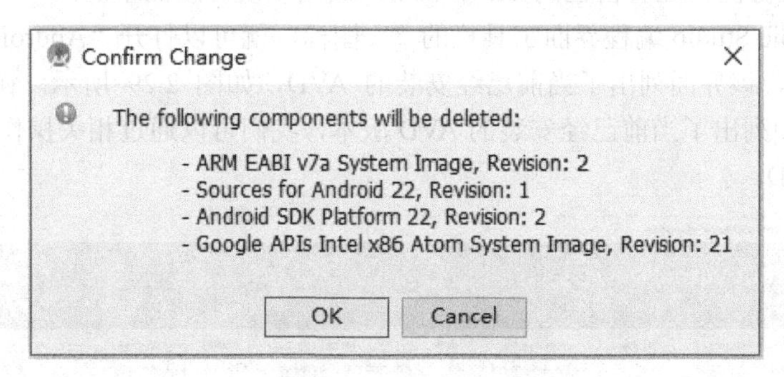

图 2.26　删除确认对话框

4. 更新 Android SDK

单击 Android Studio 编程界面工具栏的 图标，就可以打开 Android SDK 管理器界面，选择“SDK Tools”选项卡，来到有可以更新内容的界面，如图 2.27 所示。

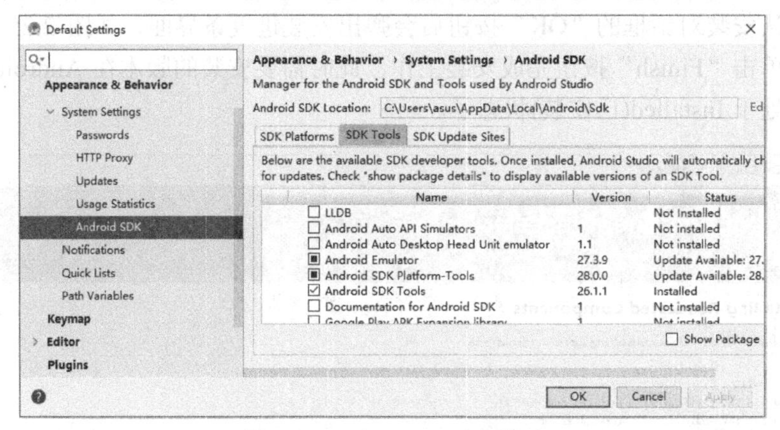

图 2.27　SDK Tools 列表界面

在列表中选择一个可更新的选项，可更新选项前面复选框标志为 ▣ 图标，选中该复选框，则会在该复选框前面显示 ⤓ 图标，单击“OK”按钮后弹出确认对话框，如图 2.28 所示。单击更新确认安装对话框的“OK”按钮后会弹出更新进度条界面，更新进度完成后单击“Finish”按钮后完成更新工作。

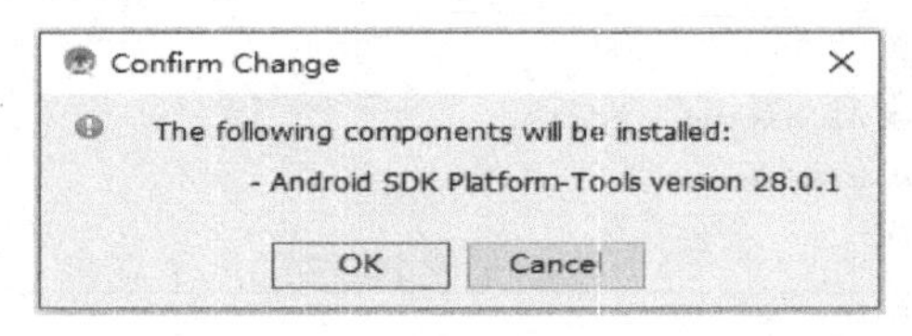

图 2.28　更新确认对话框

2.2.3　AVD 模拟器操作

所谓模拟器，就是指可以在计算机上模拟安卓系统环境，并用来调试或运行 Android 程序的虚拟设备。谷歌提供的模拟器名为 AVD，是 Android Virtual Device(Android 虚拟设备)的缩写，每个 AVD 模拟了一套虚拟设备来运行 Android 平台，这个平台有自己的内核、系统图像和数据分区，还有自己的 SD 卡和用户数据以及外观显示等。

单击 Android Studio 编程界面工具栏的 图标，就可以打开“Android Virtual Device Manager”界面，该界面列出了当前已经安装的 AVD，如图 2.29 所示。在“Your Virtual Devices”列表中列出了当前已经安装的 AVD 版本，我们可以通过相关操作来创建、启动、删除或修改 AVD。

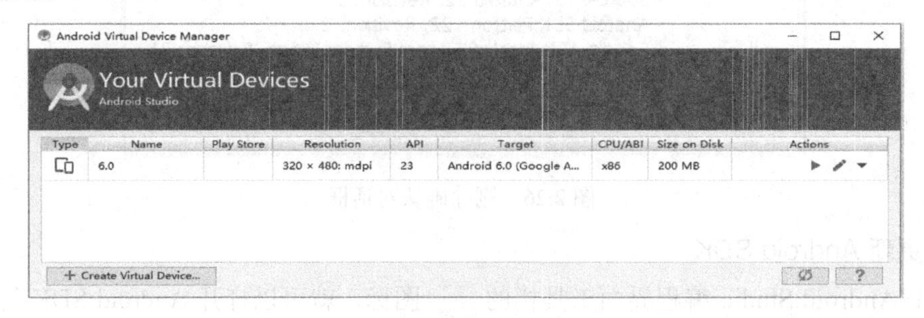

图 2.29　“Android Virtual Device Manager”界面

单击“Create Virtual Device…”按钮，会弹出“Select Hardware”界面，如图 2.30 所示。在此界面左侧的“Category”中选择一个设备的类型，在右侧列表中选择一个具体的设备名，在界面中会显示选择设备的尺寸参数和分辨率信息。

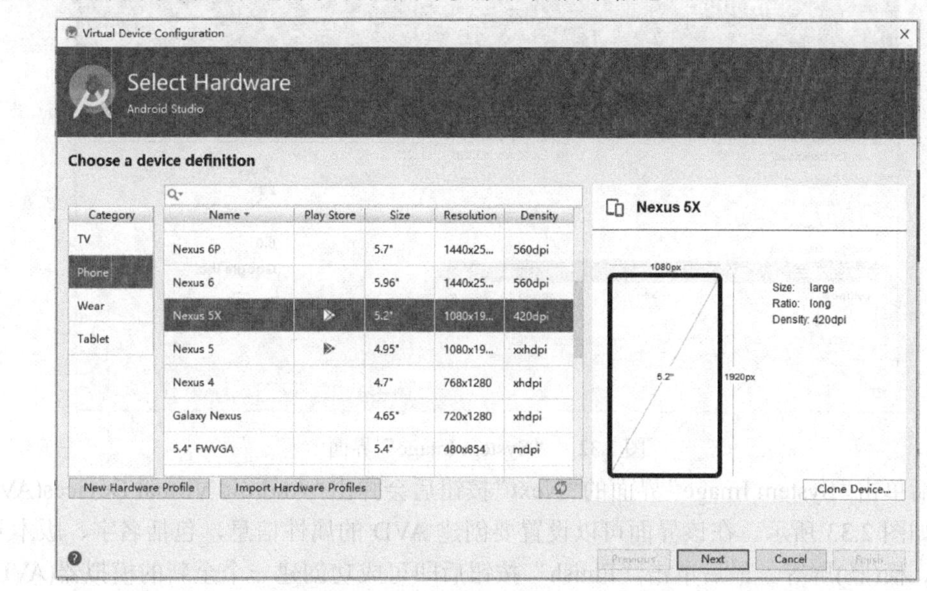

图 2.30　“Select Hardware”界面

单击“Select Hardware”界面的“New Hardware Profile”按钮或“Clone Device…”按钮，会弹出“Configure Hardware Profile”界面，如图 2.31 所示。在该界面中可以设置或修改当前被选中设备的属性，包括尺寸信息、名字、是否支持摄像头和传感器等。

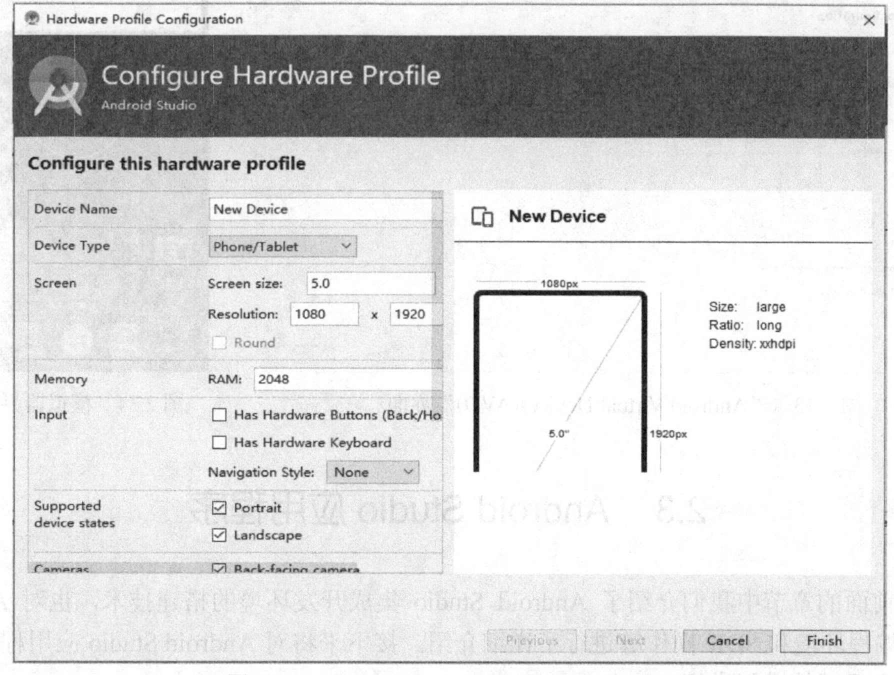

图 2.31　“Configure Hardware Profile”界面

单击“Select Hardware”界面的“Next”按钮，弹出“System Image”界面，如图 2.32

所示，在该界面可以设置要创建 AVD 的版本。

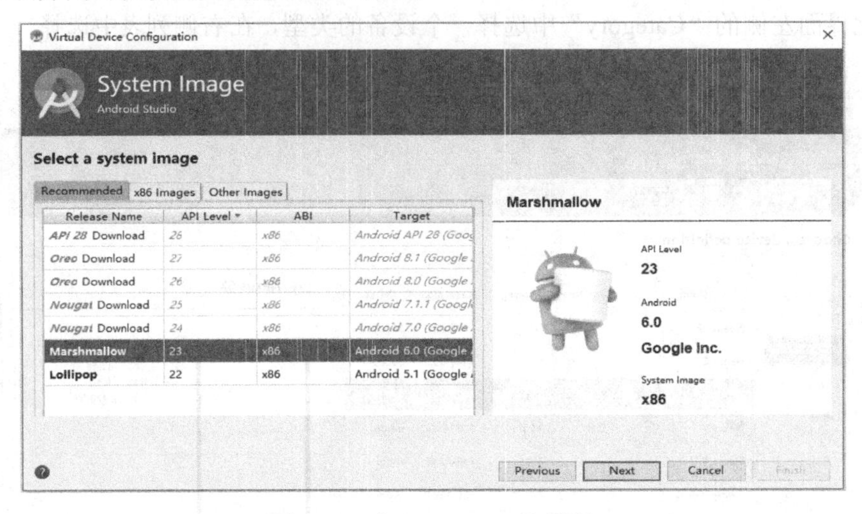

图 2.32　“System Image”界面

然后单击“System Image”界面的“Next”按钮后会弹出“Android Virtual Devices(AVD)”界面，如图 2.33 所示。在该界面可以设置要创建 AVD 的属性信息，包括名字、版本号、分辨率、横(竖)屏等。最后单击“Finish”按钮后即可成功创建一个全新的模拟器(AVD)。模拟器启动成功后，界面如图 2.34 所示。

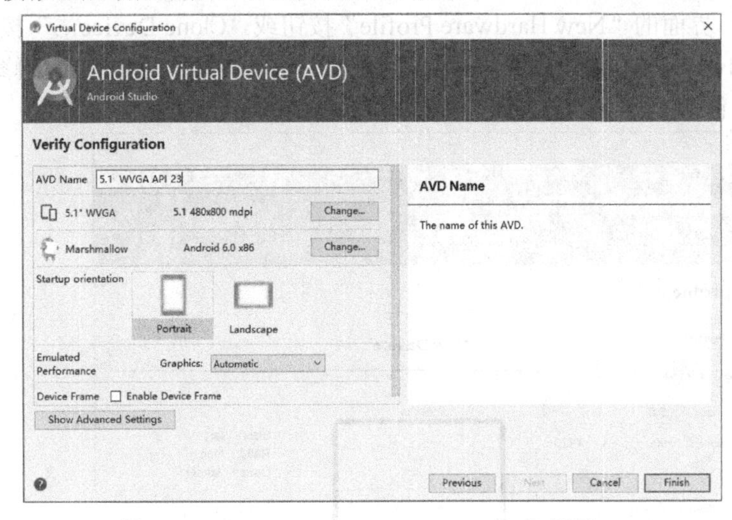

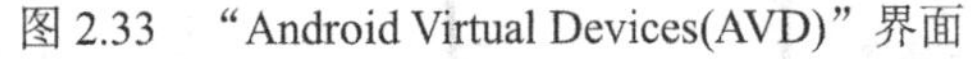
图 2.33　“Android Virtual Devices(AVD)”界面　　　　图 2.34　模拟器界面

2.3　Android Studio 应用程序

在前面的章节中我们介绍了 Android Studio 集成开发环境的搭建技术，也对 Android Studio 编程环境和 SDK 操作等进行了详细介绍。接下来将对 Android Studio 应用程序的开发过程和调试等进行讲解。

2.3.1　新建一个工程

我们直接利用 Android Studio 集成开发工具创建一个默认的工程项目，具体步骤如下：

(1) 在开始菜单中启动 Android Studio 来到欢迎界面，如图 2.35 所示。单击欢迎界面的“Start a new Android Studio project”选项，进入“Greate Android Project”界面，开始创建一个新的 Android Studio 工程，如图 2.36 所示。在此界面可以设置项目的名称和路径。

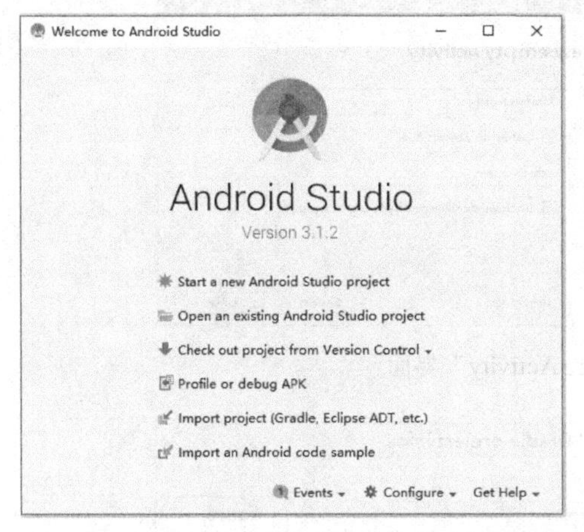

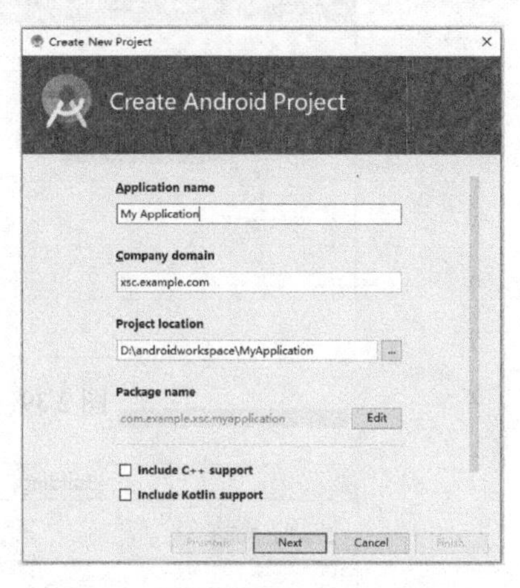

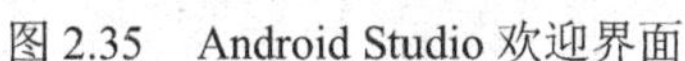
图 2.35　Android Studio 欢迎界面　　图 2.36　创建 Android 工程界面

(2) 设置完项目的名称和路径后，单击“Next”按钮，弹出“Target Android Devices”界面，如图 2.37 所示。在该图中可以选择想要开发的应用类别，其中“Phone and Tablet”代表普通的手机和平板应用程序；“TV”代表 Android 电视应用程序；“Wear”代表 Android 手表应用程序；“Android Auto”代表 Android 汽车应用程序；“Android Things”就是让开发者可以使用 Android 开发工具开发嵌入式设备。

(3) 在“Target Android Devices”界面中选择“Phone and Tablet”选项，然后单击“Next”按钮，弹出“Add an Activity to Mobile”界面，如图 2.38 所示，该界面用于设置应用程序中 Activity 的类别，对于初学者来说建议选择默认的“Empty Activity”即可。

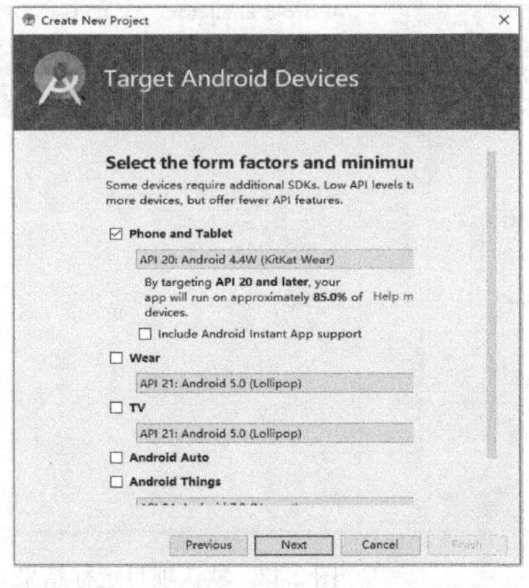

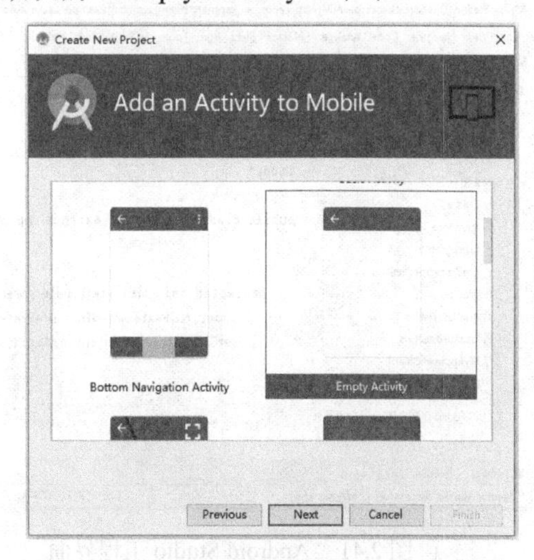

图 2.37　“Target Android Devices”界面　　图 2.38　“Add an Activity to Mobile”界面

(4) 选中应用程序的 Activity 类别后，单击“Next”按钮，弹出“Configure Activity”界面，如图 2.39 所示，该界面用于设置 Activity 名称和布局文件名称。然后单击“Finish”按钮，进入 Android Studio 创建和编译项目的进度条，如图 2.40 所示。

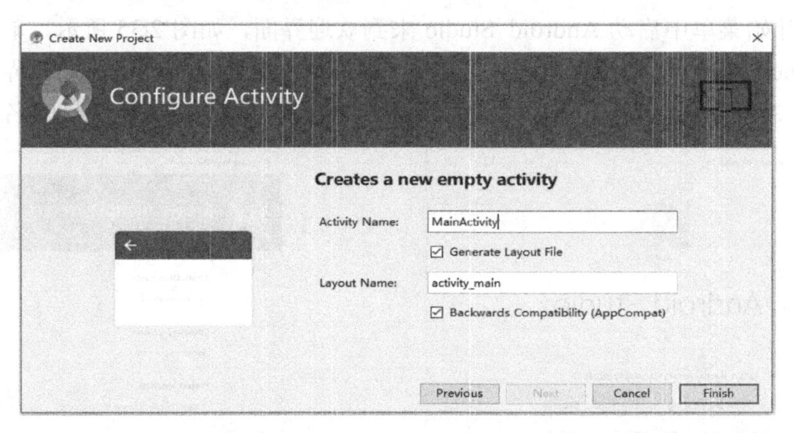

图 2.39　“Configure Activity”界面

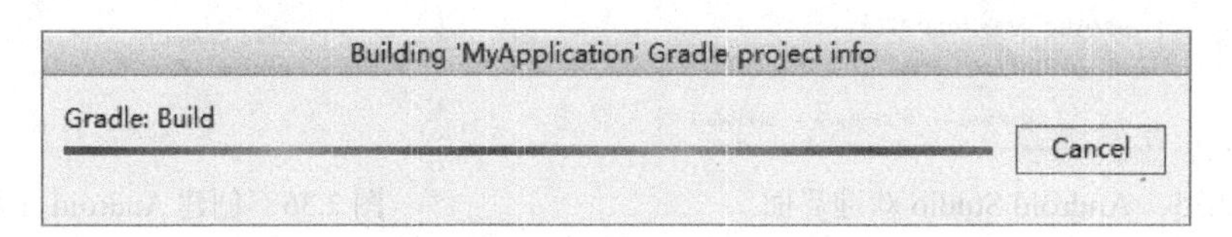

图 2.40　Android Studio 创建和编译项目进度条

(5) 进度条加载完成后，将成功创建一个 Android Studio 工程，如图 2.41 所示。

除了通过开始菜单中启动 Android Studio 来创建 Android Studio 工程外，也可以在图 2.41 所示的界面中，通过依次单击“File”→“New”→“New Project”来创建 Android Studio 工程。

(6) 在 Android Studio 环境菜单中选择“Run”→“Run APP”，或点击▶图标运行项目，项目运行结果如图 2.42 所示。

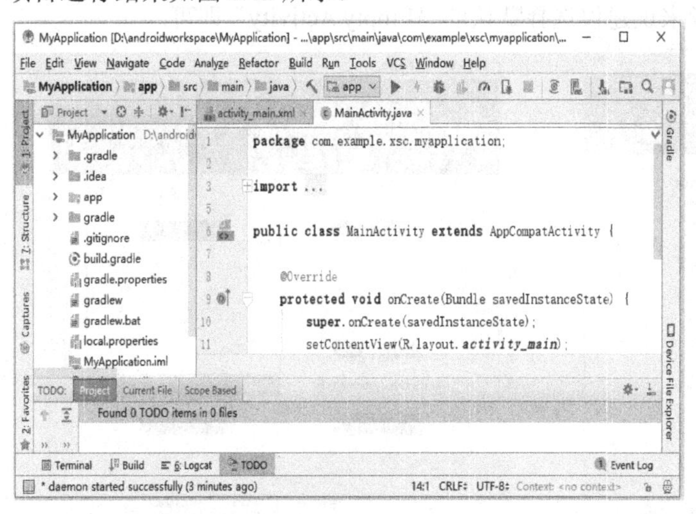

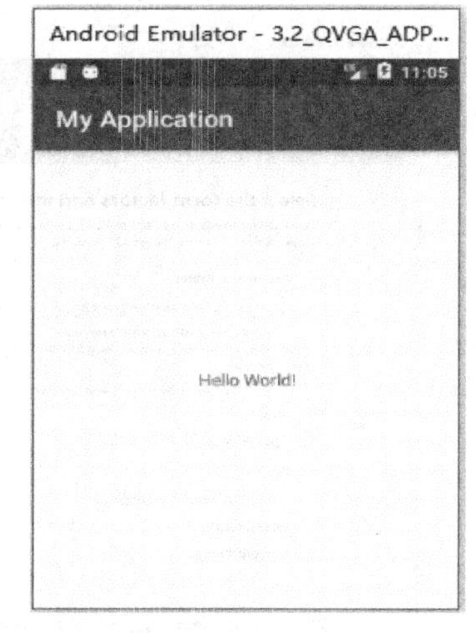

图 2.41　Android Studio 工程界面　　　　图 2.42　默认项目运行结果

2.3.2 Android 应用程序目录结构分析

在前面的小节中我们已经了解到如何创建自己的 Android 应用程序，现在我们需要对应用程序的目录结构进行更深入的理解。在使用 Android Studio 开发应用程序时，大多会使用 Project(工程模式)和 Android(Android 结构模式)两种目录结构模式。

1. Project 模式

在 Android Studio 中打开 Android 工程，在 Project 模式下，一个基本的 Android 应用项目的目录结构如图 2.43 所示。

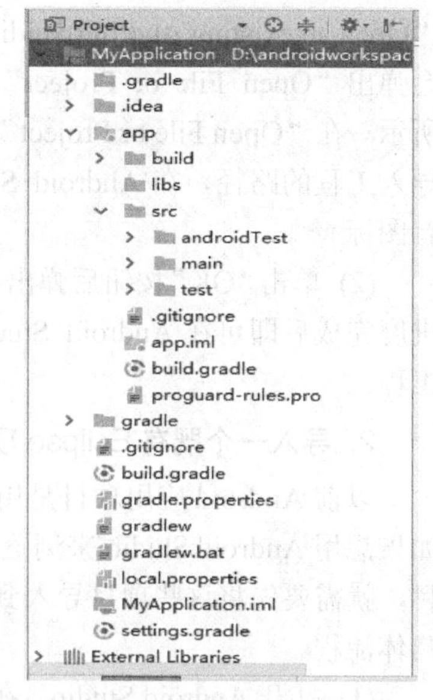

图 2.43　Project 模式

- .gradle：表示 Gradle 编译系统，其版本由 Wrapper 指定。
- .idea：Android Studio IDE 所需要的文件。
- app：当前工程的具体实现代码。
- build：编译当前的程序代码后，保存生成的文件。
- gradle：Wrapper 的 jar 和配置文件所在的位置。
- build.gradle：实现 gradle 编译功能的相关配置文件，其作用相当于 Makefile。
- gradle.properties：和 gradle 相关的全局属性设置。
- gradlew：编译脚本，可以在命令行执行打包，是一个 Gradle Wrapper 可执行文件。
- gradlew.bat：Windows 系统下的 Gradle Wrapper 可执行文件。
- local.properties：本地属性设置(设置 key 和设置 Android SDK 的位置等)，这个文件是不推荐上传到 VCS 中去的。
- settings.gradle：和设置相关的 gradle 脚本。
- External Libraries：当前项目依赖的 Lib，在编译时会自动下载。

2. Android 模式

在 Android 模式下，一个基本的 Android 应用项目的目录结构如图 2.44 所示。

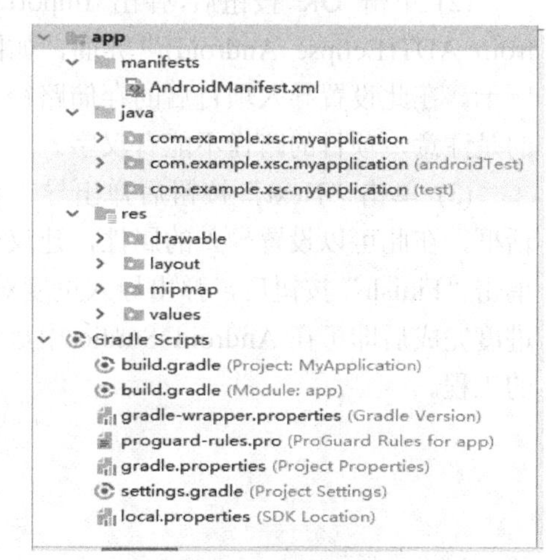

图 2.44　Android 模式

- app/manifests：AndroidManifest.xml 配置文件目录。
- app/java：存放开发人员编写的源码文件。
- app/res：存放项目中所有的资源文件，包括图片文件(drawable)、图标文件(mipmap)、布局文件(layout)和数据文件(values)。
- Gradle Scripts：和 gradle 编译相关的脚本文件。

2.3.3　导入项目操作

在 Android Studio 开发过程中，经常需要导入一个 Android 项目。在本节中，将详细介绍在 Android Studio 中导入项目的基本知识。

1. 导入一个 Android Studio 项目

通过 Android Studio 可以导入并打开一个已经存在的 Android 项目。下面介绍导入一个既有项目的具体流程。

(1) 打开 Android Studio，在欢迎界面中选择“Open an existing Android Studio project”选项，会弹出“Open File or Project”界面，如图 2.45 所示。在“Open File or Project”界面中找到需要导入工程的路径，在 Android Studio 工程前都会有图标 。

(2) 单击“OK”按钮后弹出导入进度对话框，进度完成后即可在 Android Studio 中显示导入的工程。

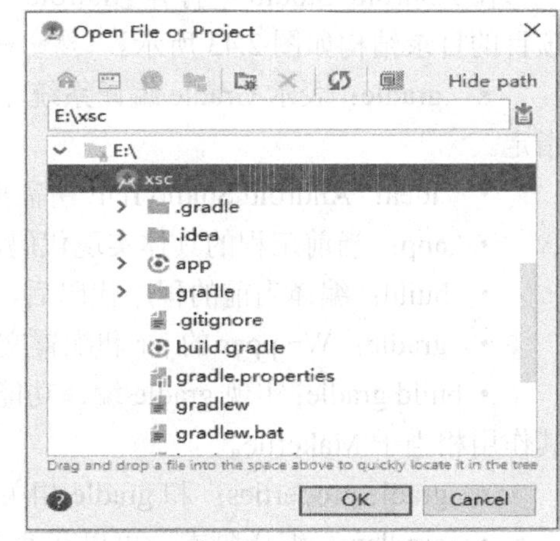

图 2.45　“Open File or Project”界面

2. 导入一个既有 Eclipse 项目

以前 Android 应用项目是用 Eclipse 开发的，如果想用 Android Studio 来浏览 Eclipse 创建的项目，就需要先将这些项目导入到 Android Studio 中。下面介绍导入一个既有 Eclipse 项目的具体流程。

(1) 打开 Android Studio，在欢迎界面中选择“Import project(Gradle, Eclipse ADT, etc)”选项，会弹出“Open File or Project”界面。

(2) 单击“OK”按钮后，弹出“Import Project from ADT(Eclipse Android)”界面，如图 2.46 所示。在此设置导入项目后的存储路径，需要的是注意，项目的路径不能有汉字。

(3) 单击“Next”按钮后弹出导入设置对话框，在此可以设置导入的属性，建议全选。单击“Finish”按钮后，弹出导入进度对话框，进度完成后即可在 Android Studio 中显示导入的工程。

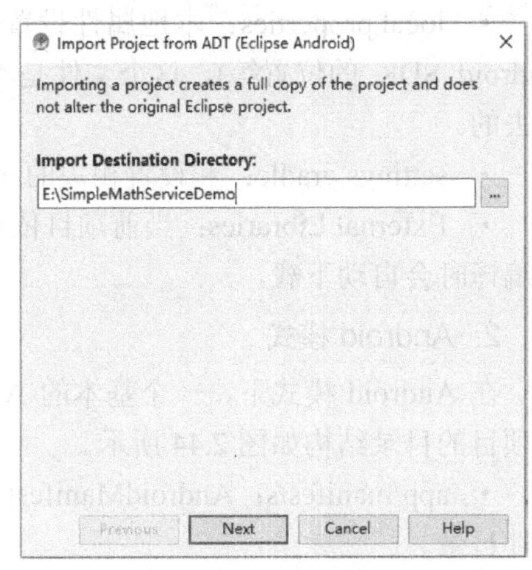

图 2.46　“Import Project from ADT (Eclipse Android)”界面

第 3 章　Android 应用程序

本章目标：

- 了解 Android 四大组件；
- 掌握 Android 生命周期；
- 掌握 Android 程序调试；
- 了解 Android 应用程序权限。

3.1　Android 四大组件

Android 应用程序由组件组成，这些组件是可以相互调用、相互协调、相互独立的基本功能模块。Android 系统利用组件实现程序内部或程序间的模块调用，以解决代码复用的问题，这是 Android 系统非常重要的特性。一般情况下，Android 系统有四大重要的组件，分别是活动(Activity)、服务(Service)、广播接收器(BroadcaseReceiver)和内容提供器(ContentProvider)。它们的定义如表 3-1 所示。

表 3-1　Android 四大组件定义表

组件名称	组件类/接口	定　义
Activity	android.app.Activity	与用户进行交互的可视化界面，类似窗体的组件
Service	android.app.Service	长生命周期、无界面、运行在后台、关注后台事务的组件
BroadcaseReceiver	android.content. BroadcaseReceiver	接收并响应广播消息的组件
ContentProvider	android.content. ContentProvider	实现不同应用程序间数据共享组件

3.1.1　Activity

Activity 是 Android 程序中最常用的组件，是应用程序的表示层，显示可视化的用户界面，接收与用户交互所产生的界面事件。一个 Activity 代表一个单独的屏幕，在其上可以添加多个用户界面控件，如 Button、TextView、EditView 等，这些控件组成了和用户交互时的丰富用户界面。

Activity 一般通过 View 类来实现应用程序的用户界面，相当于一个屏幕，用户与程序的交互是通过该类实现的。Android 应用程序可以包含一个或多个 Activity，一般在程序启动后会呈现一个 Activity，用于提示用户程序已经正常启动。Activity 在界面上的表现形式一般是全体窗体，也可以是非全屏的悬浮窗体或对话框。

用户从一个屏幕切换到另一个屏幕的过程也是从一个 Activity 切换到另一个 Activity 的过程。Android 会把每个应用程序从开始到当前的每一个 Activity 都压入到堆栈中，当打开一个新的屏幕时，原来的 Activity 会被置为暂停状态，并压入到堆栈中。通过返回操作可以弹出栈顶的 Activity 及屏幕，也可以有选择地移除堆栈中不会用到的 Activity，即关掉不需要的界面。

3.1.2 Service

Service 一般用于没有用户界面，但需要长时间在后台运行的应用程序。实际上，Service 是一个具有较长的生命周期但是并没有用户界面的程序。例如在使用 Service 播放 MP3 音乐时，可以在关闭播放器界面的情况下长时间播放 MP3 音乐，并通过对外公开 Service 的通信接口，控制 MP3 音乐播放的启动、暂停和停止。

Service 一般由 Activity 启动，但是并不依赖于 Activity，即当 Activity 的生命周期结束时，Service 仍然会继续运行，直到自己的生命周期结束为止。Service 的启动方式有两种：

一种是 startService 方式启动，是当 Activity 调用 startService 方法启动 Service 时，会依次调用 onCreate 和 onStart 方法来启动 Service；而当调用 stopService 方法结束 Service 时，又会调用 onDestroy 方法结束 Service，Service 同样可以在自身调用 stopSelf 或 stopService 方法来结束 Service。

另一种是 bindService 方式启动，Activity 调用 bindService 方法启动 Service，此时会依次调用 onCreate 和 onBind 方法启动 Service；而当通过 unbindService 方法结束 Service 时，则会依次调用 onUnbind 和 onDestroy 方法。

3.1.3 BroadcastReceiver

BroadcastReceiver 是为用户接收并响应广播消息的组件，与 Service 一样没有界面，它唯一的作用是接收并响应消息。当系统或某个应用程序发送广播时，可以使用 BroadcastReceiver 组件来接收广播信息并做相应处理。在信息发送时，需要将信息封装后添加到一个 Intent 对象中，然后通过调用 Content.sendBroadcast()、sendOrderedBroadcast() 或 sendStickyBroadcast()方法将 Intent 对象广播出去，然后接收者会检查注册的 IntentFilter 是否与收到的 Intent 相同，当相同时便会调用 onReceive()方法来接收信息。三个发送方法的不同之处是使用 sendBroadcast()或者 sendStickyBroadcast()方法发送广播时，所有满足条件的接收者会随时地执行，而使用 sendOrderedBroadcast()方法发送的广播接受者会根据 IntentFilter 中设置的优先级顺序来执行。

BroadcastReceiver 的使用过程如下：

(1) 将需要广播的消息封装到 Intent 中。

(2) 通过三种发送方法中的一种将 Intent 广播出去。

(3) 通过 IntentFilter 对象来过滤所发送的实体 Intent。

(4) 实现一个重写了 onReceive 方法的 BroadcastReceiver。

需要注意的是，注册 BroadcastReceiver 对象的方式有两种，一种是在 AndroidManifest .xml 中声明，另一种是在 Java 代码中设置。在 AndroidManifest.xml 中声明时，将注册的信息包裹在<receiver></receiver>标签中，并通过<intent-filter>标签来设置过滤条件；在Java代码中设置时，需要先创建IntentFilter对象，并为IntentFilter对象设置Intent的过滤条件，并通过Content.registerReceiver方法来注册监听，然后通过Content.unregisterReceiver方法来取消监听，此种注册方式的缺点是当Content对象被销毁时，该BroadcastReceiver也就随之被摧毁了。

3.1.4　ContentProvider

ContentProvider是用来实现应用程序之间数据共享的类。当需要进行数据共享时，一般利用ContentProvider为需要共享的数据定义一个URI，然后其他应用程序通过Content获得ContentResolver并将数据的URI传入即可。Android系统已经为一些常用的数据创建了ContentProvider，这些ContentProvider都位于android.provider下，只要有相应的权限，自己开发的应用程序便可以轻松地访问这些数据。

ContentProvider最重要的就是数据模型(data model)和URI，接下来分别对其进行介绍。数据模型是指ContentProvider为所有需要共享的数据创建一个数据表，在表中，每一行表示一条记录，而每一列代表某个数据，并且其中每一条数据记录都包含一个名为“_ID”的字段类标识每条数据；URI是指每个ContentProvider都会对外提供一个公开的URI来标识自己的数据集，当管理多个数据集时，将会为每个数据集分配一个独立的URI，所有的URI都以“content://”开头。需要注意的是，使用ContentProvider访问共享资源时，需要为应用程序添加适当的权限才可以。权限为“<uses-permission.android:name = "android.permission.READ_CONTACTS"/>”。

Android系统通过组件机制，有效地降低了应用程序的耦合性，使向其他应用程序共享私有数据(ContentProvider)和调用其他应用程序的私有模块(Service)成为可能。所有Android组件都有自己的生命周期，称为组件生命周期，是从组件建立到组件销毁的整个过程。在这个过程中，组件会在可见、不可见、活动、非活动等状态中不断变化。

3.2　Android应用程序生命周期

3.2.1　程序生命周期

Android程序生命周期是指Android程序中进程从启动到终止的所有阶段，即Android程序从启动到停止的全过程。

由于Android系统一般运行在资源受限的硬件平台，因此需要采用主动的资源管理方式。为了保证高优先级程序的正常运行，可在无任何警告的状态下终止低优先级程序，并回收其使用资源。因此，Android程序并不能完全控制自身的生命周期，而是由Android系统进行调度和控制。但是在一般情况下，Android系统都尽可能地不主动终止应用程序，即使其生命周期结束也能让其保存在内存中，以便再次快速启动。

Android系统中的进程优先级从高到低分别为前台进程、可见进程、服务进程、后台进程和空进程。

1. 前台进程

前台进程指与用户正在进行交互的进程，是 Android 系统中最重要的进程。前台进程具有最高优先级，通常前台进程的数量很少，几乎不会被系统终止，只有当内存极低以致无法保证所有的前台进程同时运行时，系统才会终止某个前台进程。前台进程主要有以下几种情况：

(1) 进程中包含处于前台的正与用户交互的 Activity；

(2) 进程中包含与前台 Activity 绑定的 Service；

(3) 进程中包含调用了 startForeground()方法的 Service；

(4) 进程中包含正在执行 onCreate()、onStart()或 onDestory()方法的 Service；

(5) 进程中包含正在执行 onReceive()方法的 BroadcastReceiver。

2. 可见进程

可见进程指部分程序界面能够被用户看见，却不在前台与用户交互，不响应界面事件的进程。可见进程包括：

(1) 进程中包含处于暂停状态的 Activity，即调用了 onPause()方法的 Activity；

(2) 进程中包含绑定到暂停状态 Activity 的 Service。

3. 服务进程

包含已启动服务的进程就是服务进程。服务进程没有用户界面，不与用户直接交互，但能够在后台长期运行，提供用户关心的重要功能，如播放 MP3 文件或从网络下载数据。

4. 后台进程

如果一个进程不包含任何已启动的服务，且没有任何用户可见的 Activity，则它就是一个后台进程。一般情况下，Android 系统中存在较多的后台进程，在系统资源紧张时，系统将优先清除用户较长时间没有见到的后台进程。

5. 空进程

不包含任何活跃组件的进程，例如一个仅有 Activity 组件的进程，当用户关闭这个 Activity 后，该进程就成为空进程。空进程在系统资源紧张时会首先清除。

3.2.2 Activity 生命周期

Activity 生命周期指 Activity 从启动到销毁的过程，在这个过程中，Activity 一般表现为四种状态，分别是活动状态、暂停状态、停止状态和非活动状态，如图 3.1 所示。

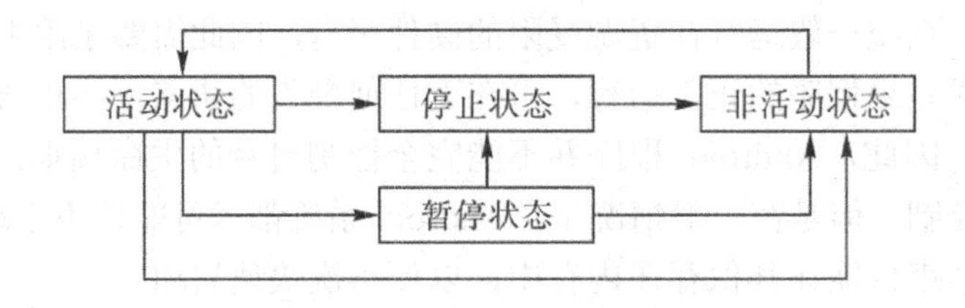

图 3.1　Activity 状态变换图

1. 活动状态

活动状态是指当 Activity 在用户界面中处于最上层，用户完全看得到，能够与用户进行交互，则这时 Activity 处于活动状态。

2. 暂停状态

暂停状态是指当 Activity 在界面上被部分遮挡，该 Activity 不再处于用户界面的最上层，且不能够与用户进行交互，则这个 Activity 处于暂停状态。

3. 停止状态

停止状态是指 Activity 在界面上完全不能被用户看到，也就是说这个 Activity 被其他 Activity 全部遮挡，则这个 Activity 处于停止状态。

4. 非活动状态

非活动状态是指 Activity 所处的不在以上三种状态中的另一种状态。

Activity 启动后处于活动状态，此时的 Activity 处于最上层，是与用户正在进行交互的组件，因此 Android 系统会努力保证处于活动状态 Activity 的资源需求，资源紧张时可终止其他状态的 Activity；如果用户启动了新的 Activity，部分遮挡了当前的 Activity，或新的 Activity 是半透明的，则当前的 Activity 转换为暂停状态，Android 系统仅在为处于活动状态的 Activity 释放资源时才会终止处于暂停状态的 Activity；如果用户启动新的 Activity 完全遮挡了当前的 Activity，则当前的 Activity 转变为停止状态，停止状态的 Activity 将优先被终止；活动状态、暂停状态或停止状态的 Activity 被系统终止后，Activity 便进入了非活动状态。

为能够更好地理解 Activity 的生命周期，还可以用 Activity 栈来做一个简要的介绍，如图 3.2 所示。Activity 栈保存了已经启动且没有终止的所有 Activity，并遵循“先进后出”的原则。栈顶的 Activity 处于活动状态，除栈顶以外的其他 Activity 处于暂停状态或停止状态，而被终止的 Activity 或已经出栈的 Activity 则不在栈内。

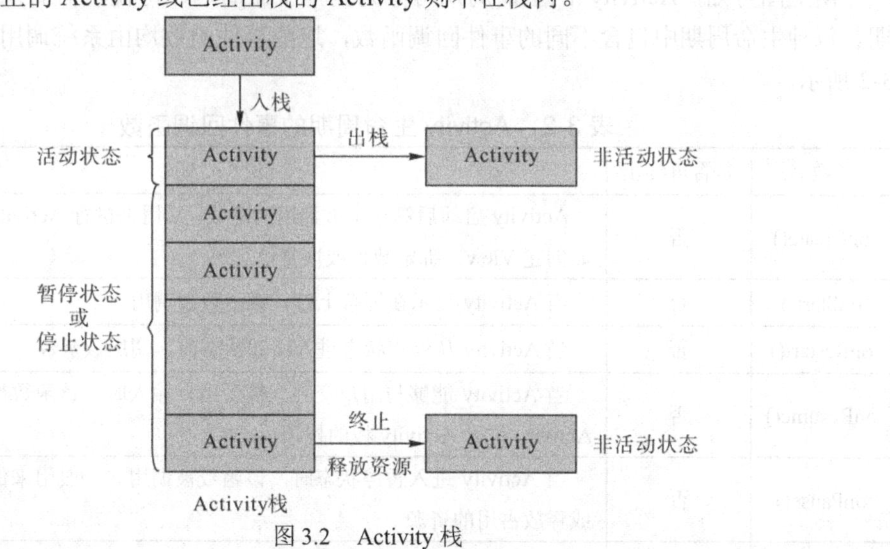

图 3.2 Activity 栈

Activity 的状态与其在 Activity 栈的位置有着密切的关系，不仅如此，Android 系统在资源不足时，也是通过 Activity 栈来选择哪些 Activity 是可以被终止的。一般来讲，Android

系统会优先终止处于停止状态，且位置靠近栈底的 Activity，因为这些 Activity 启动顺序最靠前，而且在界面上看不到。

随着用户在界面的操作和 Android 系统对资源的管理，Android 程序在 Activity 栈的位置不断变化，其状态也不断在四种状态中转变。为了能够让 Android 程序了解自身状态的变化，Android 系统提供了多个事件回调函数，从 Activity 建立到销毁的过程中，在不同的阶段调用的与生命周期相关的事件函数如图 3.3 所示。

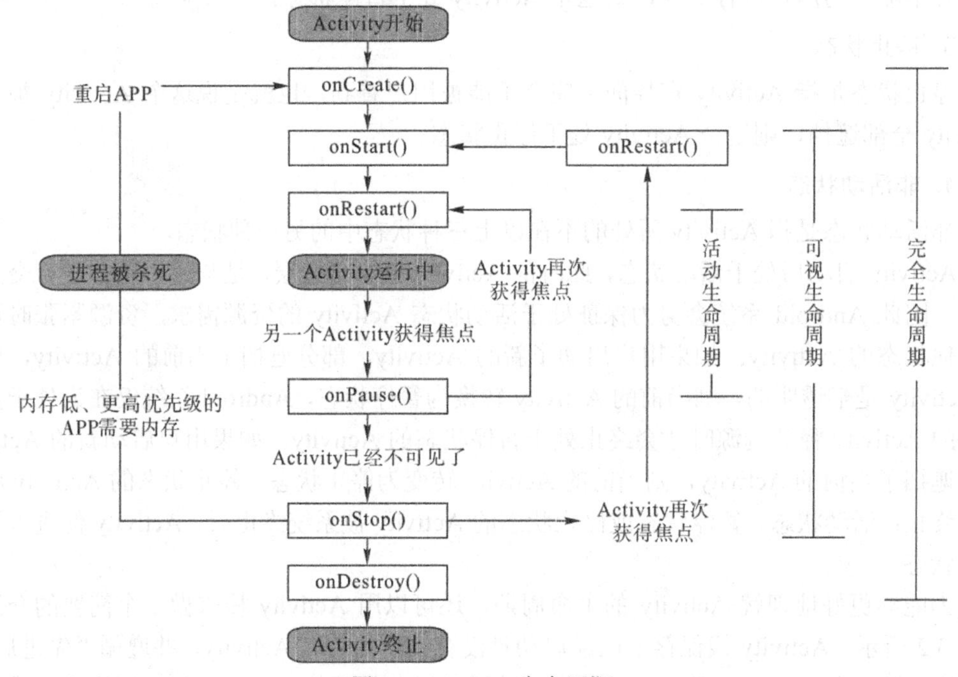

图 3.3　Activity 生命周期

由上图可知，Activity 的生命周期可分为完全生命周期、可视生命周期和活动生命周期。每种生命周期中包含不同的事件回调函数，这些事件函数均由系统调用，其含义如表 3-2 所示。

表 3-2　Activity 生命周期的事件回调函数

函数名	是否可终止	说　明
onCreate()	否	Activity 启动后第一个被调用的函数，常用来进行 Activity 的初始化，例如创建 View、绑定数据或恢复信息等
onStart()	否	当 Activity 显示在屏幕上时，该函数被调用
onRestart()	否	当 Activity 从停止状态进入活动状态前，调用该函数
onResume()	否	当 Activity 能够与用户交互，接受用户输入时，该函数被调用。此时的 Activity 位于 Activity 栈的栈顶
onPause()	否	当 Activity 进入暂停状态时，该函数被调用。一般用来保存持久的数据或释放占用的资源
onStop()	是	当 Activity 进入停止状态时，该函数被调用
onDestroy()	是	在 Activity 被终止前，即进入非活动状态前，该函数被调用

除了 Activity 生命周期的事件回调函数以外，还有 onRestoreInstanceState()和 onSaveInstanceState()两个函数经常会被使用，用于保存和恢复 Activity 的状态信息，例如用户在界面中选择的内容或输入的数据等。这两个函数不是生命周期的事件回调函数，不会因为 Activity 的状态变化而被调用，但在下述情况下会被调用：Android 系统因为资源紧张需要终止某个 Activity，但这个 Activity 在未来的某一时刻还会显示在屏幕上。Activity 状态保存和恢复函数的说明如表 3-3 所示。

表 3-3　Activity 状态保存/恢复的事件回调函数说明

函数名	是否可终止	说　明
onSaveInstanceState()	否	Android 系统因资源不足终止 Activity 前调用该函数，用以保存 Activity 的状态信息，供 onRestoreInstanceState()或 onCreate()恢复之用
onRestoreInstanceState()	否	恢复 onSaveInstanceState()保存的 Activity 状态信息，在 onStart()和 onResume ()之间被调用

【实例 ActivityLifeCycle】测试 Activity 生命周期中各回调函数的调用情况，从而体会 Activity 的生命周期。

创建一个 Android 项目，编写项目的 MainActivity.java 文件，代码如下：

```
public class MainActivity extends AppCompatActivity {
    private static String TAG = "LIFTCYCLE";
    //完全生命周期开始时被调用，初始化 Activity
    @Override
    public void onCreate(Bundle savedInstanceState) {
        super.onCreate(savedInstanceState);
        setContentView(R.layout.activity_main);
        Log.i(TAG, "(1) onCreate()");
    }
    //可视生命周期开始时被调用，对用户界面进行必要的更改
    @Override
    public void onStart() {
        super.onStart();
        Log.i(TAG, "(2) onStart()");
    }
    //在 onStart()后被调用，用于恢复 onSaveInstanceState()保存的用户界面信息
    @Override
    public void onRestoreInstanceState(Bundle savedInstanceState) {
        super.onRestoreInstanceState(savedInstanceState);
        Log.i(TAG, "(3) onRestoreInstanceState()");
    }
    //在活动生命周期开始时被调用，恢复被 onPause()停止的用于界面更新的资源
    @Override
    public void onResume() {
        super.onResume();
```

```
            Log.i(TAG, "(4) onResume()");
        }
        // 在 onResume()后被调用，保存界面信息
        @Override
        public void onSaveInstanceState(Bundle savedInstanceState) {
            super.onSaveInstanceState(savedInstanceState);
            Log.i(TAG, "(5) onSaveInstanceState()");
        }
        //在重新进入可视生命周期前被调用，载入界面所需要的更改信息
        @Override
        public void onRestart() {
            super.onRestart();
            Log.i(TAG, "(6) onRestart()");
        }
        //在活动生命周期结束时被调用，用来保存持久的数据或释放占用的资源
        @Override
        public void onPause() {
            super.onPause();
            Log.i(TAG, "(7) onPause()");
        }
        //在可视生命周期结束时被调用，一般用来保存持久的数据或释放占用的资源
        @Override
        public void onStop() {
            super.onStop();
            Log.i(TAG, "(8) onStop()");
        }
        //在完全生命周期结束时被调用，释放资源，包括线程、数据连接等
        @Override
        public void onDestroy() {
            super.onDestroy();
            Log.i(TAG, "(9) onDestroy()");
        }
    }
```

在模拟器中启动项目，通过 LogCat 来观察程序的运行结果，从 Log 打印信息中可以看出启动程序时回调函数的执行顺序，如图 3.4 所示。

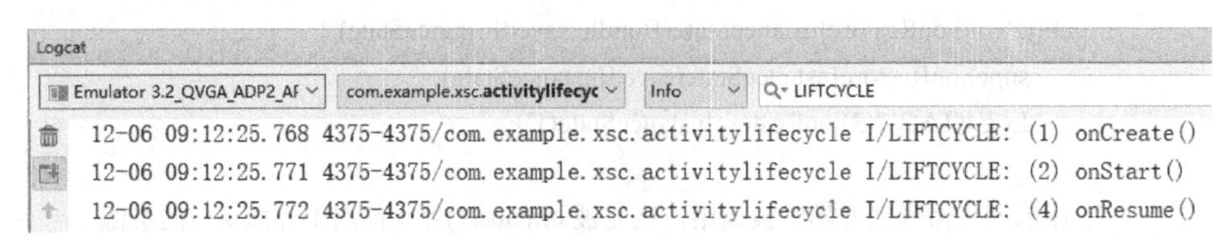

图 3.4　启动程序

按模拟器的 Back 键，接收程序运行，回调函数执行顺序如图 3.5 所示。

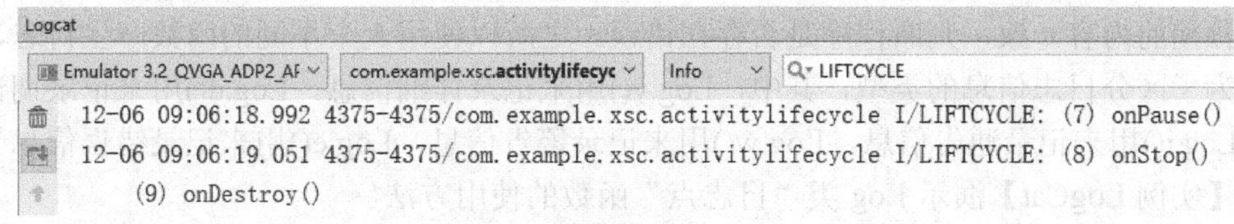

图 3.5　按 Back 键退出程序

再次运行程序，按模拟器的 Home 键退出程序，回调函数执行顺序如图 3.6 所示。

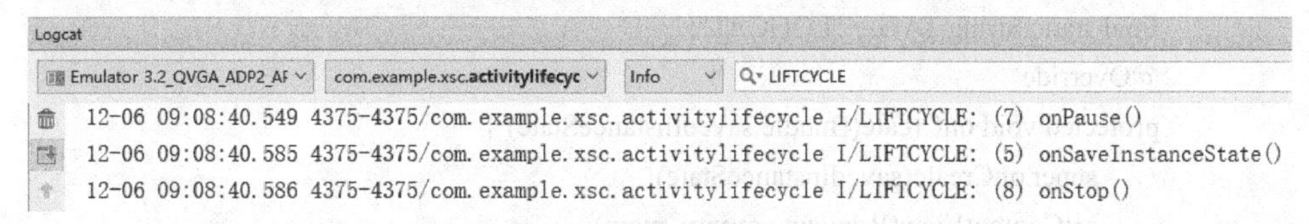

图 3.6　按 Home 键退出程序

从图 3.6 可见，应用程序并没有注销(Destroy)，而是先运行 onPause()，然后执行 onSaveInstanceState()保存 Activity 界面信息，最后执行 onStop()。再次启动应用程序，回调函数执行顺序如图 3.7 所示。

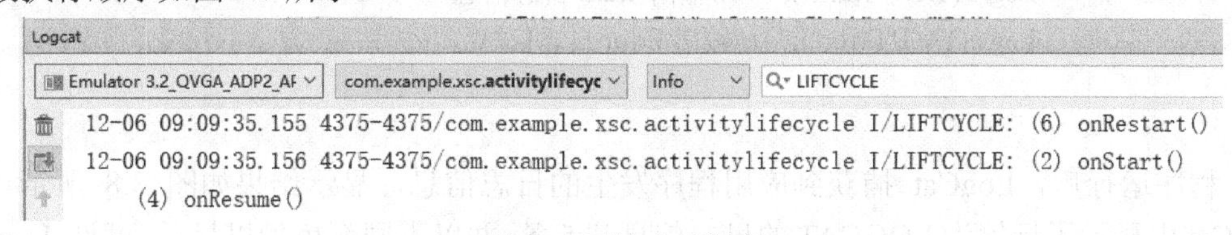

图 3.7　再次启动程序

3.3　Android 程序调试

在 Android 程序开发过程中，出现错误(Bug)是不可避免的事情。一般情况下，语法错误会被集成开发环境监测到，并提示使用者错误的位置以及修改方法。但逻辑错误就不那么容易发现了，只有将程序在模拟器或硬件设备上运行时才能够发现。逻辑错误的定位和分析是件困难的事情，尤其是代码量较大且结构复杂的应用程序，仅凭直觉很难快速找到并解决问题。因此，Android 系统提供了 LogCat 调试工具，用于定位、分析及修复程序中出现的错误。

LogCat 是用来获取系统日志信息的工具，能够捕获的信息包括 Dalvik 虚拟机产生的信息、进程信息、ActivityManager 信息、PackageManager 信息、Homeloader 信息、WindowsManager 信息、Android 运行时信息和应用程序信息等。在 Logcat 的操作栏上，有一个下拉选项，里面包含 Assert(断言信息)、Debug(调试信息)、Error(错误信息)、Info(通告信息)、Verbose(详细信息)、Warning(警告信息)等 6 个日志信息选项。不同类型的日志信息级别不一样，从高到低依次为断言信息、错误信息、警告信息、通知信息、调试信息和详细信息。

在 Android 程序调试过程中，首先需要引入 android.util.Log 包，然后使用 Log.v()、Log.d()、Log.i()、Log.w()和 Log.e()5 个函数在程序中设置“日志点”。每当程序运行到“日志点”时，应用程序的日志信息便被发送到 LogCat 中，使用者可以根据“日志点”信息是否与预期的内容一致，判断程序是否存在错误。之所以使用 5 个不同的函数产生日志，主要是为了区分日志信息的类型，其中，Log.v()用来记录详细信息，Log.d()用来记录调试信息，Log.i()用来记录通告信息，Log.w()用来记录警告信息，Log.e()用来记录错误信息。

【实例 LogCat】演示 Log 类“日志点”函数的使用方法。

创建一个名为 LogCat 的 Android 项目，在 MainActivity.java 文件中添加如下代码：

```
public class MainActivity extends AppCompatActivity {
    final static String TAG = "LOGCAT";
    @Override
    protected void onCreate(Bundle savedInstanceState) {
        super.onCreate(savedInstanceState);
        setContentView(R.layout.activity_main);
        Log.v(TAG,"Verbose"); //输出 Verbose 日志信息
        Log.d(TAG,"Debug");    //输出 Debug 日志信息
        Log.i(TAG,"Info");     //输出 Info 日志信息
        Log.w(TAG,"Warn");     //输出 Warn 日志信息
        Log.e(TAG,"Error");    //输出 Error 日志信息
    }
}
```

程序运行后，LogCat 捕获到应用程序发生的日志信息，显示结果如图 3.8 所示。在 LogCat 中显示了标签为 LOGCAT 的日志信息共 5 条，并以不同颜色加以显示。可见，LogCat 对不同类型的信息使用了不同的颜色加以区别。

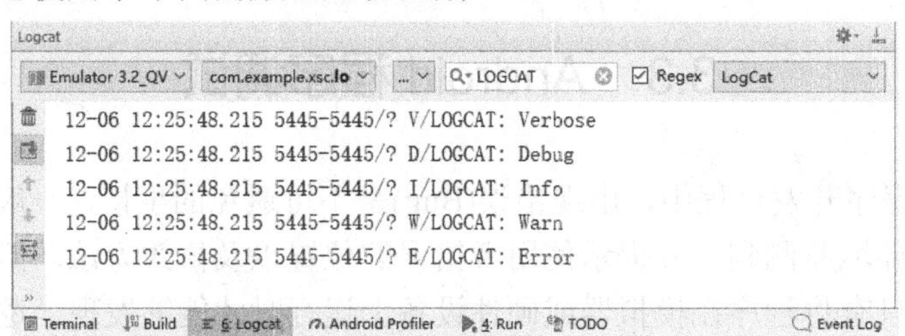

图 3.8　LogCat“日志点”输出结果

在程序调试过程中，为了能够更加清晰地显示结果，可以在 LogCat 操作栏最右方的下拉列表中选择“Edit Filter Configuration”选项，则弹出创建过滤器的对话框，如图 3.9 所示。还可以使用对话框左上角的“+”号和“-”号，进行添加和删除过滤器设置。

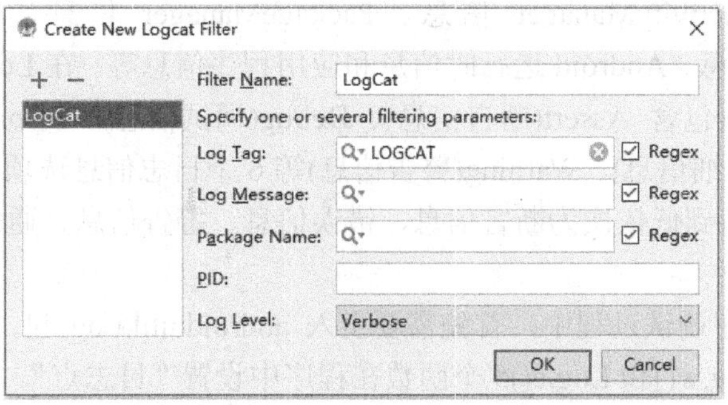

图 3.9　LogCat 过滤器设置

3.4　Android 应用程序权限

Android 系统提供了丰富的 SDK(Software Development Kit)，开发人员可以根据其 SDK 开发 Android 中的应用程序。而应用程序对 Android 系统资源的访问需要有相应的访问权限，这个权限就是 Android 应用程序权限。

3.4.1　AndroidManifest.xml 清单文件

AndroidManifest.xml 清单文件是整个 Android 应用程序的全局描述配置文件，也是每一个 Android 应用程序必须有，且放在根目录下的文件。AndroidManifest.xml 清单文件对该应用的名称、所使用的图标以及所包含的组件等信息进行描述和说明。

AndroidManifest.xml 文件通常包含以下几项信息：

(1) 声明应用程序的包名，包名是用来标识应用程序的唯一标识。

(2) 描述应用程序组件，包括组成应用程序的 Activity、Service、BroadcastReceiver 和 ContentProvider 等，以及每个组件的实现类和其细节属性。

(3) 确定宿主应用组件进程。

(4) 声明应用程序拥有的权限，使其可以使用 API 保护的内容与其应用程序所需的权限，同时声明了与其他应用程序组件交互所需权限。

(5) 声明应用程序所需要的 Android API 的最低版本。

(6) 列举应用程序所需要链接的库。

伴随着应用程序的开发过程，程序开发者可能需要随时修改 AndroidManifest.xml 清单文件的内容。Android SDK 的帮助文档中有对 AndroidManifest.xml 清单文件的结构、元素以及元素属性的具体说明，这些元素在命名、结构等方面的使用规则如下所示：

(1) 元素：在所有的元素中只有<manifest>和</manifest>是必需的，且只能出现一次。如果一个元素包含有其他子元素时，必须通过子元素的属性来设置其值，处于同一层次的元素说明，是没有先后顺序的。

(2) 属性：元素的属性大部分是可选的，但是有些属性是必须设置的。那些可选的属性，即使不存在，也有默认的数值项说明。除了根元素<manifest>的属性之外，其他所有属性的名字都是以“android:”作为前缀的。

(3) 定义类名：所有的元素名都对应其在 SDK 中的类名，如果是自定义类名，必须包含类的包名，如果类与 application 处于同一个数据包中，包名可以直接简写成“.”。

(4) 多数值项：如果某个元素有超过一个的数值项时，这个元素必须通过重复的方式来说明其属性的多个数值项，且不能将多个数值项一次性说明在一个属性中。

(5) 资源项说明：当需要引用某个资源时，可以采用“@ [package:]type: name>”格式进行引用，例如：<activity android:icon="@drawable/icon"...>。

(6) 字符串值：类似于其他高级语言，如果字符中包含有字符“\”，则必须使用转义字符“\\”。

AndroidManifest.xml 清单文件的示例代码如下所示：

```
<?xml version="1.0" encoding="utf-8"?>
<manifest xmlns:android="http://schemas.android.com/apk/res/android"
    package="com.example.xsc.runtimepermission">
    <application
        android:allowBackup="true"
        android:icon="@mipmap/ic_launcher"
        android:label="@string/app_name"
        android:roundIcon="@mipmap/ic_launcher_round"
        android:supportsRtl="true"
        android:theme="@style/AppTheme">
        <activity android:name=".MainActivity">
            <intent-filter>
                <action android:name="android.intent.action.MAIN" />
                <category android:name="android.intent.category.LAUNCHER" />
            </intent-filter>
        </activity>
    </application>
</manifest>
```

上述 AndroidManifest.xml 清单文件中，除了头部的 XML 信息说明外，各节点的说明如下：

- <manifest>节点是根节点，其属性包括 schemas URL 地址、包名。
- <application>节点是<manifest>的子节点，一个 AndroidManifest.xml 清单文件中必须包含一个<application>标签，该标签声明了应用程序的组件及其属性。<application>标签的属性中包括程序图标和程序名称，其中@表示引用资源。
- <activity>节点是<application>的子节点，其属性包括 activity 的名称和标签名，应用程序中用到的每一个 Activity 都必须在此处声明为一个<activity>元素。
- <intent-filter>节点是<activity>的子节点，用于声明 Activity 的 Intent 过滤规则。例如，上述文件中指定了 name = "android.intent.action.MAIN" 的<action>和 name = "android.intent.category.LAUNCHER" 的<category>，说明当前程序启动时使用该 Activity 作为程序入口。

3.4.2　Android 权限机制

Android 系统的权限机制从第一个版本开始就已经存在了。但其实在 Android 6.0 版本之前的权限机制在保护用户安全和隐私等方面起到的作用比较有限，尤其是一些大家都离不开的常用软件，非常容易出现“店大欺客”的现象。为此，Android 开发团队在 Android 6.0 系统中引用了运行时权限这个功能，从而更好地保护了用户的安全和隐私。当然，并不是所有权限都需要在运行时申请，对于用户来说，不停地授权也很烦琐。Android 系统现在将所有的权限归成了两类，一类是普通权限，一类是危险权限。普通权限指的是那些不会直接威胁到用户的安全和隐私的权限，对于这部分权限申请，系统会自动帮用户进行授权，而不需要用户再去手动操作了。危险权限则表示那些可能会触及用户隐私或者对设备安全性造成影响的权限，如获取设备联系人信息、定位设备的地理位置等，对于这部分权限申请，必须要用户手动点击授权才可以，否则程序就无法使用相应的功能。

Android 普通权限的申请，是将权限声明的语句放置在</manifest>标签之前就可以了。例如，当某个应用程序需要添加发送短信的权限时，申请代码如下：

```
<?xml version="1.0" encoding="utf-8"?>
<manifest xmlns:android="http://schemas.android.com/apk/res/android"
    package="com.example.xsc.runtimepermission">
……
    <uses-permission android:name="android.permission.SEND_SMS"/>
</manifest>
```

上述代码中加粗部分的功能是说明该软件具有发送短信的功能。在 Android 系统中，一共定义了 100 多种 permission 供开发人员使用。访问 https://developer.android.google.cn/reference/android/Manifest.permission.html 网址可以查看 Android 系统中完整的权限列表。其中危险权限有 9 组 24 个，除了危险权限之外，剩余的就都是普通权限了。Android 系统中的危险权限如表 3-4 所示。

表 3-4　Android 系统危险权限表

权限组名	权　限	权限组名	权　限
CALENDAR	READ_CALENDAR	PHONE	READ_PHONE_STATE
	WRITE_CALENDAR		CALL_PHONE
CONTACTS	READ_CONTACTS		READ_CALL_LOG
	WRITE_CONTACTS		WRITE_CALL_LOG
	GET_ACCOUNTS		ADD_VOICEMAIL
LOCATION	ACCESS_FINE_LOCATION		USE_SIP
	ACCESS_COARSE_LOCATION		PROCESS_OUTGOING_CALLS
SMS	SEND_SMS	MICROPHONE	RECORD_AUDIO
	RECEIVE_SMS	SENSORS	BODY_SENSORS
	READ_SMS	STORAGE	READ_EXTERNAL_STORAGE
	RECEIVE_WAP_PUSH		WRITE_EXTERNAL_STORAG
	RECEIVE_MMS	CAMERA	CAMERA

以上表格中的每个危险权限都属于一个权限组，我们在进行运行时权限处理时使用的是权限名，但是用户一旦同意授权了，那么该权限所对应的权限组中所有的其他权限，也会同时被授权。

3.4.3　运行时权限

对于危险权限，除了需要在 AndroidManifest.xml 文件中添加权限声明外，还需要进行运行时权限处理。

【实例 RuntimePermission】 通过使用 CALL_PHONE 这个权限的应用，来学习运行时权限的使用方法。

(1) 修改 activity_main.xml 布局文件，代码如下所示：

```
<?xml version="1.0" encoding="utf-8"?>
<LinearLayout xmlns:android="http://schemas.android.com/apk/res/android"
    android:layout_width="match_parent"
    android:layout_height="match_parent" >
    <Button
        android:id="@+id/callphone"
        android:layout_width="match_parent"
        android:layout_height="wrap_content"
        android:text="拨号"
    ></Button>
    </LinearLayout>
```

(2) 在 AndroidManifest.xml 文件中声明直接拨打电话的权限，代码如下所示：

```
<uses-permission android:name="android.permission.CALL_PHONE"/>
```

(3) 编写 MainActivity.java 文件，代码如下所示：

```
public class MainActivity extends AppCompatActivity {
    Button makecall;
    @Override
    protected void onCreate(Bundle savedInstanceState) {
        super.onCreate(savedInstanceState);
        setContentView(R.layout.activity_main);
        makecall = findViewById(R.id.callphone);
        makecall.setOnClickListener(new View.OnClickListener() {
            @Override
            public void onClick(View view) {
                if (ContextCompat.checkSelfPermission(MainActivity.this,
                        Manifest.permission.CALL_PHONE) !=
                            PackageManager.PERMISSION_GRANTED) {
                    ActivityCompat.requestPermissions(MainActivity.this,
                            new String[]{Manifest.permission.CALL_PHONE}, 1);
                } else
                {
                    call();
                }
            }
        });
    }
    private void call() {
        try {
            Intent intent = new Intent(Intent.ACTION_CALL);
```

```
            intent.setData(Uri.parse("tel:10086"));
            startActivity(intent);
        } catch (Exception e) {
            Log.i("tag", e.getMessage());
            e.printStackTrace();
        }
    }

    @Override
    public void onRequestPermissionsResult(int requestCode, String[] permissions,
                int[]   grantResults)
    {
        super.onRequestPermissionsResult(requestCode, permissions, grantResults);
        switch (requestCode) {
            case 1:
                if (grantResults.length > 0 && grantResults[0] ==
                        PackageManager.PERMISSION_GRANTED)
                {
                    call();
                } else
                {
                    Toast.makeText(MainActivity.this, "你没有此权限",
                        Toast.LENGTH_LONG).show();
                }
                break;
            default:
        }
    }
}
```

上面的代码将运行时权限的完整流程都覆盖了。运行时权限的核心就是在程序运行过程中由用户授权去执行某些危险操作，程序是不可以擅自做主去执行这些危险操作的。因此，第一步就是要先判断用户是否已经授权了，借助的是 ContextCompat.checkSelfPermission()方法。checkSelfPermission()方法介绍两个参数，第一个参数是 Context，第二个参数是具体的权限名。然后使用方法的返回值和 PackageManager.PERMISSION_GRANTED 做比较，相等就说明已经授权，不等就表示用户没有授权。

如果已经授权，就直接去执行拨打电话的逻辑操作就可以了。我们这里把拨打电话的逻辑封装到 call()方法当中。如果没有授权的话，则需要调用 ActivityCompat.requestPermissions()方法来向用户申请授权，requestPermissions()方法接收三个参数，第一个参数要求是 Activity 的实例，第二个参数是一个 String 数组，我们把要申请的权限名放在数组中即可，第三个参数是请求码，只要是唯一值就可以了。

调用完了 requestPermissions()方法之后，系统会弹出一个申请权限的对话框，如图 3.10 所示，然后用户可以选择允许或拒绝权限申请。无论用户选择哪种结果，最终都会回调到 onRequestPermissionsResult()方法中，而授权的结果则会封装在 grantResults 参数中。这里我们只需要判断一下最后的授权结果，如果用户同意的话就调用 call()方法来拨打电话，如图 3.11 所示，如果用户拒绝的话就只能放弃操作，并且弹出一条失败提示，如图 3.12 所示。

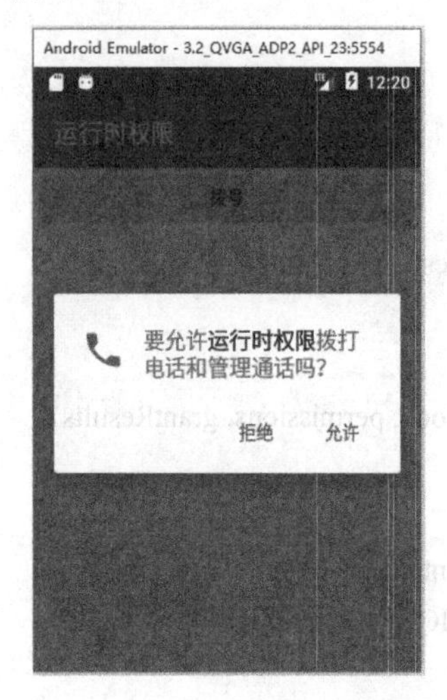

图 3.10　申请电话权限对话框

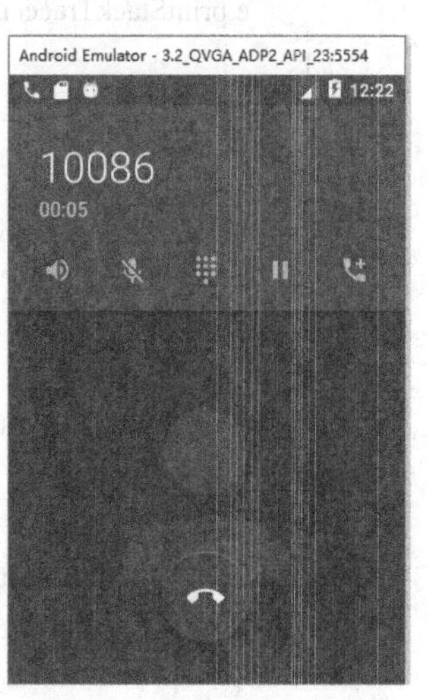

图 3.11　拨打电话界面

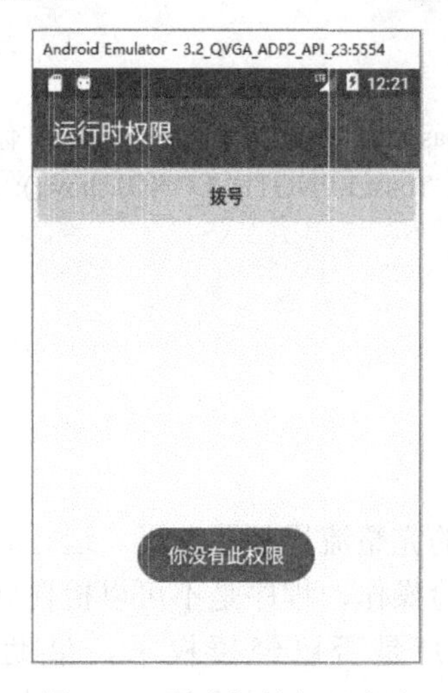

图 3.12　用户拒绝权限申请

第 4 章　Android 用户界面程序设计

本章目标：

- 了解 Android 中的基本 UI 元素；
- 能够使用布局管理器对界面进行管理；
- 掌握界面交互事件处理机制及实现步骤；
- 能够熟练使用常用的 Widget 简单控件；
- 掌握对话框的使用；
- 掌握 Android 控件的使用；
- 能够使用 Android 系统的资源管理；
- 掌握 Fragment 控件的使用。

Android 应用开发中一项非常重要的内容就是用户界面开发，一个友好的图形用户界面(Graphics User Interface，GUI)将会对 App 的使用和推广起到很关键的作用。

实际上 Android 提供了大量功能全面的 UI 控件，在开发过程中，只需要把这些控件按照一定的布局方式组合起来，就能构造出一个优秀的功能界面。为了让这些 UI 控件能够响应用户的单击、键盘动作等，Android 也提供了事件响应机制，从而保证了用户与图形界面的交互。

4.1　View 基础

Android 应用的绝大部分 UI 控件都放在 android.widget 包及其子包、android.view 包及其子包中。Android 应用的界面都是由 View 和 ViewGroup 对象构建的，它们有很多种类，并且都是 View 类的子类。View 类是 Android 系统平台上用户界面的基本单元。Android 图形用户界面的控件层次如图 4.1 所示。

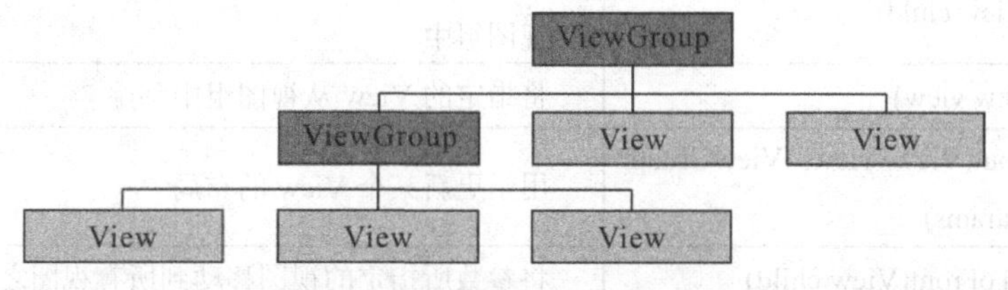

图 4.1　图形用户界面层次图

从图 4.1 可以看出，多个视图控件(View)可以存放在一个视图容器(ViewGroup)中，该容器可以与其他视图控件共同存放在另一个视图容器当中，但是一个界面文件必须有且仅有一个容器作为根节点。

View 类是 Android 系统的一个非常重要的超类，它是 Android 中所有与用户交互控件的父类，包括 Widget 类的交互 UI 控件和 ViewGroup 类布局控件。View 视图控件是用户界面的基础元素，View 对象是 Android 屏幕上一个特定的矩形区域的布局和内容属性的数据载体，通过 View 对象可以实现布局、绘图、焦点变换、滚动条、屏幕区域的按键、用户交互等功能。Android 应用的绝大部分 UI 控件都放在 android.widget 包及其子包中，所有这些 UI 控件都继承了 View 类。View 类的常见子类及功能如表 4-1 所示。

表 4-1　View 类的常见子类及功能

类　名	功能描述	类　名	功能描述
TextView	文本视图	DigitalClock	数字时钟
EditText	编辑文本框	AnalogClock	模拟时钟
Button	按钮	ProgessBar	进度条
Checkbox	复选框	RatingBar	评分条
RadioGroup	单选按钮组	SeekBar	搜索条
Spinner	下拉列表	GridView	网格视图
AutoCompleteTextView	自动完成文本框	LsitView	列表视图
DataPicker	日期选择器	ScrollView	滚动视图
TimePicker	时间选择器		

View 类还有一个非常重要的 ViewGroup 子类，该类通常作为其他控件的容器使用。View 控件可以添加到 ViewGroup 中，也可以将一个 ViewGroup 控件添加到另一个 ViewGroup 控件中。Android 系统中的所有 UI 控件都是建立在 View 和 ViewGroup 基础之上的。Android 采用了“组合器”模式来设计 View 和 ViewGroup，其中 ViewGroup 是 View 的子类，因此 ViewGroup 可以当成 View 来使用。对于一个 Android 应用的图形 UI 而言，ViewGroup 又可以作为容器来装入其他控件，ViewGroup 不仅可以包含普通的 View 控件，还可以包含其他的 ViewGroup 控件。ViewGroup 类提供的主要方法如表 4-2 所示。

表 4-2　ViewGroup 类的主要方法

方　法	功 能 描 述
ViewGroup()	构造方法
void addView(View child)	用于添加子视图，以 View 作为参数，将该 View 增加到视图组中
removeView(View view)	将指定的 View 从视图组中移除
updateViewLayout(View view, ViewGroup.LayoutParams params)	用于更新某个 View 的布局
void bringChildToFront(View child)	将参数所指定的视图移动到所有视图之前显示
boolean clearChildFocus(View child)	清除参数所指定的视图的焦点
boolean dispatchKeyEvent(KeyEvent event)	将参数所指定的键盘事件分发给当前焦点路径的视图
boolean dispatchPopulateAccessibilityEvent (AccessibilityEvent event)	将参数所指定的事件分发给当前焦点路径的视图
boolean dispatchSetSelected(boolean selected)	为所有的子视图调用 setSelected()方法

4.2 界面布局

Android 提供了两种创建布局的方式：

(1) 在 XML 布局文件中声明：首先将需要显示的控件在布局文件中进行声明，然后在程序中通过 setContentView(R.layout.XXX)方法将布局显示在 Activity 中。

(2) 在程序中直接实例化布局及其控件：此种方法并不提倡使用，除非界面中的控件及其布局需要动态改变时才会使用。

常见的 Android 布局方式有线性布局(LinearLayout)、相对布局(RelativeLayout)、表格布局(TableLayout)、绝对布局(AbsoluteLayout)、框架布局(FrameLayout)、网格布局(GridLayout)、扁平化布局(ConstraintLayout)等七种。

4.2.1 线性布局

线性布局(LinearLayout)是一种线性排列的布局，布局中的控件按照水平(horizontal)或垂直(vertical)两种方向排列。在布局文件中由 android:orientation 属性来控制排列方向。水平方向设置为 android：orientation="horizontal"，垂直方向设置为 android：orientation="vertical"。LinearLayout 常用的 XML 属性及对应方法的说明如表 4-3 所示。

表 4-3　LinearLayout 常用的 XML 属性及对应方法

XML 属性	对应方法	功能描述
android:divider	setDividerDrawable()	设置垂直布局时两个按钮之间的分隔条
android:gravity	setGravity()	设置布局管理器内控件的对齐方式。该属性支持单个属性对齐方式或多个属性对齐方式的组合，例如，left | center_vertical 代表出现在屏幕左边，且垂直居中
android:orientation	setOrientation()	设置布局管理器内控件的排列方式，vertical 为默认值

线性布局不会换行，当控件顺序排列到屏幕边缘外时，剩余的部分控件不会被显示出来。此外，LinearLayout 中子元素的位置都受 LinearLayout.LayoutParams 控制，LinearLayout 包含的子元素可以额外指定属性，如表 4-4 所示。

表 4-4　LinearLayout 子元素常用的 XML 属性及说明

XML 属性	功能描述
android:layout_gravity	指定子元素在 LinearLayout 中的对齐方式
android:layout_weight	指定子元素在 LinearLayout 中所占的比重

打开项目 res 文件目录，右击 layout 文件夹，选择“New”→“XML”→“Layout XML File”菜单项，创建一个线性布局文件 linearlayout.xml。代码如下所示：

```
<?xml version="1.0" encoding="utf-8"?>
<LinearLayout xmlns:android="http://schemas.android.com/apk/res/android"
    android:layout_width="match_parent"
```

```
        android:layout_height="match_parent"
        android:gravity="center_horizontal"
        android:orientation="vertical">
        <Button
            android:layout_width="wrap_content"
            android:layout_height="wrap_content"
            android:text="按钮一" />
        <Button
            android:layout_width="wrap_content"
            android:layout_height="wrap_content"
            android:text="按钮二" />
    </LinearLayout>
```

上述代码使用线性布局放置了两个按钮，布局是水平还是垂直取决于 android:orientation，该属性的取值有 horizontal(水平)和 vertical(垂直)两种。

在 MainActivity 中使用 linearlayout.xml 布局文件的代码如下所示：

```
public class MainActivity extends AppCompatActivity {
    @Override
    protected void onCreate(Bundle savedInstanceState) {
        super.onCreate(savedInstanceState);
        setContentView(R.layout.linearlayout);
    }
}
```

上述代码中，调用 setContentView()方法将布局设置到屏幕中，程序运行。将 android:orientation 属性设置为 horizontal，再次运行程序结果如图 4.2 所示。

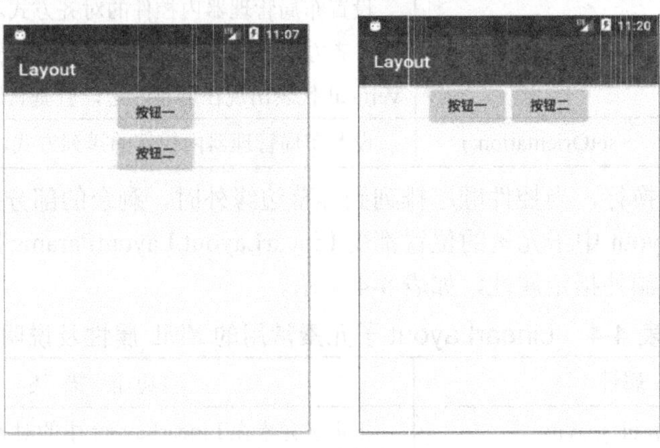

图 4.2　线性布局

4.2.2　相对布局

相对布局(RelativeLayout)是一组相对排列的布局方式，在相对布局容器中子控件的位置总是相对于兄弟控件或父容器。例如，一个控件在另一个控件的左边、右边、右下方等位置。在相对布局容器中，当 A 控件的位置是由 B 控件来决定时，Android 要求先定义 B

控件，再定义 A 控件。RelativeLayout 布局其常用 XML 属性及对应方法如表 4-5 所示。

表 4-5　RelativeLayout 常用 XML 属性及对应方法

XML 属性	对应方法	功 能 描 述
android:gravity	setGravity()	设置布局管理器内控件的对齐方式
android:ignoreGravity	setIgnoreGravity()	设置特定的控件不受 gravity 属性的影响

为了控制该布局容器中各个子控件的布局分布，RelativeLayout 提供了大量的 XML 属性来控制 RelativeLayout 布局中子控件的位置分布，如表 4-6 所示。

表 4-6　RelativeLayout 常用 XML 属性及说明

XML 属性	功 能 描 述
android:layout_alignParentLeft	指定该控件是否与布局容器左对齐
android:layout_alignParentTop	指定该控件是否与布局容器顶端对齐
android:layout_alignParentRight	指定该控件是否与布局容器右对齐
android:layout_alignParentBottom	指定该控件是否与布局容器底端对齐
android:layout_centerInParent	指定该控件是否位于布局容器的中央位置
android:layout_centerHorizontal	指定该控件是否位于布局容器的水平居中
android:layout_centerVertical	指定该控件是否位于布局容器的垂直居中
android:layout_toLeftOf	控制该控件位于指定 ID 控件的左侧
android:layout_toRightOf	控制该控件位于指定 ID 控件的右侧
android:layout_above	控制该控件位于指定 ID 控件的上方
android:layout_below	控制该控件位于指定 ID 控件的下方
android:layout_alignLeft	控制该控件与指定 ID 控件的左边界进行对齐
android:layout_alignTop	控制该控件与指定 ID 控件的上边界进行对齐
android:layout_alignRight	控制该控件与指定 ID 控件的右边界进行对齐
android:layout_alignBottom	控制该控件与指定 ID 控件的下边界进行对齐
android:layout_margin	定义该控件四周边缘空白
android:layout_marginLeft	定义该控件左边边缘空白
android:layout_marginTop	定义该控件上面边缘空白
android:layout_marginBottom	定义该控件下面边缘空白
android:layout_marginRight	定义该控件右边边缘空白

下面创建一个 relativelayout.xml 布局文件，用来示例 RelativeLayout 布局控件的使用。代码如下所示：

```
<?xml version="1.0" encoding="utf-8"?>
<RelativeLayout xmlns:android="http://schemas.android.com/apk/res/android"
    android:layout_width="match_parent"
```

```
    android:layout_height="match_parent">
<TextView
    android:id="@+id/middle"
    android:layout_width="wrap_content"
    android:layout_height="wrap_content"
    android:layout_centerInParent="true"
    android:layout_margin="20dp"
    android:text="中"
    />
    <TextView
        android:id="@+id/east"
        android:layout_width="wrap_content"
        android:layout_height="wrap_content"
        android:layout_alignTop="@id/middle"
        android:layout_toRightOf="@id/middle"
        android:text="东"
        />
    <TextView
        android:id="@+id/west"
        android:layout_width="wrap_content"
        android:layout_height="wrap_content"
        android:layout_alignTop="@id/middle"
        android:layout_toLeftOf="@id/middle"
        android:text="西"
        />
    <TextView
        android:id="@+id/south"
        android:layout_width="wrap_content"
        android:layout_height="wrap_content"
        android:layout_alignRight="@id/middle"
        android:layout_below="@id/middle"
        android:text="南"
        />
    <TextView
        android:id="@+id/north"
        android:layout_width="wrap_content"
        android:layout_height="wrap_content"
        android:layout_alignRight="@id/middle"
        android:layout_above="@id/middle"
        android:text="北"
        />
</RelativeLayout>
```

运行上述代码，结果如图 4.3 所示。

图 4.3　相对布局

4.2.3　表格布局

表格布局(TableLayout)类似于表格形式，以行和列的方式来布局子控件。TableLayout 继承了 LinearLayout，其本质上依然是线性布局。TableLayout 并不需要声明包含的行数和列数，而是通过 TableRow 及其子元素来控制表格的行数和列数。在 TableLayout 布局中，其行数由开发人员直接指定，即 TableRow 对象的个数；其列数等于含有最多子元素的 TableRow 所包含的元素个数；其列的宽度由该列中最宽的那个单元格决定；整个表格的宽度则取决于父容器的宽度(默认总是占满父容器本身)。

在 TableLayout 布局中，可以通过以下三种方式对单元格进行设置。

(1) Shrinkable：如果某个列被设置为 Shrinkable，那么该列中所有单元格的宽度都可以被收缩，以保证表格能适应父容器的宽度。

(2) Stretchable：如果某个列被设置为 Stretchable，那么该列中所有单元格的宽度都可以被拉伸，以保证控件能够完全填满表格的空余空间。

(3) Collapsed：如果某个列被设置为 Collapsed，那么该列中所有单元格都会被隐藏。

TableLayout 可设置的属性包括全局属性及单元格属性，全局属性也称为列属性，TableLayout 常用的 XML 属性及对应方法如表 4-7 所示。

表 4-7　TableLayout 常用的全局 XML 属性及对应方法

XML 属性	对应方法	功 能 描 述
android:shrinkColumns	setShrinkAllColumns (boolean)	设置可收缩的列，当该列子控件的内容太多，已经挤满所占行时，子控件的内容将往列方向显示，多个列之间用逗号隔开
android:stretchColumns	setStretchAllColumns (boolean)	设置可伸展的列，该列可以横向伸展，最多可占据一整行，多个列之间用逗号隔开
android:collapseColumns	setColumnCollapsed (int, boolean)	设置要隐藏的列，多个列之间用逗号隔开

下述代码示例了表格布局的全局属性的使用。

```
<?xml version="1.0" encoding="utf-8"?>
<TableLayout xmlns:android="http://schemas.android.com/apk/res/android"
    android:layout_width="match_parent"
    android:layout_height="match_parent"
    android:stretchColumns="0"
    android:collapseColumns="*"
    android:shrinkColumns="1,2" >
</TableLayout>
```

其中，android:stretchColumns="0"表示第 0 列可伸展；android:collapseColumns="*"表示隐藏所有行；android:shrinkColumns="1,2"表示第 1、2 列皆可收缩。

TableRow 常用的单元格 XML 属性及功能描述如表 4-8 所示。

表 4-8 TableRow 常用的单元格 XML 属性及功能描述

XML 属性	功 能 描 述
android:layout_column	指定该单元格在第几列显示
android:layout_span	指定该单元格占据的列数(未指定时，默认为 1)

下述代码示例了表格属性的设置。

```
<TableRow>
<Button  android:layout_span="2"/>
<Button  android:layout_column="1"/>
</TableRow>
```

其中，android:layout_span="2"表示该控件占据 2 列；android:layout_column="1"表示该控件显示在第 1 列。

下面创建一个 tablelayout.xml 布局文件，用来示例 TableLayout 布局控件的使用。代码如下所示：

```
<?xml version="1.0" encoding="utf-8"?>
<TableLayout xmlns:android="http://schemas.android.com/apk/res/android"
    android:layout_width="match_parent"
    android:layout_height="match_parent"
    android:stretchColumns="1">
    <TableRow
        android:layout_width="match_parent"
        android:layout_height="match_parent">
        <Button
            android:id="@+id/button1"
            android:layout_width="wrap_content"
            android:layout_height="wrap_content"
            android:layout_column="0"
            android:text="注册" />
    </TableRow>
    <TableRow
        android:layout_width="match_parent"
        android:layout_height="match_parent">
        <Button
            android:id="@+id/button2"
            android:layout_width="wrap_content"
            android:layout_height="wrap_content"
            android:layout_column="1"
            android:text="登录" />
    </TableRow>
</TableLayout>
```

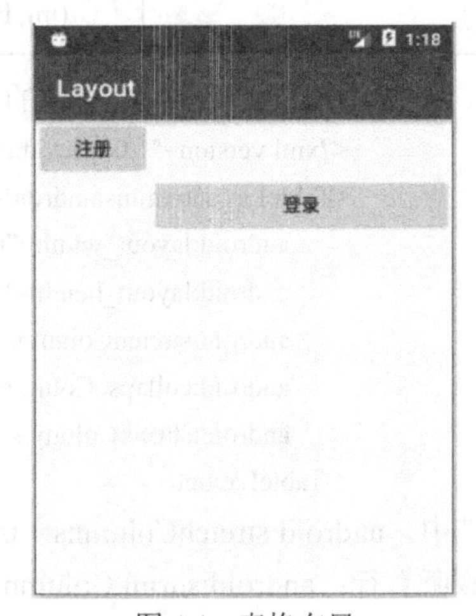

图 4.4 表格布局

运行上述代码，结果如图 4.4 所示。

4.2.4　绝对布局

绝对布局(TableLayout)是通过指定 x、y 坐标来控制每一个控件的位置，放入该布局的控件需要通过 android:layout_x 和 android:layout_y 两个属性指定其在屏幕上确切的位置。把屏幕看作一个坐标轴，左上角为(0，0)，往屏幕下方为 y 正半轴，右方为 x 正半轴。

下面创建一个 absolutelayout.xml 布局文件，用来示例 AbsoluteLayout 布局控件的使用。代码如下所示：

```
<?xml version="1.0" encoding="utf-8"?>
<AbsoluteLayout xmlns:android="http://schemas.android.com/apk/res/android"
    android:layout_width="match_parent"
    android:layout_height="match_parent">
    <Button
        android:id="@+id/buttonA"
        android:layout_width="wrap_content"
        android:layout_height="wrap_content"
        android:layout_x="20dp"
        android:layout_y="30dp"
        android:text="A" />
    <Button
        android:id="@+id/buttonB"
        android:layout_width="wrap_content"
        android:layout_height="wrap_content"
        android:layout_x="50dp"
        android:layout_y="150dp"
        android:text="B" />
</AbsoluteLayout>
```

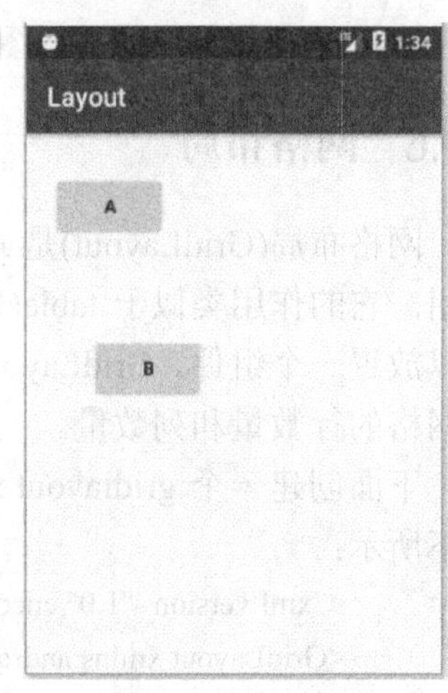

图 4.5　绝对布局

运行上述代码，结果如图 4.5 所示。

4.2.5　框架布局

框架布局(FrameLayout)又称帧布局，是 Android 布局中最简单的一种，框架布局为每个加入其中的控件创建了一块空白区域。采用框架布局的方式设计界面时，只能在屏幕左上角显示一个控件，如果添加多个控件，这些控件会依次重叠在屏幕左上角显示，且会透明显示之前的文本。

下面创建一个 framelayout.xml 布局文件，用来示例 FrameLayout 布局控件的使用。代码如下所示：

```
<?xml version="1.0" encoding="utf-8"?>
<FrameLayout xmlns:android="http://schemas.android.com/apk/res/android"
    android:layout_width="match_parent"
    android:layout_height="match_parent">
    <Button
        android:id="@+id/buttonA"
```

```
        android:layout_width="300dp"
        android:layout_height="300dp"
        android:text="ButtonA" />
    <Button
        android:id="@+id/buttonB"
        android:layout_width="200dp"
        android:layout_height="150dp"
        android:text="ButtonB" />
    <Button
        android:id="@+id/buttonC"
        android:layout_width="100dp"
        android:layout_height="wrap_content"
        android:text="ButtonC" />
</FrameLayout>
```

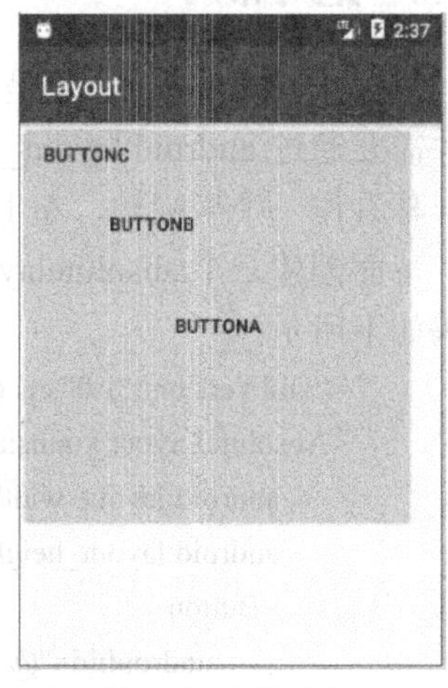

图 4.6　框架布局

运行上述代码，结果如图 4.6 所示。

4.2.6　网格布局

网格布局(GridLayout)是 Android4.0 新增的布局方式，因此需要在 4.0 之后的版本才能使用。它的作用类似于 table(表格)，把整个容器划分为 rows×columns 个网格，每个网格可以放置一个组件。GridLayout 提供了 setRowCount(int)和 setColumnCount(int)方法来控制该网格的行数量和列数量。

下面创建一个 gridlayout.xml 布局文件，用来示例 GridLayout 布局控件的使用。代码如下所示：

```
<?xml version="1.0" encoding="utf-8"?>
<GridLayout xmlns:android="http://schemas.android.com/apk/res/android"
    android:layout_width="wrap_content"
    android:layout_height="wrap_content"
    android:layout_gravity="center_vertical"
    android:columnCount="4"
    android:orientation="horizontal"
    android:rowCount="4">
    <Button
        android:layout_column="3"
        android:text="/" />
    <Button android:text="1" />
    <Button android:text="2" />
    <Button android:text="3" />
    <Button android:text="*" />
    <Button android:text="4" />
    <Button android:text="5" />
    <Button android:text="6" />
    <Button android:text="-" />
```

```
    <Button android:text="7" />
    <Button android:text="8" />
    <Button android:text="9" />
    <Button
        android:layout_gravity="fill"
        android:layout_rowSpan="2"
        android:text="+" />
    <Button android:text="0" />
    <Button
        android:layout_columnSpan="2"
        android:layout_gravity="fill"
        android:text="=" />
</GridLayout>
```

图 4.7　网格布局

上述代码设计了一个简单的计算器界面，分别使用 columnCount 和 rowCount 属性设置整体界面布局为 4 行 4 列，其中“=”按钮通过设置属性 layout_columnSpan="2" 表示占据了两列，“+”按钮通过设置属性 layout_rowSpan="2" 表示占据了两行。使用 layout_column 表示该按钮在第几列。

运行上述代码，结果如图 4.7 所示。

4.2.7　扁平化布局

扁平化布局(ConstraintLayout)是 Android Studio2.2 中新增的主要功能之一，也是 Google 在 2016 年的 I/O 大会上重点宣传的一个功能。在传统的 Android 开发当中，界面基本都是靠编写 XML 代码完成的，虽然 Android Studio 也支持可视化的方式来编写界面，但是操作起来并不方便，而 ConstraintLayout 就是为了解决这一现状而出现的。它和传统编写界面的方式恰恰相反，ConstraintLayout 非常适合使用可视化的方式来编写界面，但并不太适合使用 XML 的方式来进行编写。当然，可视化操作的背后仍然还是使用 XML 代码来实现的，只不过这些代码是由 Android Studio 根据用户的操作自动生成的。

Android Studio 默认生成的 ConstraintLayout 布局代码如下所示：

```
<?xml version="1.0" encoding="utf-8"?>
<android.support.constraint.ConstraintLayout
    xmlns:android="http://schemas.android.com/apk/res/android"
    xmlns:app="http://schemas.android.com/apk/res-auto"
    android:id="@+id/lay_root"
    android:layout_width="match_parent"
    android:layout_height="match_parent">
    <TextView
        android:id="@+id/text1"
        android:layout_width="wrap_content"
        android:layout_height="wrap_content"
        android:text="test" />
</android.support.constraint.ConstraintLayout>
```

4.3　Widget 简单组件

一个易操作、美观的 UI 界面，都是从界面布局开始，然后不断地向布局容器中添加界面组件而完成的。掌握这些最基本的用户界面组件是学好 Android 编程的基础。Android 系统中几乎所有的用户界面组件都定义在 android.widget 包中，如 Button、TextView、EditText 等。

对 Widget 组件进行 UI 设计时，既可以采用 XML 布局方式，也可以采用编写代码的方式，其中 XML 布局文件方式由于简单易用，被广泛使用。Widget 组件几乎都属于 View 类，因此大部分属性在这些组件之间是通用的，如表 4-9 所示。

表 4-9　Widget 组件通用属性

属性名称	功 能 描 述
android:id	设置控件的索引，Java 程序可通过 R.id.<索引>形式来引用该控件
android:layout_height	设置布局高度，可以采用 3 种方式：match_parent、wrap_content、指定 px 值
android:layout_width	设置布局宽度，可以采用 3 种方式：match_parent、wrap_content、指定 px 值
android:autoLink	设置当文本为 URL 链接时，文本是否显示为可点击的链接
android:autoText	如果设置，将自动执行输入值的拼写纠正
android:bufferType	指定 getText()方式取得的文本类别
android:capitalize	设置英文字母大写类型，需要弹出输入法才能看得到
android:cursorVisible	设定光标为显示/隐藏，默认显示
android:digits	设置允许输入哪些字符
android:inputType	设置文本的类型，用于帮助输入法显示合适的键盘类型

4.3.1　文本控件

文本控件主要包括 TextView 控件和 EditText 控件。其中 TextView 控件继承自 View 类，其主要功能是向用户显示文本内容，同时可选择性地让用户编辑文本。从功能上来说，一个 TextView 就是一个完整的文本编辑器，只不过其本身被设置为不允许编辑，其子类 EditText 被设置为允许用户对内容进行编辑。

下面创建一个项目，在 activity_main.xml 布局文件中设置 TextView 和 EditText 两个控件，用来示例文本控件的使用。代码如下所示：

```
<?xml version="1.0" encoding="utf-8"?>
<LinearLayout xmlns:android="http://schemas.android.com/apk/res/android"
    android:layout_width="match_parent"
    android:layout_height="match_parent"
    android:orientation="vertical">
    <TextView
```

```
        android:id="@+id/textview"
        android:layout_width="match_parent"
        android:layout_height="wrap_content"
        android:gravity="center"
        android:text="姓名："
        android:textColor="#33AADD"
        android:textSize="25dp" />
    <EditText
        android:id="@+id/edittext"
        android:layout_width="match_parent"
        android:layout_height="wrap_content"
        android:hint="请输入姓名"
        android:inputType="text" />
</LinearLayout>
```

在上述代码中，分别声明了 TextView 和 EditText 的 ID，以便于在代码中引用相应的控件对象。“@+id/textview” 表示所设置的 ID 值，@表示后面的字符串是 ID 资源，加号表示需要建立新资源名称，并添加到 R.java 文件中。

为了在代码中引用 activity_main.xml 布局文件中设置的控件，首先需要在 MainActivity.java 代码中引入 android.widget 开发包，然后使用 findViewById()方法通过 ID 引用该控件，并把该控件赋值给创建的控件对象。

MainActivity.java 文件代码如下所示：

```
import android.widget.*;
public class MainActivity extends AppCompatActivity {
    //创建文本控件对象
    TextView textView = null;
    EditText editText = null;
    @Override
    protected void onCreate(Bundle savedInstanceState) {
        super.onCreate(savedInstanceState);
        setContentView(R.layout.activity_main);
        //实例化控件对象
        textView = findViewById(R.id.textview);
        editText = findViewById(R.id.edittext);
    }
}
```

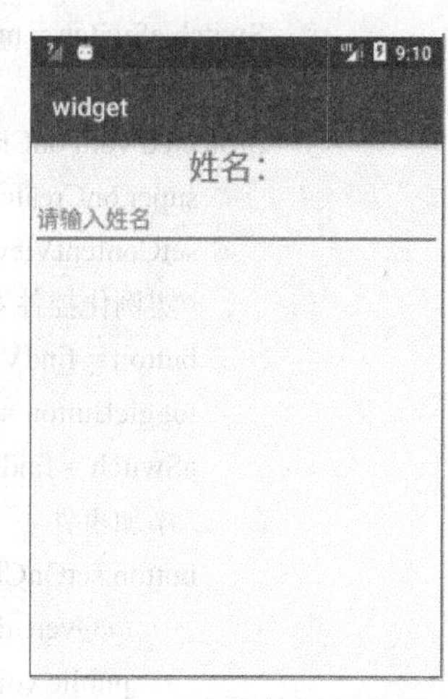

图 4.8　文本控件运行效果

程序运行结果如图 4.8 所示。

4.3.2　Button 和开关控件

Button 是常用的普通按钮控件，用户能够在该控件上点击，引发相应的响应事件。ToggleButton 和 Switch 都是选择类型的按钮，具有选中和未选中两种状态。

下面通过一个简单示例来演示 Button 按钮和开关控件的用法。编写布局文件代码如下：

```
<Button
    android:id="@+id/button"
    android:layout_width="100dp"
    android:layout_height="50dp"
    android:text="确定" />
<Switch
    android:id="@+id/switchbutton"
    android:layout_width="wrap_content"
    android:layout_height="wrap_content"
    android:checked="true" />
<ToggleButton
    android:id="@+id/toggleButton"
    android:layout_width="100dp"
    android:layout_height="50dp"
    android:checked="true"
    android:textOff="关"
    android:textOn="开" />
```

然后，在 MainActivity.java 文件中添加如下代码：

```
public class MainActivity extends AppCompatActivity {
    //创建按钮控件对象
    Button button = null;
    ToggleButton toggleButton = null;
    Switch aSwitch = null;
    @Override
    protected void onCreate(Bundle savedInstanceState) {
        super.onCreate(savedInstanceState);
        setContentView(R.layout.activity_main);
        //实例化控件对象
        button = findViewById(R.id.button);
        toggleButton = findViewById(R.id.toggleButton);
        aSwitch = findViewById(R.id.switchbutton);
        //添加事件
        button.setOnClickListener(new View.OnClickListener() {
            @Override
            public void onClick(View view) {
                Toast.makeText(MainActivity.this, "点击了 Button 按钮",
                Toast.LENGTH_LONG).show();
            }
        });
        toggleButton.setOnCheckedChangeListener(new
        CompoundButton.OnCheckedChangeListener() {
            @Override
            public void onCheckedChanged(CompoundButton compoundButton,
```

```
                    boolean b) {
                    if (b == true)
                        Toast.makeText(MainActivity.this, "ToggleButton 按钮打开",
                         Toast.LENGTH_LONG).show();
                }
            });
            aSwitch.setOnCheckedChangeListener(new
             CompoundButton.OnCheckedChangeListener() {
                @Override
                public void onCheckedChanged(CompoundButton compoundButton,
                  boolean b) {
                    if (b == true)
                        Toast.makeText(MainActivity.this, "Switch 按钮已打开",
                         Toast.LENGTH_LONG).show();
                }
            });
        }
    }
```

运行程序代码，运行结果如图 4.9 所示。

图 4.9　Button 按钮和开关控件

4.3.3　ImageButton 和 ImageView 控件

ImageView 继承自 View 组件，它的主要功能是显示图片，除此之外，ImageView 还派生了 ImageButton、ZoomButton 等组件，因此 ImageView 支持的 XML 属性、方法，基本上也可以应用于 ImageButton、ZoomButton 等组件。

下面在 activity_main.xml 布局文件中设置 ImageView 和 ImageButton 两个控件，用来示例两个控件的使用。代码如下所示：

```
<ImageView
    android:id="@+id/imageView"
    android:layout_width="wrap_content"
    android:layout_height="wrap_content"
```

```
        android:layout_gravity="center"
        android:src="@drawable/p3" />

    <ImageButton
        android:id="@+id/imageButton"
        android:layout_gravity="center"
        android:layout_width="wrap_content"
        android:layout_height="wrap_content"
        android:src="@drawable/imagebutton" />
```

接下来在对应的 MainActivity.java 文件中添加代码，实现 ImageButton 的使用，代码如下所示：

```
ImageView   imageView = findViewById(R.id.imageView);
ImageButton   imageButton = findViewById(R.id.imageButton);
imageButton.setOnClickListener(new View.OnClickListener() {
    @Override
    public void onClick(View view) {
        //为图片控件设置图片
        imageView.setImageResource(R.drawable.p4);
    }
});
```

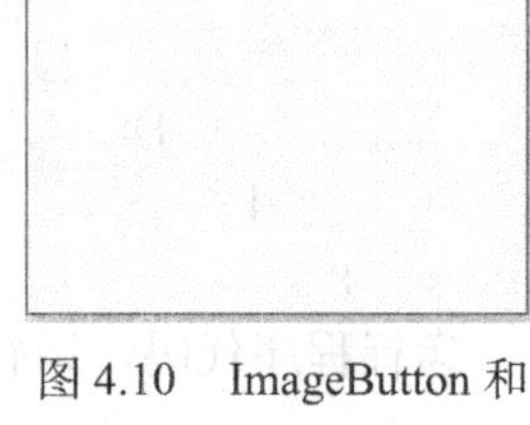

图 4.10　ImageButton 和 ImageView 控件

运行程序代码，运行结果如图 4.10 所示。

4.3.4　RadioButton 和 RadioGroup 控件

在一组按钮中有且仅有一个按钮能够被选中，当选择按钮组中某个按钮时会取消其他按钮的选中状态。这个功能需要 RadioButton 和 RadioGroup 两个控件配合使用才能实现。RadioGroup 是单选按钮组，是一个允许容纳多个 RadioButton 的容器。在没有 RadioGroup 的情况下，RadioButton 可以分别被选中；当多个 RadioButton 在同一个 RadioGroup 按钮组中，只允许选择其中之一。RadioButton 和 RadioGroup 的关系如下：

(1) RadioButton 表示单个圆形单选框，RadioGroup 是一个可以容纳多个 RadioButton 的容器。

(2) 在同一个 RadioGroup 中，只能有一个 RadioButton 被选中；不同的 RadioGroup 中，RadioButton 互不影响。

(3) 通常情况下，一个 RadioGroup 中至少有两个 RadioButton。一般在一个 RadioGroup 组中，会默认有一个 RadioButton 被选中，并将其放置在 RadioGroup 的起始位置。

下面创建一个 radio_button.xml 布局文件，在文件中设置 RadioButton、RadioGroup 和 Button 三种控件，用来示例 RadioButton 控件的使用。代码如下所示：

```
<?xml version="1.0" encoding="utf-8"?>
<LinearLayout xmlns:android="http://schemas.android.com/apk/res/android"
    android:layout_width="match_parent"
    android:layout_height="match_parent"
    android:layout_marginRight="10dp"
```

```
    android:orientation="vertical">
    <TextView
        android:id="@+id/textview"
        android:layout_width="match_parent"
        android:layout_height="wrap_content"
        android:text="专业选择：" />
    <RadioGroup
        android:id="@+id/radiogroup"
        android:layout_width="match_parent"
        android:layout_height="wrap_content">
        <RadioButton
            android:id="@+id/radio1"
            android:layout_width="wrap_content"
            android:layout_height="wrap_content"
            android:checked="true"
            android:text="软件技术" />
        <RadioButton
            android:id="@+id/radio2"
            android:layout_width="wrap_content"
            android:layout_height="wrap_content"
            android:text="网络技术" />
        <RadioButton
            android:id="@+id/radio3"
            android:layout_width="wrap_content"
            android:layout_height="wrap_content"
            android:text="物联网工程" />
    </RadioGroup>
    <Button
        android:id="@+id/button"
        android:layout_width="match_parent"
        android:layout_height="wrap_content"
        android:text="提交专业选择" />
</LinearLayout>
```

接下来创建一个 RadioButtonActivity 文件，代码如下所示：

```
public class RadioButtonActivity extends AppCompatActivity {
    TextView textview = null;
    Button btn = null;
    RadioGroup radioGroup = null;
    RadioButton radioButton1, radioButton2, radioButton3;
    @Override
    protected void onCreate(Bundle savedInstanceState) {
        super.onCreate(savedInstanceState);
        setContentView(R.layout.radio_button);
```

```
        textview = findViewById(R.id.textview);
        radioGroup = findViewById(R.id.radiogroup);
        radioButton1 = findViewById(R.id.radio1);
        radioButton2 = findViewById(R.id.radio2);
        radioButton3 = findViewById(R.id.radio3);
        btn = findViewById(R.id.button);
        btn.setOnClickListener(new View.OnClickListener() {
          @Override
          public void onClick(View view) {
            if (radioButton1.isChecked()) {
              textview.setText("你选择了软件技术专业");
            }
            if (radioButton2.isChecked()) {
              textview.setText("你选择了网络技术专业");
            }
            if (radioButton3.isChecked()) {
              textview.setText("你选择了物联网工程专业");
            }
          }
        });
        radioGroup.setOnCheckedChangeListener(new RadioGroup.OnCheckedChangeListener()
          {
          @Override
          public void onCheckedChanged(RadioGroup radioGroup, int i) {
            switch (i) {
             case R.id.radio1:
               textview.setText("你选择了软件技术专业");
               break;
             case R.id.radio2:
               textview.setText("你选择了网络技术专业");
               break;
             case R.id.radio3:
               textview.setText("你选择了物联网工程专业");
               break;
            }
          }
        });
      }
    }
```

在上面的代码中，运用了两种事件监听方式获取单选按钮选择信息，还可以用单选按钮单独绑定事件获取信息的方式。

运行上述代码，选择不同的专业按钮，结果如图 4.11 所示。

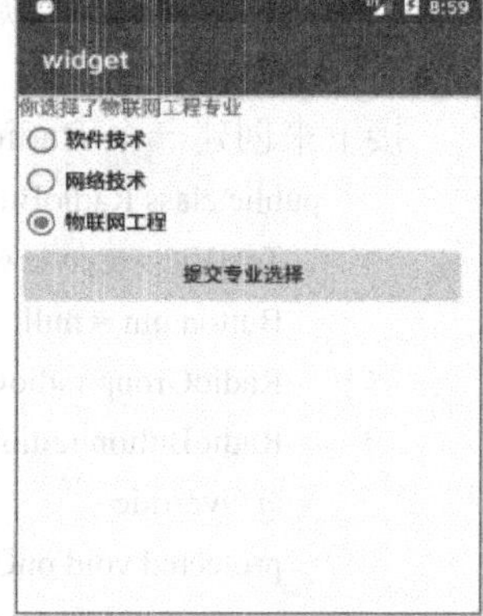

图 4.11　单选按钮

4.3.5　CheckBox 复选框

CheckBox 复选框是一种具有选中和未选中两种状态的按钮。在布局文件中定义复选框时，对每一个按钮注册 OnCheckedChangeListener 事件监听，然后在 onCheckedChanged()事件处理方法中根据 isChecked 参数来判断选项是否被选中。

CheckBox 和 RadioButton 的主要区别如下：

(1) RadioButton 单选按钮被选中后，再次单击时无法改变其状态；而 CheckBox 复选框被选中后，可以通过单击来改变其状态。

(2) 在 RadioButton 单选按钮组中，只允许选中一个；而在 CheckBox 复选框组中，允许同时选中多个。

(3) 大部分 UI 框架中默认 RadioButton 以圆形表示，CheckBox 以正方形表示。

下面创建一个 check_box.xml 布局文件，在文件中设置多个复选框，用来示例 CheckBox 控件的使用。代码如下所示：

```
<?xml version="1.0" encoding="utf-8"?>
<LinearLayout xmlns:android="http://schemas.android.com/apk/res/android"
  android:layout_width="match_parent"
  android:layout_height="match_parent"
  android:orientation="vertical">
  <EditText
    android:id="@+id/likeedittext"
    android:layout_width="match_parent"
    android:layout_height="wrap_content"
    android:hint="爱好选择结果：" />
  <CheckBox
    android:id="@+id/checkBox1"
    android:layout_width="match_parent"
    android:layout_height="wrap_content"
    android:text="读书" />
  <CheckBox
    android:id="@+id/checkBox2"
    android:layout_width="match_parent"
    android:layout_height="wrap_content"
    android:text="看电影" />
  <CheckBox
    android:id="@+id/checkBox3"
    android:layout_width="match_parent"
    android:layout_height="wrap_content"
    android:text="篮球" />
  <CheckBox
   android:id="@+id/checkBox4"
    android:layout_width="match_parent"
```

```
        android:layout_height="wrap_content"
        android:text="排球" />
    <Button
        android:id="@+id/likeButton"
        android:layout_width="match_parent"
        android:layout_height="wrap_content"
        android:text="选择爱好" />
</LinearLayout>
```

接下来创建一个 CheckBoxActivity 文件，代码如下所示：

```
public class CheckBoxActivity extends AppCompatActivity {
    CheckBox checkbox1, checkbox2, checkbox3, checkbox4;
    Button likebtn;
    EditText editText;
    @Override
    protected void onCreate(Bundle savedInstanceState) {
        super.onCreate(savedInstanceState);
        setContentView(R.layout.check_box);
        checkbox1=findViewById(R.id.checkBox1);
        checkbox2=findViewById(R.id.checkBox2);
        checkbox3=findViewById(R.id.checkBox3);
        checkbox4=findViewById(R.id.checkBox4);
        likebtn=findViewById(R.id.likeButton);
        editText=findViewById(R.id.likeedittext);
        //注册事件监听器
        checkbox1.setOnCheckedChangeListener(listener);
        checkbox2.setOnCheckedChangeListener(listener);
        checkbox3.setOnCheckedChangeListener(listener);
        checkbox4.setOnCheckedChangeListener(listener);
        likebtn.setOnClickListener(new View.OnClickListener() {
            @Override
            public void onClick(View view) {
                if(checkbox1.isChecked()){
                    editText.append(checkbox1.getText()+" ");
                }
                if(checkbox2.isChecked()){
                    editText.append(checkbox2.getText()+" ");
                }
                if(checkbox3.isChecked()){
                    editText.append(checkbox3.getText()+" ");
                }
                if(checkbox4.isChecked()){
                    editText.append(checkbox4.getText()+" ");
                }
```

```
            }
        });
    }
    OnCheckedChangeListener listener=new OnCheckedChangeListener() {
        @Override
        public void onCheckedChanged(CompoundButton compoundButton, boolean isChecked) {
            switch (compoundButton.getId()){
                case R.id.checkBox1:
                    if(isChecked)
                        Toast.makeText(CheckBoxActivity.this,
                            "你选择了"+checkbox1.getText(),Toast.LENGTH_LONG).show();
                        break;
                case R.id.checkBox2:
                    if(isChecked)
                    Toast.makeText(CheckBoxActivity.this, "你选择了"+checkbox2.getText(),
                        Toast.LENGTH_LONG).show();
                    break;
                case R.id.checkBox3:
                    if(isChecked)
                        Toast.makeText(CheckBoxActivity.this,
                            "你选择了" + checkbox3.getText(),
                            Toast.LENGTH_LONG).show();
                        break;
                case R.id.checkBox4:
                    if(isChecked)
                        Toast.makeText(CheckBoxActivity.this,
                                "你选择了"+checkbox4.getText(),
                                Toast.LENGTH_LONG).show();
                        break;
            }
        }
    };
}
```

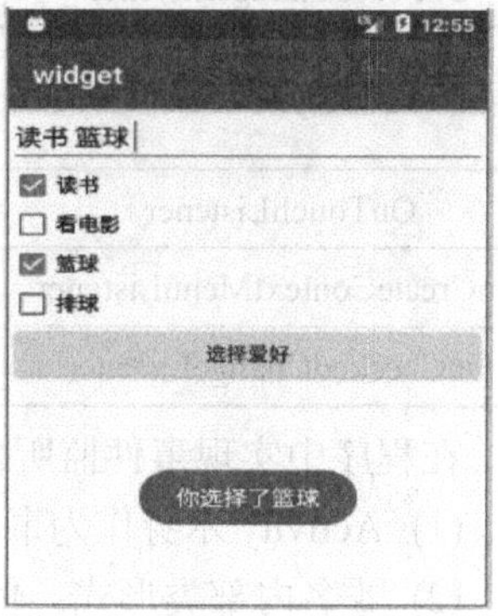

运行上述代码，选择自己喜欢的爱好，结果如图 4.12 所示。

图 4.12　复选框

4.4　Android 事件处理

UI 编程通常都会伴随事件处理，Android 也不例外，它提供了两种方式的事件处理：基于回调的事件处理和基于监听的事件处理。对于基于监听的事件处理主要是为 Android 界面组件绑定特定的事件监听器；对于基于回调的事件处理，主要是重写 Android 构件特定的回调函数，Android 大部分界面组件都提供了事件响应的回调函数，只需要重写就可以。

4.4.1　基于监听的事件处理

基于监听的事件处理方式和 Java Swing/AWT 的事件处理方式几乎完全相同。Android 系统中引用了 Java 事件处理机制，包括事件、事件源和事件监听器三个事件模型。与基于回调的事件处理相比，基于监听的事件处理是更具有“面向对象”性质的事件处理方式。

(1) 事件(Event)：这是一个描述事件源状态改变的对象，事件对象不是通过 new 运算符创建的，而是在用户触发事件时由系统生成的对象。事件包括键盘事件、触摸事件等，一般作为事件处理方法的参数，以便从中获取事件的相关信息。

(2) 事件源(Event Source)：产生事件的来源，通常是各种组件，如按钮等。

(3) 事件监听器(Event Listener)：负责监听事件源发生的事件，并对不同的事件做相应的处理。

Android 系统中常用的事件监听器如表 4-10 所示，这些事件监听器以内部接口的形式定义在 android.view.View 包中。

表 4-10　Android 中的事件监听器

事件监听器接口	事 件	功 能 描 述
OnClickListener	单击事件	当用户点击某个组件或者方向键时触发该事件
OnFocusChangeListener	焦点事件	当组件获得或者失去焦点时触发该事件
OnKeyListener	按键事件	当用户按下或者释放设备上的某个按键时触发该事件
OnTouchListener	触摸事件	当触碰屏幕时触发该事件
OnCreateContextMenuListener	创建上下文菜单事件	当创建上下文菜单时触发该事件
OnCheckedChangeListener	选项改变事件	当选择改变时触发该事件

在程序中实现事件监听器，通常有以下四种形式：

(1) Activity 本身作为事件监听器：通过 Activity 实现监听器接口，并实现事件处理方法。

(2) 匿名内部类形式：使用匿名内部类创建事件监听器对象。

(3) 内部类或外部类形式：将事件监听类定义为当前类的内部类或普通的外部类。

(4) 绑定标签：在布局文件中为指定标签绑定事件处理方法。

通常实现基于监听的事件处理步骤如下：

(1) 创建事件监听器。

(2) 在事件处理方法中编写事件处理代码。

(3) 在相应的组件上注册监听器。

【实例 eventlistener】 创建一个基于监听的事件处理项目，实现四种不同形式的事件监听处理方式。

(1) 编写 activity_main.xml 布局文件，添加一个编辑文本框控件和四个按钮，每个按钮将实现不同形式的事件监听。代码如下所示：

```
<?xml version="1.0" encoding="utf-8"?>
<LinearLayout xmlns:android="http://schemas.android.com/apk/res/android"
    android:layout_width="match_parent"
    android:layout_height="match_parent"
    android:orientation="vertical">
    <EditText
        android:id="@+id/edittext"
        android:layout_width="match_parent"
        android:layout_height="wrap_content"
        android:hint="显示点击按钮文本内容" />
    <Button
        android:id="@+id/clickbtn"
        android:layout_width="match_parent"
        android:layout_height="wrap_content"
        android:text="Activity 本身作为事件监听器" />
    <Button
        android:id="@+id/anonymousbtn"
        android:layout_width="match_parent"
        android:layout_height="wrap_content"
        android:text="匿名内部类形式" />
    <Button
        android:id="@+id/innerbtn"
        android:layout_width="match_parent"
        android:layout_height="wrap_content"
        android:text="内部类和外部类形式" />
    <Button
        android:id="@+id/bindtagbtn"
        android:layout_width="match_parent"
        android:layout_height="wrap_content"
        android:onClick="clickMe"
        android:text="绑定标签形式" />
</LinearLayout>
```

(2) 编写 MainActivity.java 文件，实现不同形式的事件处理，并在文本框中显示点击按钮的文本内容。代码如下所示：

```
public class MainActivity extends AppCompatActivity implements View.OnClickListener {
  EditText showtext = null;
  @Override
  protected void onCreate(Bundle savedInstanceState) {
    super.onCreate(savedInstanceState);
    setContentView(R.layout.activity_main);
    showtext = findViewById(R.id.edittext);
      //Activity 本身作为事件监听器(实现接口，绑定监听，编写事件处理代码
```

```
        Button clickbtn = findViewById(R.id.clickbtn);
        clickbtn.setOnClickListener(this);
        //匿名内部类形式按钮事件
        Button anonymousbtn = findViewById(R.id.anonymousbtn);
        anonymousbtn.setOnClickListener(new View.OnClickListener() {
            @Override
            public void onClick(View view) {
                showtext.setText("点击了匿名内部类形式按钮");
            }
        });
        //内部类或外部类形式
        Button innerbtn = findViewById(R.id.innerbtn);
        innerbtn.setOnClickListener(new InnerListener());
        //绑定标签形式
        Button bindtagbtn = findViewById(R.id.bindtagbtn);
    }
    //实现接口的事件监听抽象方法
    @Override
    public void onClick(View view) {
        showtext.setText("点击了 Activity 本身作为事件监听器按钮");
    }
    //内部类实现监听事件
    private class InnerListener implements View.OnClickListener {
        @Override
        public void onClick(View view) {
            showtext.setText("点击了内部类或外部类形式按钮");
        }
    }
    //绑定标签形式的监听事件方法
    public void clickMe(View view) {
        showtext.setText("点击了绑定标签形式按钮");
    }
}
```

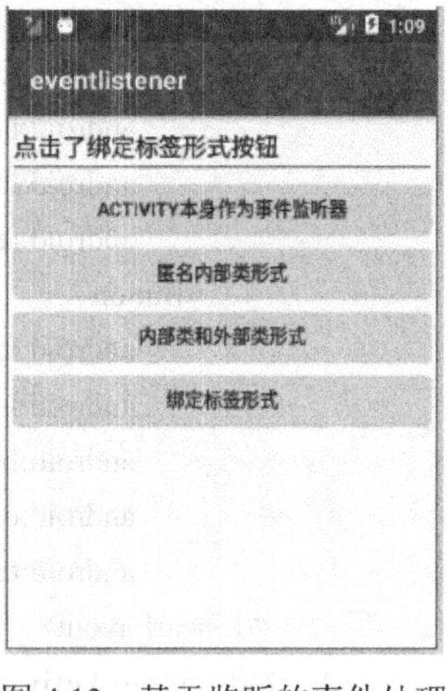

(3) 运行程序代码，点击不同的按钮，运行结果如图 4.13 所示。

图 4.13　基于监听的事件处理

4.4.2　基于回调机制的事件处理

在 Android 平台中，每个 View 都有自己的处理事件的回调方法，开发人员可以通过重写 View 中的这些回调方法来实现需要的响应事件。当某个事件被任何一个 View 处理时，便会调用 Activity 中相应的回调方法。基于回调机制的事件主要有 onKeyDown()方法、onKeyUp()方法、onTouchEvent()方法、onTrackBallEvent()方法、onFocusChanged()方法。

1. onKeyDown()方法

onKeyDown()方法是接口 KeyEvent.Callback 中的抽象方法，所有的 View 全部实现了该接口并重写了该方法，该方法用来捕捉手机键盘被按下的事件。方法的声明格式如下所示：

```
public boolean onKeyDown (int keyCode, KeyEvent event)
```

其中：

- 参数 keyCode：为被按下的键值即键盘码，手机键盘中每个按钮都会有其单独的键盘码，应用程序都是通过键盘码才知道用户按下的是哪个键。
- 参数 event：为按键事件的对象，其中包含了触发事件的详细信息，例如事件的状态、事件的类型、事件发生的时间等。当用户按下按键时，系统会自动将事件封装成 KeyEvent 对象供应用程序使用。
- onKeyDown()方法的返回值为一个 boolean 类型的变量，当返回 true 时，表示已经完整地处理了这个事件，并不希望其他的回调方法再次进行处理；而当返回 false 时，表示并没有完全处理完该事件，更希望其他回调方法继续对其进行处理，例如 Activity 中的回调方法。

2. onKeyUp()方法

onKeyUp()方法的原理及使用方法与 onKeyDown()方法基本一样，只是该方法会在按键抬起时被调用。如果用户需要对按键抬起事件进行处理，通过重写该方法可以实现。该方法同样是接口 KeyEvent.Callback 中的一个抽象方法，并且所有的 View 同样全部实现了该接口并重写了该方法。onKeyUp()方法用来捕捉手机键盘按键抬起的事件，方法的声明格式如下所示：

```
public boolean onKeyUp (int keyCode, KeyEvent event)
```

其中：

- 参数 keyCode：同样为触发事件的按键码，需要注意的是，同一个按键在不同型号的手机中的按键码可能不同。
- 参数 event：同样为事件封装类的对象，其含义与 onKeyDown()方法中的完全相同，在此不再赘述。
- onKeyUp()方法返回值表示的含义与 onKeyDown()方法相同，同样通知系统是否希望其他回调方法再次对该事件进行处理。

3. onTouchEvent()方法

onTouchEvent()方法是手机屏幕事件的处理方法。该方法在 View 类中定义，并且所有的 View 子类全部重写了该方法，应用程序可以通过该方法处理手机屏幕的触摸事件。该方法的声明格式如下所示：

```
public boolean onTouchEvent (MotionEvent event)
```

其中：

- 参数 event：为手机屏幕触摸事件封装类的对象，其中封装了该事件的所有信息，例如触摸的位置、触摸的类型以及触摸的时间等。该对象会在用户触摸手机屏幕时被创建。
- onTouchEvent()方法的返回值机理与键盘响应事件的相同，同样是当已经完整地处理了该事件且不希望其他回调方法再次处理时返回 true，否则返回 false。

该方法并不像之前介绍过的方法只处理一种事件，一般情况下以下三种情况的事件全部由 onTouchEvent 方法处理，只是三种情况中的动作值不同。

(1) 屏幕被按下事件：当屏幕被按下时，会自动调用该方法来处理事件，此时 MotionEvent.getAction()的值为 MotionEvent.ACTION_DOWN，如果在应用程序中需要处理屏幕被按下的事件，只需重新回调该方法，然后在方法中进行动作的判断即可。

(2) 屏幕被抬起事件：当触控笔离开屏幕时触发的事件，该事件同样需要 onTouchEvent 方法来捕捉，然后在方法中进行动作判断。当 MotionEvent.getAction() 的值为 MotionEvent.ACTION_UP 时，表示是屏幕被抬起的事件。

(3) 在屏幕中拖动事件：该方法还负责处理触控笔在屏幕上滑动的事件，同样是调用 MotionEvent.getAction()方法来判断动作值是否为 MotionEvent.ACTION_MOVE 再进行处理。

【实例 TouchEvent】 通过一个简单的案例来介绍该方法的使用。在该案例中，会在用户点击的位置绘制一个矩形，然后监测用户触控笔的状态，当用户在屏幕上移动触控笔时，使矩形随之移动，而当用户触控笔离开手机屏幕时，停止绘制矩形。

MainActivity.java 的代码如下所示：

```
public class MainActivity extends AppCompatActivity {
  MyView myView;
  @Override
  protected void onCreate(Bundle savedInstanceState) {
    super.onCreate(savedInstanceState);
    setContentView(R.layout.activity_main);
    myView = new MyView(this);       //初始化自定义的 View
    setContentView(myView);          //设置当前显示的用户界面
  }
  //重写的屏幕监听方法，在该方法中，根据事件动作的不同执行不同的操作
  @Override
  public boolean onTouchEvent(MotionEvent event) {
    switch (event.getAction()) {
      case MotionEvent.ACTION_DOWN://按下
      //通过调用 MotionEvent 的 getX()和 getY()方法得到事件发生的坐标，
      //然后设置给自定义 View 的 x 与 y 成员变量
        myView.x = (int) event.getX();             //改变 x 坐标
        myView.y = (int) event.getY() - 52;        //改变 y 坐标
        myView.postInvalidate();                   //重绘
        break;
      case MotionEvent.ACTION_MOVE:                //移动
        myView.x = (int) event.getX();             //改变 x 坐标
        myView.y = (int) event.getY() - 52;        //改变 y 坐标
        myView.postInvalidate();                   //重绘
        break;
      case MotionEvent.ACTION_UP:                  //抬起
        myView.x = 50;                             //改变 x 坐标，使正方形绘制在初始的位置
```

```
                myView.y = 50;                    //改变 y 坐标
                myView.postInvalidate();          //重绘
                break;
            }
            return super.onTouchEvent(event);
        }
    class MyView extends View {//自定义的 View
        Paint paint;                    //定义画笔
        int x = 50, y = 50;             //定义正方形的初始 x、y 坐标
        int w = 30;                     //定义所绘制矩形的边长
        public MyView(Context context) {
            super(context);
            paint = new Paint();//初始化画笔
        }
        protected void onDraw(Canvas canvas) {          //绘制方法
            canvas.drawColor(Color.GRAY);                //绘制背景色
            canvas.drawRect(x, y, x + w, y + w, paint);  //绘制矩形
            super.onDraw(canvas);
        }
    }
}
```

图 4.14　绘制矩形

程序运行结果如图 4.14 所示。

4. onTrackBallEvent()方法

onTrackBallEvent 是手机中轨迹球的处理方法。所有的 View 同样全部实现了该方法。该方法的声明格式如下：

```
public boolean onTrackballEvent (MotionEvent event)
```

其中：

- 参数 event：为手机轨迹球事件封装类的对象，其中封装了触发事件的详细信息，同样包括事件的类型、触发时间等，一般情况下，该对象会在用户操控轨迹球时被创建。
- 返回值：该方法的返回值与前面介绍的各个回调方法的返回值机制完全相同。

轨迹球与手机键盘的区别如下：

(1) 某些型号的手机设计出的轨迹球会比只有手机键盘时更美观，可增添用户对手机的整体印象。

(2) 轨迹球使用更为简单，例如在某些游戏中使用轨迹球控制会更为合理。

(3) 使用轨迹球会比键盘更为细化，即滚动轨迹球时，后台的表示状态的数值会变化得更细微、更精准。

(4) 该方法的使用方法与前面介绍过的各个回调方法基本相同，可以在 Activity 中重写该方法，也可以在各个 View 的实现类中重写。

需要注意的是在模拟器运行状态下，可以通过 F6 键打开模拟器的轨迹球，然后便可以通过鼠标的移动来模拟轨迹球事件。

5. onFocusChanged()方法

onFocusChanged()方法只能在 View 中重写，该方法是焦点改变的回调方法，当某个控件重写了该方法后，当焦点发生变化时，会自动调用该方法来处理焦点改变的事件。该方法的声明格式如下：

```
protected void onFocusChanged (
boolean gainFocus, int direction, Rect previously FocusedRect)
```

其中：

· 参数 gainFocus：表示触发该事件的 View 是否获得了焦点，当该控件获得焦点时，gainFocus 等于 true，否则等于 false。

· 参数 direction：表示焦点移动的方向，用数值表示，有兴趣的读者可以重写 View 中的该方法并打印该参数进行观察。

· 参数 previouslyFocusedRect：表示在触发事件的 View 的坐标系中，前一个获得焦点的矩形区域，即表示焦点是从哪里来的。如果不可用则为 null。

对于手机轨迹球方法和焦点改变事件方法的具体应用，由于篇幅等原因，就不在此赘述了，有兴趣的读者可以去查相关资料，从而获得更多的知识。

4.5 对 话 框

在用户界面中，除了经常用到菜单之外，对话框也是程序与用户进行交互的主要途径之一。Android 平台下的对话框主要包括提示对话框、进度对话框、日期与时间对话框等。本节将对 Android 平台下对话框功能的开发进行简单的介绍。

4.5.1 对话框简介

对话框是 Activity 运行时显示的小窗口，当显示对话框时，当前 Activity 失去焦点而由对话框负责所有的人机交互。一般来说，对话框用于提示消息或弹出一个与程序主进程直接相关的小程序。在 Android 平台下主要支持以下几种对话框。

(1) 提示对话框 AlertDialog。AlertDialog 对话框可以包含若干按钮(0～4 个不等)和一些可选的选项，一般包括普通对话框、列表对话框、单选按钮和复选框对话框。一般来说，AlertDialog 的功能能够满足常见的对话框用户界面的需求。

(2) 进度对话框 ProgressDialog。ProgressDialog 可以显示进度轮(wheel)和进度条(bar)，由于 ProgressDialog 继承自 AlertDialog，所以在进度对话框中也可以添加按钮。

(3) 日期选择对话框 DatePickerDialog。DatePickerDialog 对话框可以显示并允许用户选择日期。

(4) 时间选择对话框 TimePickerDialog。TimePickerDialog 对话框可以显示并允许用户选择时间。

对话框是作为 Activity 的一部分被创建和显示的，在程序中通过开发回调方法 onCreateDialog 来完成对话框的创建，该方法需要传入代表对话框的 id 参数。如果需要显示对话框，则调用 showDialog 方法传入对话框的 id 来显示指定的对话框。

当对话框第一次被显示时，Android 会调用 onCreateDialog 方法来创建对话框实例，之后将不再重复创建该实例，这一点和选项菜单比较类似。同时，每次对话框在被显示之前都会调用 onPrepareDialog，如果不重写该方法，那么每次显示的对话框将会是最初创建的那个。

关闭对话框可以调用 Dialog 类的 dismiss 方法来实现，但是要注意的是以这种方式关闭的对话框并不会彻底消失，Android 会在后台保留其状态。如果需要让对话框在关闭之后彻底被清除，要调用 removeDialog 方法并传入 Dialog 的 id 值来彻底释放对话框。如果需要在调用 dismiss 方法关闭对话框时执行一些特定的工作，则可以为对话框设置 OnDismissListener 并重写其中的 onDismiss 方法来开发特定的功能。

4.5.2 普通对话框

普通对话框中只显示提示信息、“确定”按钮和一个“取消”按钮，通过 AlertDialog 来实现。下面通过一个实例来介绍一个普通对话框的具体实现和使用。

【实例 CommonAlertDialog】通过提示对话框类实现一个普通对话框，该实例的具体开发步骤如下：

(1) 布局文件 activity_main.xml 的具体实现代码如下：

```
<LinearLayout xmlns:android="http://schemas.android.com/apk/res/android"
     android:layout_width="fill_parent"
    android:layout_height="fill_parent"
    android:orientation="vertical">
    <EditText
        android:id="@+id/EditText01"
        android:layout_width="fill_parent"
        android:layout_height="wrap_content" />
    <Button
        android:id="@+id/Button01"
        android:layout_width="fill_parent"
        android:layout_height="wrap_content"
      android:text="显示普通对话框" />
</LinearLayout>
```

(2) 修改 MainActivity.java 文件，主要代码如下所示：

```
public class MainActivity extends AppCompatActivity {
final int COMMON_DIALOG = 1;                        //普通对话框 id
EditText et = null;
@Override
public void onCreate(Bundle savedInstanceState) {
    super.onCreate(savedInstanceState);
    setContentView(R.layout.activity_main);         //设置当前屏幕
    Button btn = findViewById(R.id.Button01);       //获得 Button 对象
```

```
        et = findViewById(R.id.EditText01);
        //为 Button 设置 OnClickListener 监听器
        btn.setOnClickListener(new View.OnClickListener() {
          @Override
            public void onClick(View v) {                        //重写 onClick 方法
                showDialog(COMMON_DIALOG);           //显示普通对话框
            }
        });
    }
    @Override
    protected Dialog onCreateDialog(int id) { //重写 onCreateDialog 方法
        Dialog dialog = null;                     //声明一个 Dialog 对象用于返回
        switch (id) {                             //对 id 进行判断
            case COMMON_DIALOG:
                AlertDialog.Builder b = new AlertDialog.Builder(this);
                b.setIcon(R.drawable.ic_launcher_background); //设置对话框的图标
                b.setTitle("显示普通对话框");                    //设置对话框的标题
                b.setMessage("感谢你学习 Android！");            //设置对话框的显示内容
                //添加"确定"按钮
                b.setPositiveButton("确定",   new DialogInterface.OnClickListener() {
                    @Override
                    public void onClick(DialogInterface dialog, int which) {
                        et.setText("Android 欢迎你！");          //设置 EditText 内容
                    }
                });
                //添加"取消"按钮
                b.setNegativeButton("取消",   new DialogInterface.OnClickListener() {
                    public void onClick(DialogInterface dialog, int whichButton) {
                        // MainActivity.this.finish();      //点击"取消"按钮之后退出程序
                        et.setText("");                     //清空 EditText 内容
                        dialog.dismiss();                   //退出对话框
                    }
                });
                dialog = b.create();                        //生成 Dialog 对象
                break;
            default:
                break;
        }
        return dialog;//返回生成 Dialog 的对象
    }
}
```

(3) 运行项目，其程序运行效果如图 4.15 所示。

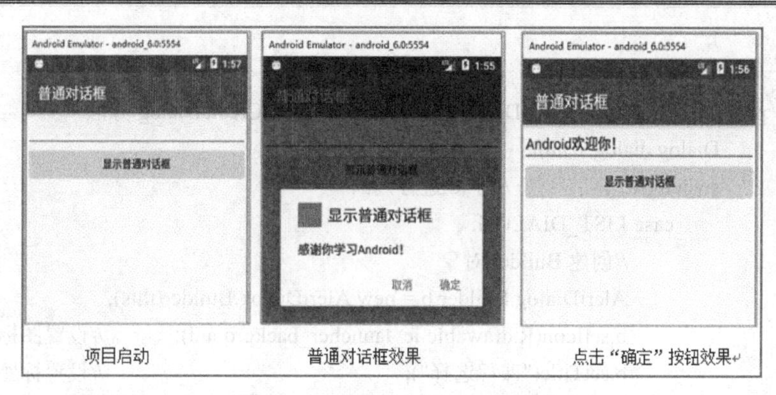

图 4.15　普通对话框运行效果图

4.5.3　列表对话框

列表对话框也属于 AlertDialog。我们通过一个课程选择的案例来说明列表对话框的具体用法。

【实例 ListAlertDialog】通过提示对话框类实现一个列表对话框，该案例的主要开发步骤如下：

(1) 在 res/values 目录下新建一个数组的 XML 文件，名称为 arrays.xml，并在其中输入以下代码。该文件定义的字符串可以通过 R.array.msa 获取到，作为列表对话框里面的值。

```
<?xml version="1.0" encoding="utf-8"?>
<resources>
    <string-array name="msa">   <!-- 声明一个字符串数组 -->
        <item>JSP 程序设计</item>     <!-- 向数组中加入元素 -->
        <item>Android 程序设计</item>
        <item>Java 程序设计</item>
    </string-array>
</resources>
```

(2) 修改 MainActivity.java 文件，主要代码如下所示：

```
public class MainActivity extends AppCompatActivity {
EditText et = null;
final int LIST_DIALOG = 2;        //声明列表对话框的 id
public void onCreate(Bundle savedInstanceState) {      //重写 onCreate 方法
    super.onCreate(savedInstanceState);
    setContentView(R.layout.activity_main);            //设置当前屏幕
    et = findViewById(R.id.EditText01);
    Button btn = findViewById(R.id.Button01);
    //为按钮添加 OnClickListener 监听器
    btn.setOnClickListener(new View.OnClickListener() {
        public void onClick(View v) {
            showDialog(LIST_DIALOG);        //显示列表对话框
        }
    }
```

```
            );
        }
        protected Dialog onCreateDialog(int id) {//重写的 onCreateDialog 方法
            Dialog dialog = null;
            switch (id) {           //对 id 进行判断
                case LIST_DIALOG:
                    //创建 Builder 对象
                    AlertDialog.Builder b = new AlertDialog.Builder(this);
                    b.setIcon(R.drawable.ic_launcher_background);        //设置图标
                    b.setTitle("课程选择");                              //设置标题
                    b.setItems(             //设置列表中的各个属性
                        R.array.msa,        //字符串数组
                        //为列表设置 OnClickListener 监听器
                        new DialogInterface.OnClickListener() {
                            @Override
                            public void onClick(DialogInterface dialog, int which) {
                                et.setText("您选择了："
                                 + getResources().getStringArray(R.array.msa)[which]);
                            }
                        });
                    dialog = b.create();//生成 Dialog 对象
                    break;
                default:
                    break;
            }
            return dialog;    //返回 Dialog 对象
        }
    }
```

(3) 运行项目，其程序运行效果如图 4.16 所示。

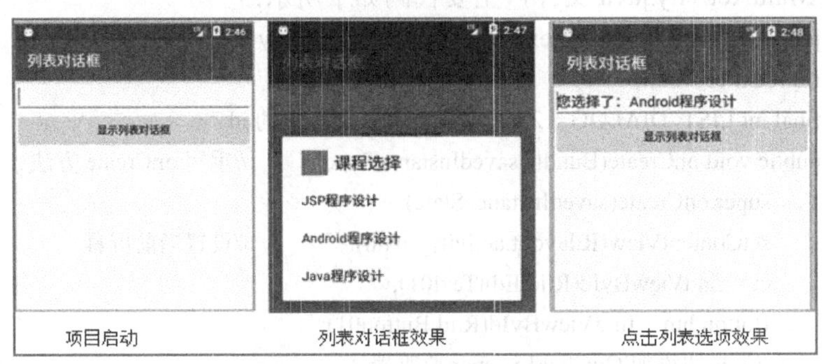

图 4.16　列表对话框运行效果图

4.5.4　单选按钮和复选框对话框

单选按钮和复选框对话框同样也是通过 AlertDialog 来实现的。该对话框的开发步骤与

前面列表对话框有很多相同的地方，这里就分别通过案例来进行简单说明。

【实例 RadioALertDialog】通过提示对话框类实现一个单选按钮对话框，该实例的主要代码如下所示：

```
public class MainActivity extends AppCompatActivity {
    String[] city = {"A 重庆", "B 成都", "C 北京", "D 上海"};
    final int LIST_DIALOG_SINGLE = 3;      //单选列表对话框的 id
    @Override
    public void onCreate(Bundle savedInstanceState) {     //重写 onCreate 方法
        super.onCreate(savedInstanceState);
        setContentView(R.layout.activity_main);      //设置当前屏幕
        Button btn = findViewById(R.id.Button01);
        //为 Button 设置 OnClickListener 监听器
        btn.setOnClickListener(new View.OnClickListener() {
            @Override
            public void onClick(View v) {
                showDialog(LIST_DIALOG_SINGLE);    //显示单选按钮对话框
            }
        });
    }
    @Override
    protected Dialog onCreateDialog(int id) {      //重写 onCreateDialog 方法
        Dialog dialog = null;          //声明一个 Dialog 对象用于返回
        switch (id) {              //对 id 进行判断
            case LIST_DIALOG_SINGLE:
                //创建 Builder 对象
                AlertDialog.Builder b = new AlertDialog.Builder(this);
                b.setIcon(R.drawable.ic_launcher_background);          //设置图标
                b.setTitle("中国的政治文化中心是哪座城市？");      //设置标题
                b.setSingleChoiceItems(      //设置单选列表选项
                        city,
                        0,
                        new DialogInterface.OnClickListener() {
                            @Override
                            public void onClick(DialogInterface dialog, int which) {
                                EditText et = findViewById(R.id.EditText01);
                                et.setText("您选择了：" + city[which]);
                            }
                        });
                //添加一个“确定”按钮
                b.setPositiveButton("确定", new DialogInterface.OnClickListener() {
                    @Override
                    public void onClick(DialogInterface dialog, int which) {
                    }
```

```
                });
                dialog = b.create();  //生成 Dialog 对象
                break;
            default:
                break;
        }
        return dialog;  //返回生成的 Dialog 对象
    }
}
```

运行项目，其程序运行效果如图 4.17 所示。

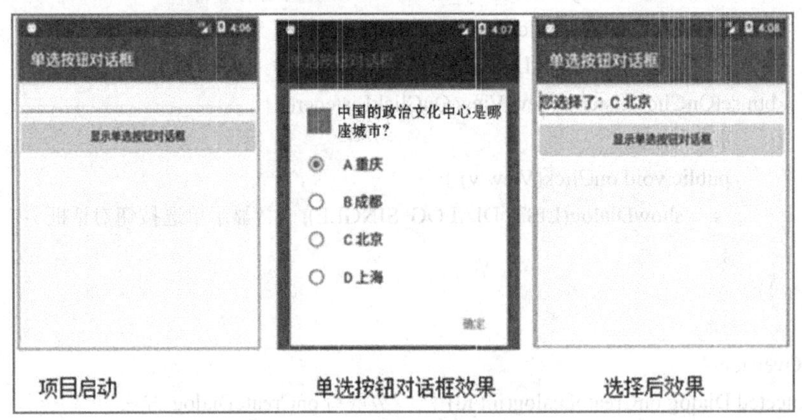

图 4.17　单选按钮对话框运行效果图

【实例 CheckBoxAlertDialog】通过提示对话框类实现一个复选框对话框，该案例的主要开发步骤如下：

(1) 在 res/values 目录下新建一个数组的 XML 文件，名称为 arrays.xml，并在其中输入以下代码。该文件定义的字符串可以通过 R.array.msa 获取到，作为列表对话框里面的值。

```
<?xml version="1.0" encoding="utf-8"?>
<resources>
    <string-array name="msa">
        <item>重庆</item>
        <item>成都</item>
        <item>北京</item>
        <item>上海</item>
    </string-array>
</resources>
```

(2) 修改 MainActivity.java 文件，主要代码如下所示：

```
public class MainActivity extends AppCompatActivity {
  final int LIST_DIALOG_MULTIPLE = 4;        //记录多选按钮对话框的 id
  boolean[] mulFlags = new boolean[]{true, false, false, false};       //初始复选情况
  String[] items =null;                   //选项数组
  @Override
    public void onCreate(Bundle savedInstanceState) {               //重写 onCreate 方法
```

```
        super.onCreate(savedInstanceState);
        setContentView(R.layout.activity_main);                    //设置当前屏幕
        //获得 XML 文件中的字符串数组
        items = getResources().getStringArray(R.array.msa);
        Button btn = (Button) findViewById(R.id.Button01);
        btn.setOnClickListener(new View.OnClickListener() {
          @Override
          public void onClick(View v) {
              showDialog(LIST_DIALOG_MULTIPLE);                    //显示多选按钮对话框
          }
        });
    }
    @Override
    protected Dialog onCreateDialog(int id) {                      //重写 onCreateDialog 方法
        Dialog dialog = null;
        switch (id) {           //对 id 进行判断
            case LIST_DIALOG_MULTIPLE:
              AlertDialog.Builder b = new AlertDialog.Builder(this);       //创建 Builder 对象
              b.setIcon(R.drawable.ic_launcher_background);                //设置图标
              b.setTitle("你喜欢的城市");                                   //设置标题
              b.setMultiChoiceItems(                                       //设置多选选项
                      R.array.msa,
                      mulFlags,                                            //传入初始的选中状态
                      new DialogInterface.OnMultiChoiceClickListener() {
                        @Override
                        public void onClick(DialogInterface dialog, int which,
                                            boolean isChecked) {
                          mulFlags[which] = isChecked;   //设置选中标志位
                          String result = "您选择了：";
                          for (int i = 0; i < mulFlags.length; i++) {
                              if (mulFlags[i]) {         //如果该选项被选中
                                  result = result + items[i] + "、";
                              }
                          }
                          EditText et = (EditText) findViewById(R.id.EditText01);
                          //设置 EditText 显示的内容
                          et.setText(result.substring(0, result.length() - 1));
                        }
                      });
                  b.setPositiveButton(                                     //添加按钮
                      "确定",
                      new DialogInterface.OnClickListener() {
                        @Override
```

```
                    public void onClick(DialogInterface dialog, int which) {
                    }
                });
            dialog = b.create();                      //生成 Dialog 方法
            break;
        default:
            break;
    }
    return dialog;                                    //返回 Dialog 方法
  }
}
```

(3) 运行项目，其程序运行效果如图 4.18 所示。

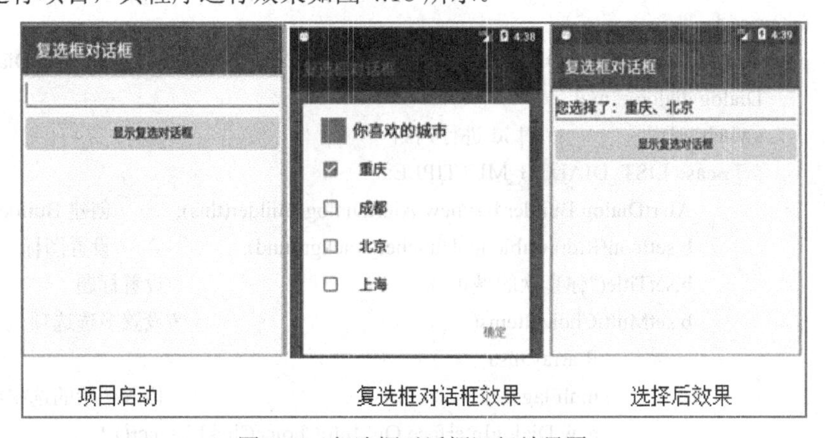

图 4.18　复选框对话框运行效果图

4.5.5　日期与时间选择对话框

实现日期选择对话框和时间选择对话框的开发分别需要使用 DatePickerDialog 类和 TimePickerDialog 类。下面我们还是通过一个案例来说明如何基于这两个类开发日期和时间选择对话框。

【实例 DateTimePickerDialog】日期与时间选择对话框使用示例，主要代码如下：

```
public class MainActivity extends AppCompatActivity {
    final int DATE_DIALOG = 0;                //日期选择对话框 id
    final int TIME_DIALOG = 1;                //时间选择对话框 id
    Calendar c = null;                        //声明一个日历对象
    @Override
    public void onCreate(Bundle savedInstanceState) {
        super.onCreate(savedInstanceState);
        setContentView(R.layout.activity_main);
        //打开日期对话框的按钮
        Button bDate = findViewById(R.id.Button01);
        bDate.setOnClickListener(new View.OnClickListener() {
            @Override
```

```
        public void onClick(View v) {            //重写 onClick 方法
            showDialog(DATE_DIALOG);  //打开日期选择对话框
        }
    });
    //打开时间对话框的按钮
    Button bTime = (Button) this.findViewById(R.id.Button02);
    bTime.setOnClickListener(new View.OnClickListener() {
        @Override
        public void onClick(View v) {                //重写 onClick 方法
            showDialog(TIME_DIALOG);                 //打开时间选择对话框
        }
    });
}
@Override
public Dialog onCreateDialog(int id) {                //重写 onCreateDialog 方法
    Dialog dialog = null;
    switch (id) {                                     //对 id 进行判断
        case DATE_DIALOG:                             //生成日期对话框的代码
            c = Calendar.getInstance();               //获取日期对象
            dialog = new DatePickerDialog(            //创建 DatePickerDialog 对象
                    this,
                    //创建 OnDateSetListener 监听器
                    new DatePickerDialog.OnDateSetListener() {
                        @Override
                        public void onDateSet(DatePicker dp, int year, int month,
                                              int dayOfMonth) {
                            EditText et = (EditText) findViewById(R.id.EditText01);
                            et.setText("您选择了： " + year + "年" + (month + 1) +
                                    "月" + dayOfMonth + "日");
                        }
                    },
                    c.get(Calendar.YEAR),                  //传入年份
                    c.get(Calendar.MONTH),                 //传入月份
                    c.get(Calendar.DAY_OF_MONTH));         //传入天数
            break;
        case TIME_DIALOG://生成时间对话框的代码
            c = Calendar.getInstance();//获取日期对象
            dialog = new TimePickerDialog(               //创建 TimePickerDialog 对象
                    this,
                    //创建 OnTimeSetListener 监听器
                    new TimePickerDialog.OnTimeSetListener() {
                        @Override
                        public void onTimeSet(TimePicker tp, int hourOfDay,
```

```
                                    int minute) {
                            EditText et = (EditText) findViewById(R.id.EditText02);
                            et.setText("您选择了：" + hourOfDay + "时" + minute +
                                 "分");
                        }
                    },
                    c.get(Calendar.HOUR_OF_DAY),          //传入当前小时数
                    c.get(Calendar.MINUTE),               //传入当前分钟数
                    false);
                break;
        }
        return dialog;
    }
}
```

程序运行结果如图 4.19 所示。

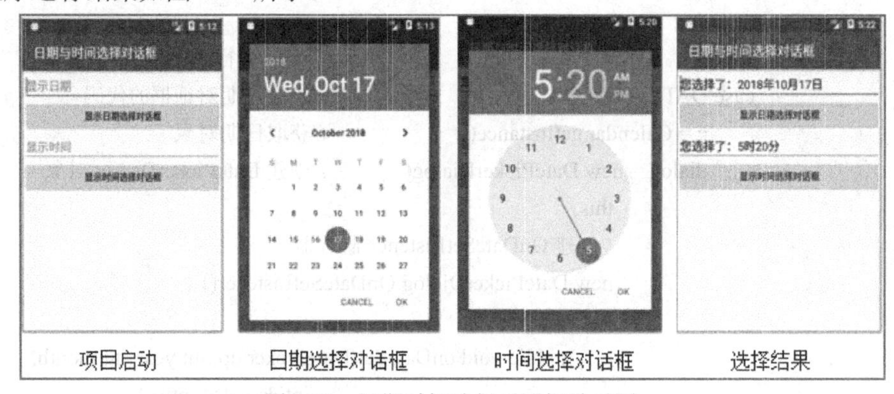

图 4.19　日期时间选择对话框效果图

4.5.6　进度对话框

本节我们直接通过一个案例来介绍进度对话框的应用。该案例的布局文件中声明了一个垂直分布的线性布局，该布局中仅包含一个按钮。在程序运行时按下该按钮会弹出进度对话框。

【实例 ProgressDialog】进度对话框的使用，其主要代码如下：

```
public class MainActivity extends AppCompatActivity {
    final int PROGRESS_DIALOG = 0;                    //声明进度对话框 id
    final int INCREASE = 0;                           //Handler 消息类型
    ProgressDialog pd;
    @Override
    public void onCreate(Bundle savedInstanceState) {    //重写 onCreate 方法
        super.onCreate(savedInstanceState);
        setContentView(R.layout.activity_main);          //设置屏幕
        Button bok = findViewById(R.id.Button1);
        bok.setOnClickListener(      //设置 OnClickListener 监听器
```

```
                new View.OnClickListener() {
                    @Override
                    public void onClick(View v) {              //重写 onClick 方法
                        showDialog(PROGRESS_DIALOG);       //显示进度对话框
                    }
                });
    }
    @Override
    public Dialog onCreateDialog(int id) {                //重写 onCreateDialog 方法
      switch (id) {                    //对 id 进行判断
          case PROGRESS_DIALOG:                  //创建进度对话框
              pd = new ProgressDialog(this);          //创建进度对话框
              pd.setMax(100);//设置最大值
              pd.setProgressStyle(ProgressDialog.STYLE_HORIZONTAL);
              pd.setTitle("安装进度");                //设置标题
              break;
      }
        return pd;
    }
    //每次弹出对话框时被回调以动态更新对话框内容的方法
    public void onPrepareDialog(int id, Dialog dialog) {
      super.onPrepareDialog(id, dialog);
      switch (id) {
          case PROGRESS_DIALOG:
              new Thread() {                         //创建一个线程
                  public void run() {
                      try {
                          for (int i = 0; i <= 100; i++) {
                              pd.setProgress(i);
                              Thread.sleep(60);          //线程休眠
                          }
                          pd.dismiss();
                      }
                      catch (Exception e) {
                          e.printStackTrace();          //捕获并打印异常
                      }
                  }
              }.start();        //启动线程
              break;
      }
    }
  }
```

程序运行结果如图 4.20 所示。

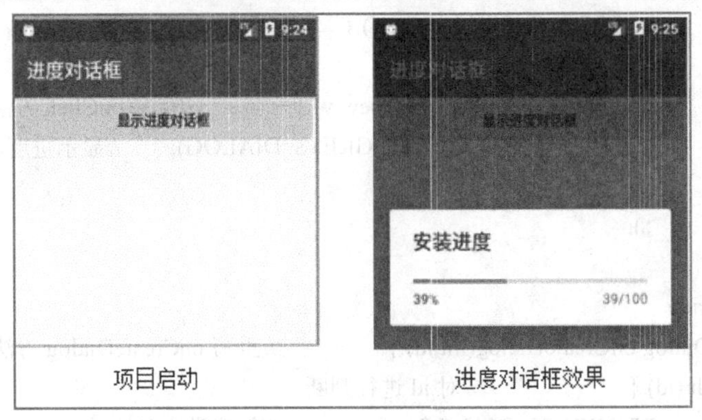

图 4.20　进度对话框运行效果图

4.6　Android 常用高级控件

4.6.1　AutoCompleteTextView 控件

所谓“自动完成”就是在文本框中输入文字信息时，会显示与之相似的关键字让用户来选择。AutoCompleteTextView 类继承自 EditView 类，位于 android.widget 包下。自动完成文本框控件的外观与图片文本框几乎相同，只是当用户输入某些文字信息时，会自动出现下拉菜单显示与用户输入文字相关的信息，用户直接点击需要的文字便可自动填写到文本控件中。自动完成文本框可以在 XML 文件中使用属性进行设置，也可以在 Java 代码中通过方法进行设置。AutoCompleteTextView 常用属性与方法如表 4-11 所示。

表 4-11　AutoCompleteTextView 常用属性与方法

属 性 名 称	对 应 方 法	属 性 说 明
android:completionThreshold	setThreshold(int)	定义需要用户输入的字符数
android:dropDownHeight	setDropDownHeight(int)	设置下拉菜单高度
android:dropDownWidth	setDropDownWidth(int)	设置下拉菜单宽度
android:popupBackground	setDropDownBackgroundResource(int)	设置下拉菜单背景
android:completionHint	setCompletionHint(CharSequence)	设置下拉菜单中的提示标题
android:completionHintView		设置下拉菜单中提示标题的视图

接下来我们通过一个简单的案例来具体介绍 AutoCompleteTextView 的使用方法。

【实例 AutoCompleteTextView】主要开发步骤如下。

(1) 修改布局文件 activity_main.xml，其代码如下：

```
<?xml version="1.0" encoding="utf-8"?>
<LinearLayout xmlns:android="http://schemas.android.com/apk/res/android"
    android:layout_width="fill_parent"
    android:layout_height="fill_parent"
    android:orientation="vertical">
```

```
    <AutoCompleteTextView
        android:id="@+id/myAutoCompleteTextView"
        android:layout_width="fill_parent"
        android:layout_height="wrap_content"
        android:completionThreshold="1"
        android:dropDownHeight="350dp"
        android:dropDownWidth="150dp"
          />
</LinearLayout>
```

(2) 修改 MainActivity.java 文件，其代码如下：

```
public class MainActivity extends AppCompatActivity {
//定义一个常量数组
    private     String[] myStr = new String[]{
        "Android", "Android SDK", "Android Studio", "Java", "J2ME", "J2EE"};
    @Override
    protected void onCreate(Bundle savedInstanceState) {
        super.onCreate(savedInstanceState);
        setContentView(R.layout.activity_main);
        AutoCompleteTextView myAutoCompleteTextView =
            findViewById(R.id.myAutoCompleteTextView);
        //创建一个适配器，用来给自动完成文本框控件添加自动装入的内容
        ArrayAdapter<String> arrayAdapter = new ArrayAdapter<String>(
            this, //Context
            //Android 系统自带的布局格式
            android.R.layout.simple_dropdown_item_1line,
            myStr);//资源数组
        //给自动完成输入框添加内容适配器
        myAutoCompleteTextView.setAdapter(arrayAdapter);
        //定义需要用户输入的字符数
        myAutoCompleteTextView.setThreshold(1);
    }
}
```

ArrayAdapter 是 ListAdapter 的一个直接子类，可以翻译成数组适配器，它是一个数组和 ListView 之间的桥梁，可以将数组里面定义的数据一一对应显示在 ListView 里面。ArrayAdapter 是由 3 个参数进行构造的。

第一个参数表示上下文的应用，为当前应用实例；

第二个参数为一个在 R 文件里面定义的 Layout，可以通过 R.layout.XX 访问(XX 为资源的名称)，也可以通过 Android.R.layout.XX 来进行对 Android 系统的默认布局进行访问。Android 的默认布局有很多种，常见的有：

① android.R.layout.simple_list_item_single_choice：每一项只有一个 TextView，但这一项可以被选择。

② android.R.layout.simple _list_item_1：每一项只有一个 TextView。

③ android.R.layout.simple_ list_item_2：每一项有两个 TextView。

第三个参数为字符串数组。

(3) 运行程序，其效果如图 4.21 所示。

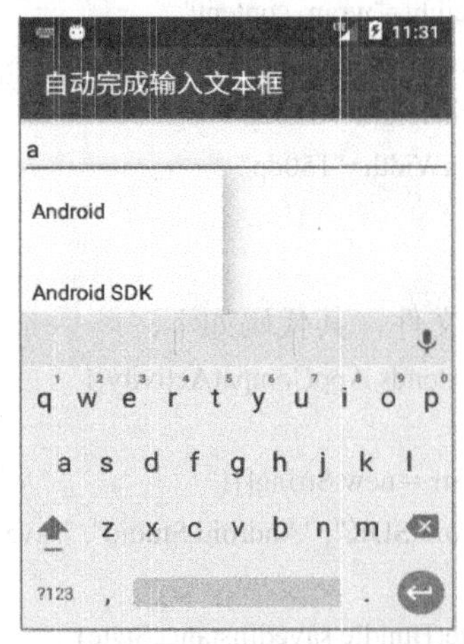

图 4.21　自动完成文本框效果图

4.6.2　ScrollView 控件

滚动视图控件(ScrollView)类继承自 FrameLayout 类，因此它实际上是一个帧布局，同样位于 android.widget 包下。ScrollView 控件是当需要显示的信息在一个屏幕内显示不下时，在屏幕上会自动生成一个滚动条，以达到用户可以对其进行滚动，显示更多信息的目的。ScrollView 控件的使用与普通布局没有太大的区别，可以在 XML 文件中进行配置，也可以通过 Java 代码进行设置。在 ScrollView 控件中可以添加任意满足条件的控件，当一个屏幕显示不下其中所包含的信息时，便会自动添加滚动功能。需要注意的是：在 ScrollView 中同一时刻只能包含一个 View。

下面我们就用一个简单的案例，从 XML 配置和 Java 代码设置两个方面对滚动视图 ScrollView 的应用作一个详细介绍。

【实例 ScrollView】开发项目主要步骤如下。

(1) 修改布局文件 activity_main.xml，其代码如下：

```
<?xml version="1.0" encoding="utf-8"?>
<ScrollView xmlns:android="http://schemas.android.com/apk/res/android"
    android:layout_width="fill_parent"
    android:layout_height="fill_parent">
    <EditText
        android:id="@+id/textview"
        android:layout_width="fill_parent"
        android:layout_height="wrap_content" />
</ScrollView>
```

(2) 修改 MainActivity.java 文件，其代码如下：

```
public class MainActivity extends AppCompatActivity {
```

```
String msg = "世间自有公道，付出总有回报，说到不如做到，要做就做最好！";
String str = "";
public void onCreate(Bundle savedInstanceState) {
        super.onCreate(savedInstanceState);
        //----用 XML 配置文件使用 ScrollView 控件----
        setContentView(R.layout.activity_main);
        EditText tv = findViewById(R.id.textview);
        //循环生成较长的文本字符内容
        for (int i = 0; i < 12; i++) {
            str = str + msg + "\n";
        }
        tv.setTextSize(24);          //设置文本视图中文字的大小
        tv.setText(str);             //设置文本控件的内容
        //-----用 Java 代码设置使用 ScrollView 控件----
        ScrollView scrollView = new ScrollView(this);  //初始化滚动视图
        EditText editText = new EditText(this);         //初始化文本视图
        for (int i = 0; i < 12; i++) {
            str = str + msg + "\n";
        }
        editText.setTextSize(24);
        editText.setText(str);
        scrollView.addView(editText);
        setContentView(scrollView);
    }
```

(3) 程序运行结果如图 4.22 所示。

图 4.22　滚动视图控件效果图

4.6.3　ListView 控件

ListView 类位于 android.widget 包下，是一种列表视图控件，将 ListAdapter 所提供的各个控件显示在一个垂直且可滚动的列表中。该类的使用方法非常简单，只需先初始化所需要的数据，然后创建适配器并将其设置给 ListView，ListView 便将信息以列表的形式显示到页面中。

BaseAdapter 是最基础的 Adapter 类，该类实现了 ListAdapter 接口，是最实用最常用的一个类。学会 BaseAdapter 需要掌握 getCount()、getItem()、getItemId()和 getView()四个方法。

(1) getCount()：要绑定的条目的数目，比如格子的数量。

(2) getItem ()：根据一个索引(位置)获得该位置的对象。

(3) getItemId ()：获取条目的 id。

(4) getView ()：获取该条目要显示的界面。

可以简单理解为，adapter 先从 getCount()里确定数量，然后循环执行 getView()方法将条目一个一个绘制出来，所以必须重写的是 getCount()和 getView()方法。而 getItem()和 getItemId()是调用某些函数才会触发的方法，如果不需要使用可以暂时不修改。

我们通过实现一个简单的名人录，其中包括各个名人的照片及描述的案例，来具体介绍 ListView 控件的使用。

【实例 ListViewBaseAdapter】通过 BaseAdapter 适配器和 ListView 控件实现一个简单的名人录，其具体开发步骤如下。

(1) 将项目需要的图片资源文件存放到 res/drawable 目录下。

(2) 修改 strings.xml 文件，其代码如下所示：

```
<?xml version="1.0" encoding="utf-8"?>
<resources>
    <string name="hello">Hello</string>
    <!--定义名人姓名和说明的字符串 -->
    <string name="app_name">列表视图控件</string>
    <string name="andy">Andy Rubin \nAndroid 的创造者</string>
    <string name="bill">Bill Joy \nJava 创造者之一</string>
    <string name="edgar">Edgar F. Codd \n 关系数据库之父</string>
    <string name="torvalds">Linus Torvalds \nLinux 之父</string>
    <string name="turing">Turing Alan \nIT 的祖师爷</string>
    <string name="ys">您选择了</string>
</resources>
```

(3) 修改 colors.xml 文件，在 resources 标签内增加如下内容：

```
<color name="black">#000000</color>
```

(4) 修改 activity_main.xml 文件，其代码如下所示：

```
<?xml version="1.0" encoding="utf-8"?>
<LinearLayout xmlns:android="http://schemas.android.com/apk/res/android"
    android:layout_width="fill_parent"
    android:layout_height="fill_parent"
    android:orientation="vertical">
    <TextView
        android:id="@+id/TextView01"
        android:layout_width="fill_parent"
        android:layout_height="wrap_content"
        android:textColor="@color/black"
        android:textSize="16dp" />
```

```
<ListView
    android:id="@+id/ListView01"
    android:layout_width="fill_parent"
    android:layout_height="wrap_content"
    android:choiceMode="singleChoice" /><!--定义选择模式为单一-->
</LinearLayout>
```

(5) 修改 MainActivity.java 文件，其主要代码如下：

```
public class MainActivity extends AppCompatActivity {
  //所有资源图片(andy、bill、edgar、torvalds、turing)id 的数组
  int[] drawableIds ={R.drawable.andy, R.drawable.bill,
        R.drawable.edgar, R.drawable.torvalds, R.drawable.turing};
  //所有资源字符串(andy、bill、edgar、torvalds、turing)id 的数组
  int[] msgIds =   {R.string.andy, R.string.bill,
        R.string.edgar, R.string.torvalds, R.string.turing};
  @Override
  protected void onCreate(Bundle savedInstanceState) {
    super.onCreate(savedInstanceState);
    setContentView(R.layout.activity_main);
    ListView lv = this.findViewById(R.id.ListView01);  //初始化 ListView
    BaseAdapter ba = new BaseAdapter() {           //为 ListView 准备内容适配器
      public int getCount() {
        return 5;
      }//总共 5 个选项
      public Object getItem(int arg0) {
        return null;
      }
      public long getItemId(int arg0) {
        return 0;
      }
      /**动态生成每个下拉项对应的 View，每个下拉项 View 由 LinearLayout 中
      包含一个 ImageView 及一个 TextView 构成*/
      public View getView(int arg0, View arg1, ViewGroup arg2) {
        //初始化 LinearLayout
        LinearLayout linearLayout =
            new LinearLayout(MainActivity.this);
       //设置朝向
       linearLayout.setOrientation(LinearLayout.HORIZONTAL);
       linearLayout.setPadding(5, 5, 5, 5);         //设置四周留空白
       //初始化 ImageView
       ImageView imageView = new ImageView(MainActivity.this);
       //设置图片
       imageView.setImageDrawable(getResources()
                .getDrawable(drawableIds[arg0]));
```

```
            imageView.setScaleType(ImageView.ScaleType.FIT_XY);
            imageView.setLayoutParams(new Gallery.LayoutParams(100, 98));
            linearLayout.addView(imageView);                    //添加到 LinearLayout 中
            //初始化 TextView
            TextView tv = new TextView(MainActivity.this);
            tv.setText(getResources().getText(msgIds[arg0]));       //设置内容
            tv.setTextSize(16);                                 //设置字体大小
            tv.setTextColor(MainActivity.this.getResources()
                        .getColor(R.color.black));              //设置字体颜色
            tv.setPadding(5, 5, 5, 5);                          //设置四周留空白
            tv.setGravity(Gravity.LEFT);
            linearLayout.addView(tv);                           //添加到 LinearLayout 中
            return linearLayout;
        }
    };
    lv.setAdapter(ba);                              //为 ListView 设置内容适配器
    lv.setOnItemSelectedListener(                   //设置选项选中的监听器
     new AdapterView.OnItemSelectedListener() {
        //重写选项被选中事件的处理方法
            public void onItemSelected(AdapterView<?> arg0, View arg1, int arg2, long arg3) {
            //获取主界面 TextView
            TextView tv = (TextView) findViewById(R.id.TextView01);
            //获取当前选中选项对应的 LinearLayout
            LinearLayout ll = (LinearLayout) arg1;
            //获取其中的 TextView
            TextView tvn = (TextView) ll.getChildAt(1);
            //用 StringBuilder 动态生成信息
            StringBuilder sb = new StringBuilder();
                    sb.append(getResources().getText(R.string.ys));
                    sb.append(":");
                    sb.append(tvn.getText());
            String stemp = sb.toString();
            //信息设置进主界面 TextView
            tv.setText(stemp.split("\n")[0]);
        }
        public void onNothingSelected(AdapterView<?> arg0) {
        }
    });
    lv.setOnItemClickListener(          //设置选项被单击的监听器
        new AdapterView.OnItemClickListener() {
            //重写选项被单击事件的处理方法
            public void onItemClick(AdapterView<?> arg0, View arg1, int arg2, long arg3) {
            TextView tv = (TextView) findViewById(R.id.TextView01);
```

```
                //获取当前选中选项对应的 LinearLayout
                LinearLayout ll = (LinearLayout) arg1;
                //获取其中的 TextView
                TextView tvn = (TextView) ll.getChildAt(1);
                StringBuilder sb = new StringBuilder();
                sb.append(getResources().getText(R.string.ys));
                sb.append(":");
                sb.append(tvn.getText());
                String stemp = sb.toString();
                tv.setText(stemp.split("\n")[0]);
            }
        });
    }
}
```

图 4.23　BaseAdapter 与 ListView 配套使用效果图

(6) 运行程序，其效果如图 4.23 所示。

SimpleAdapter 类与前面所说的 BaseAdapter 类和 ArrayAdapter 类一样，也是 ListAdapter 接口的实现类。前面学习的 ListView 与 BaseAdapter 绑定的列表有一定的局限性，在这种绑定中，ListView 里面的每一项只有一个 TextView，并且 TextView 里边的内容都是调用了数组里面每一个对象的 toString()方法生成的字符串。而 SimpleAdapter 与 ListView 的绑定生成的列表就会有很大的用户可定制性。通常将 ListView 中某项的布局信息写在一个 XML 的布局文件中，这个布局文件通过 R.layout.XX(XX 为文件的名称)获得。

BaseAdapter 的作用是数组和 ListView 间的桥梁，而 SimpleAdapter 的作用是 ArrayList 和 ListView 间的桥梁。需要注意的是，这个 ArrayList 里边的每一项都是一个 Map<String,?> 类型，ArrayList 当中的每一项 Map 对象都和 ListView 当中的一项进行数据绑定和一一对应。

SimpleAdapter 类的构造方法结构如下：

```
public SimpleAdapter(Context context, List<? Extends Map<String,?>> data, int resource, String[] from, int[] to);
```

其中：

- context 参数：负责上下文应用的传递。
- data 参数：基于 Map 的 List，Data 里面的每一项都和 ListView 里面的每一项对应，Data 里面的每一项是一个 Map 类型，这个 Map 类里包含了 ListView 每一行需要的数据。比较常用的用法是：data = new ArrayList < Map < String,Object > ()。
- resource 参数：这个 Resource 就是一个 Layout，这个 Layout 最起码要包含在 to 中出现的那些 View。一般用系统提供的就可以了，当然也可以自己定义。
- form 参数：是一个名字的数组，每一个名字是为了在 ArrayList 中的每一个 item 中索引 Map<String, Object>的 Object 使用的。
- to 参数：是一个 TextView 的数组，这些 TextView 是以 id 的形式来表示的，如 Android.R.id.text1，这个 text1 在 layout 当中是可以索引到的。

接下来我们就通过一个实例，来实现 SimpleAdapter 和 ListView 的绑定使用。

【实例 ListViewSimpleAdapter】开发步骤主要如下。

(1) 修改 activity_main.xml 文件，其代码如下所示：

```
<?xml version="1.0" encoding="utf-8"?>
<LinearLayout xmlns:android="http://schemas.android.com/apk/res/android"
    android:layout_width="fill_parent"
    android:layout_height="wrap_content"
    android:orientation="horizontal">
    <TextView
        android:id="@+id/mview1"
        android:layout_width="100px"
        android:layout_height="50dp" />
    <TextView
        android:id="@+id/mview2"
        android:layout_width="wrap_content"
        android:layout_height="wrap_content" />
</LinearLayout>
```

(2) 修改 MainActivity.java 文件，其主要代码如下：

```
public class MainActivity extends AppCompatActivity {
    private List<Map<String, Object>> data;
    private ListView listView = null;
    @Override
    public void onCreate(Bundle savedInstanceState) {
        super.onCreate(savedInstanceState);
        prepareData();     //准备了一个 Map 类型的 ArrayList 对象
        listView = new ListView(MainActivity.this);
        // ---利用系统的 layout 显示一项---
        //    SimpleAdapter adapter = new SimpleAdapter(this, data,
        //        android.R.layout.simple_list_item_1, new String[]{"姓名"},
        //        new int[]{android.R.id.text1});
        // ----利用系统的 layout 显示两项---
        SimpleAdapter adapter = new SimpleAdapter(this, data,
            android.R.layout.simple_list_item_2, new String[]{"姓名", "系别"},
                new int[]{android.R.id.text1, android.R.id.text2});
        //----- 利用自定义的 layout 来进行显示两项
        //SimpleAdapter adapter = new SimpleAdapter(this, data,
        //        R.layout.activity_main, new String[]{"姓名", "系别"},
        //        new int[]{R.id.mview1, R.id.mview2});
        listView.setAdapter(adapter);
        setContentView(listView);
        /*增加一个单击事件，最常用的方法就是采用监听器的方法，
         List 的单击事件是把 OnItemClickListener 监听事件注册到 ListView 当中*/
        AdapterView.OnItemClickListener listener =
                new AdapterView.OnItemClickListener() {
```

```
            public void onItemClick(AdapterView<?> parent,
                    View view, int position, long id) {
            //getItemAtPosition()方法可以通过 position 获得和这一行绑定的数据
                setTitle(parent.getItemAtPosition(position).toString());
            }
        };
        listView.setOnItemClickListener(listener);        //注册监听器
    }
    private void prepareData() {
        data = new ArrayList<Map<String, Object>>();
        Map<String, Object> item;
        item = new HashMap<String, Object>();
        item.put("姓名", "张三");
        item.put("系别", "游戏学院");
        data.add(item);
        item = new HashMap<String, Object>();
        item.put("姓名", "王五");
        item.put("系别", "网络技术系");
        data.add(item);
        item = new HashMap<String, Object>();
        item.put("姓名", "小李");
        item.put("系别", "艺术设计系");
        data.add(item);
        item = new HashMap<String, Object>();
        item.put("姓名", "陈飞");
        item.put("系别", "软件技术系");
        data.add(item);
    }
}
```

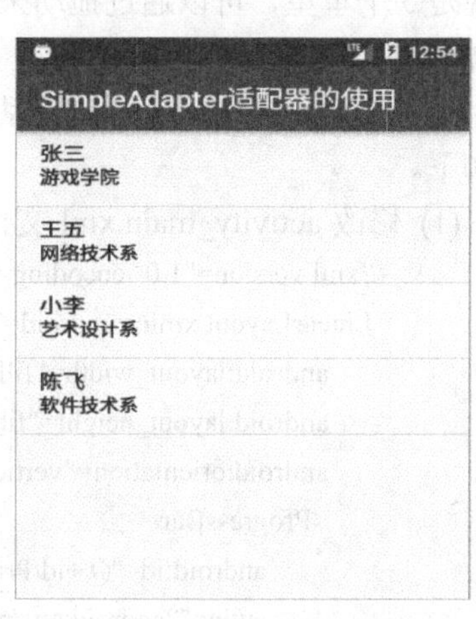

图 4.24　SimpleAdapter 在 ListView 中的应用

(3) 运行程序，其效果如图 4.24 所示。

4.6.4　ProgressBar 与 SeekBar 控件

滑块类似于声音控制条，主要完成与用户的简单交互，而进度条则是需要长时间加载某些资源时为用户显示加载进度的控件。

ProgressBar 类同样位于 android.widget 包下，但其继承自 View，主要用于显示一些操作的进度。应用程序可以修改其长度表示当前后台操作的完成情况。因为进度条会移动，所以长时间加载某些资源或者执行某些耗时的操作时，不会使用户界面失去响应。ProgressBar 类的使用非常简单，只需将其显示到前台，然后启动一个后台线程定时更改表示进度的数值即可。

Android 支持几种风格的进度条，通过 style 属性可以为 ProgressBar 指定风格。该风格有如下属性值。

- style="?android:attr/progressBarStyle"：默认的环形进度条。
- style="?android:attr/progressBarStyleHorizontal"：水平进度条。
- style="?android:attr/progressBarStyleInverse"：默认逆时针的环形进度条。
- style="?android:attr/progressBarStyleLarge"：大的环形进度条。
- style="?android:attr/progressBarStyleLargeInverse"：大的环形逆时针进度条。
- style="?android:attr/progressBarStyleSmall"：小的环形进度条。
- style="?android:attr/progressBarStyleSmallInverse"：小的环形逆时针进度条。
- style="?android:attr/progressBarStyleSmallTitle"：标题栏样式的进度条。

SeekBar 继承自 ProgressBar，是用来接收用户输入的控件。SeekBar 类似于拖动条，可以直观地显示用户需要的数据，常用于声音调节等场合。SeekBar 不但可以直观地显示数值的大小，还可以为其设置标度，类似于显示在屏幕中的一把尺子。

RatingBar 是另一种滑块控件，一般用于星级评分的场合，其位于 android.widget 包下，外观是 5 个星星，可以通过拖动来改变进度，除图片形式外，还有较小的以及较大的两种表现形式。

【实例 ProgressBar】通过拖动滑块，来改变进度条和星型滑块的值，程序开发主要步骤如下。

(1) 修改 activity_main.xml 文件，其代码如下所示：

```
<?xml version="1.0" encoding="utf-8"?>
<LinearLayout xmlns:android="http://schemas.android.com/apk/res/android"
    android:layout_width="fill_parent"
    android:layout_height="fill_parent"
    android:orientation="vertical">
    <ProgressBar
        android:id="@+id/ProgressBar01"
        style="?android:attr/progressBarStyleHorizontal"
        android:layout_width="fill_parent"
        android:layout_height=" wrap_content "
        android:max="100"
        android:progress="20" />
    <SeekBar
        android:id="@+id/SeekBar01"
        android:layout_width="fill_parent"
        android:layout_height=" wrap_content "
        android:max="100"
        android:progress="20" />
    <RatingBar
        android:id="@+id/RatingBar01"
        style="?android:attr/ratingBarStyleIndicator"
        android:layout_width="wrap_content"
        android:layout_height="wrap_content"
        android:max="5"
```

```
        android:rating="1" />
</LinearLayout>
```

(2) 修改 MainActivity.java 文件，其主要代码如下：

```
public class MainActivity extends AppCompatActivity {
    SeekBar sb = null;
    RatingBar rb = null;
    ProgressBar pb = null;
    @Override
    protected void onCreate(Bundle savedInstanceState) {
        super.onCreate(savedInstanceState);
        setContentView(R.layout.activity_main);
        rb = findViewById(R.id.RatingBar01);
        pb = findViewById(R.id.ProgressBar01);
        sb = findViewById(R.id.SeekBar01);
        //滑块被拉动的处理代码
        sb.setOnSeekBarChangeListener(
            new SeekBar.OnSeekBarChangeListener() {
                public void onProgressChanged(SeekBar seekBar, int progress, boolean fromUser) {
                    //为进度条和星型滑块赋值
                    pb.setProgress(sb.getProgress());
                    rb.setProgress(sb.getProgress()/10);
                }
                public void onStartTrackingTouch(SeekBar seekBar) {
                }
                public void onStopTrackingTouch(SeekBar seekBar) {
                }
            });
    }
}
```

(3) 运行项目，效果如图 4.25 所示。

图 4.25　滑块与进度条效果图

4.6.5　Gallery 控件

画廊控件(Gallery)是 Android 中一种较为常见的高级控件，其效果酷炫且使用方式简单，是设计相册或者图片选择器的首选控件。Gallery 组件可以横向显示一个图像列表，当单击当前图像的后一个图像时，这个图像列表会向左移动一格，当单击当前图像的前一个图像时，这个图像列表会向右移动一格，也可以通过拖动的方式来向左和向右移动图像列表。Gallery 所显示的图片资源同样来自适配器。

Gallery 是 View 的子类，Gallery 控件可以在 XML 布局文件中配置，也可以通过 Java 代码直接操控。Gallery 的常用属性和方法见表 4-12 所示。

表 4-12　Gallery 的常用属性和方法

属性名称	对应方法	说　明
android:animationDuration	setAnimationDuration(int)	设置动画过渡时间
android: gravity	set Gravity(int)	在父控件中的对齐方式
android:unselectedAlpha	setUnselectedAlphafloat()	设置选中图片的透明度
android:spacing	setSpacing(int)	图片之间的空白大小

【实例 Gallery】 通过画廊控件来实现图片浏览。该项目的主要开发步骤如下。

(1) 修改 activity_main.xml 文件，其代码如下所示：

```
<?xml version="1.0" encoding="utf-8"?>
<LinearLayout xmlns:android="http://schemas.android.com/apk/res/android"
    android:layout_width="fill_parent"
    android:layout_height="wrap_content"
    android:gravity="center_vertical"
    android:orientation="vertical">
    <Gallery
        android:id="@+id/Gallery01"
        android:layout_width="fill_parent"
        android:layout_height="wrap_content"
        android:animationDuration="2"
        android:gravity="top"
        android:spacing="10dp"
        android:unselectedAlpha="1" />
</LinearLayout>
```

(2) 修改 MainActivity.java 文件，其主要代码如下：

```
public class MainActivity extends AppCompatActivity {
      //定义图片的数组
    int[] imageIDs = {
    R.drawable.club_1, R.drawable.club_2, R.drawable.club_3, R.drawable.club_4,
    R.drawable.club_5, R.drawable.club_6, R.drawable.club_7, R.drawable.club_8};
   @Override
   public void onCreate(Bundle savedInstanceState) {
        super.onCreate(savedInstanceState);
        setContentView(R.layout.activity_main);              //设置当前用户界面
        final Gallery gl = findViewById(R.id.Gallery01);     //得到 Gallery 的引用
        BaseAdapter ba = new BaseAdapter() {                 //初始化适配器
            @Override
```

```
            public int getCount() {                              //重写 getCount 方法
                // return imageIDs.length;                        //图片不能循环显示
                return Integer.MAX_VALUE;                         //图片可以循环显示
            }
            @Override
            public Object getItem(int arg0) {                    //重写 getItem 方法
                return arg0;
            }
            @Override
            public long getItemId(int arg0) {                    //重写 getItemId 方法
                return arg0;
            }
            @Override   //重写 getView 方法
            public View getView(int arg0, View arg1, ViewGroup arg2) {
                ImageView iv = new ImageView(MainActivity.this);   //初始化 ImageView
                //设置图片资源，让图片可以循环显示
                iv.setImageResource(imageIDs[arg0 % imageIDs.length]);
                /*  重新设定图片的宽高  */
                iv.setScaleType(ImageView.ScaleType.FIT_XY);
                /* 重新设定 Layout 的宽高 */
                iv.setLayoutParams(new Gallery.LayoutParams(120, 120));
                return iv;
            }
        };
        gl.setAdapter(ba);                    //设置适配器
        gl.setOnItemClickListener(new AdapterView.OnItemClickListener() {//添加监听
            @Override
          public void onItemClick(AdapterView<?> arg0, View arg1, int arg2, long arg3) {
                gl.setSelection(arg2);       //设置选中项
            }
        });
    }
}
```

(3) 运行项目，效果如图 4.26 所示。

图 4.26　画廊控件效果图

4.6.6　Toast 控件

Toast 向用户提供比较快速的即时消息，当 Toast 被显示时，虽然其悬浮于应用程序的最上方，但是 Toast 从不获取焦点。Toast 对象的创建是通过 Toast 类的静态方法 makeText()来实现的，该方法有两个重载实现，主要的不同是一个接收字符串，而另一个接收字符串的资源标识符作为参数。Toast 对象创建好之后，调用 show()方法即可将其消息提示显示在屏幕上。一般来讲，Toast 只显示比较简短的文本信息，但也可以显示图片。

【实例 Toast】 自定义 Toast 控件的显示格式，项目开发主要代码如下：

```
public class MainActivity extends AppCompatActivity {
    int mess = R.string.message;
    @Override
    public void onCreate(Bundle savedInstanceState) {                     //重写 onCreate 方法
        super.onCreate(savedInstanceState);
        setContentView(R.layout.activity_main);                          //设置当前屏幕
        Button btn = findViewById(R.id.button1);
        btn.setOnClickListener(new View.OnClickListener() {               //为按钮添加监听器
            @Override
            public void onClick(View v) {
                ImageView iv = new ImageView(MainActivity.this);  //创建 ImageView
              //设置 ImageView 的显示内容
                iv.setImageResource(R.mipmap.ic_launcher);
                Toast toast1 = Toast.makeText(MainActivity.this,
                        "你要好好学习", Toast.LENGTH_LONG);
                Toast toast2 = Toast.makeText(MainActivity.this,
                        getResources().getString(mess), Toast.LENGTH_LONG);
                //创建一个线性布局
                LinearLayout ll = new LinearLayout(MainActivity.this);
                toast2.setGravity(Gravity.CENTER, 0, 0);
                View toastView = toast2.getView();        //获得 Toast 的 View
                //设置线性布局的排列方式
                ll.setOrientation(LinearLayout.HORIZONTAL);
                ll.addView(iv);                         //将 ImageView 添加到线性布局
                ll.addView(toastView);                  //将 Toast 的 View 添加到线性布局
                toast2.setView(ll);
                toast1.show();                          //显示 Toast
                toast2.show();
            }
        });
    }
}
```

运行程序，两个 Toast 显示效果如图 4.27 所示。

图 4.27　Toast 控件效果图

4.6.7　Notification 控件

Notification 是另外一种消息提示的方式，位于手机的状态栏(Status Bar)。状态栏位于手机屏幕的最上层，通常显示电池电量、信号强度等信息，在 Android 手机中，用手指按住状态栏并往下拉可以打开状态栏查看系统的提示消息。在应用程序中可以开发自己的 Notification 并将其添加到系统的状态栏中。

【实例 Notification】开发自己的 Notification 并将其添加到系统的状态栏中，程序主要代码如下所示：

```
public class MainActivity extends AppCompatActivity {
    @Override
    protected void onCreate(Bundle savedInstanceState) {
        super.onCreate(savedInstanceState);
        setContentView(R.layout.activity_main);
        Button btn =   findViewById(R.id.btn);      //获取 Button 对象
        btn.setOnClickListener(new View.OnClickListener() {    //为按钮设置监听器
            @Override
            public void onClick(View v) {
                Intent i = new Intent(MainActivity.this, NotifiedActivity.class);
                PendingIntent pi = PendingIntent.getActivity(MainActivity.this, 0, i, 0);
                Notification myNotification =
                  new Notification.Builder(MainActivity.this)
                      //设置一张状态栏显示图标
                      .setSmallIcon(R.mipmap.ic_launcher)
                    //指定通知的 ticker 内容，当通知被创建的时候，
                    //它会在系统的状态栏一闪而过，属于一种瞬时提示信息
```

```
                .setTicker("来消息了")
              //用于指定通知被创建的时间，以毫秒为单位，
             //当下拉系统状态栏时，这里指定的时间会显示在相应的通知上
               .setWhen(System.currentTimeMillis())
                //设置通知标题
                .setContentTitle("Notification 示例")
                //设置通知内容
               .setContentText("欢迎查看")
               //表示当前的这个 Notification 显示出来的时候，
               //手机会伴随着音乐和震动
               .setDefaults(Notification.DEFAULT_ALL)
               //点击 Notification 之后跳转
               .setContentIntent(pi)
               //设置点击之后 Notification 消失
               .setAutoCancel(true)
               .build();
          /*所有的 Notification 都是由 NotificationManager 来管理，
          必须得到一个 NotificationManager 的实例*/
          NotificationManager notificationManager =
           (NotificationManager) getSystemService(NOTIFICATION_SERVICE);
          //发送 Notification,每个 Notification 都有一个唯一的 ID，
          //这个 ID 是由应用开发者来指定的，这里指定为 0
          notificationManager.notify(0, myNotification);
        }
    });
  }
}
```

调试程序，查看效果。启动模拟器成功，其效果如图 4.28(A)所示，点击按钮时，则添加 Notification 信息到状态栏中，下拉状态栏，如图 4.28(B)所示，当用户点击 Notification 消息提示标记，则发送 Intent 对象，显示如图 4.28(C)所示的效果。

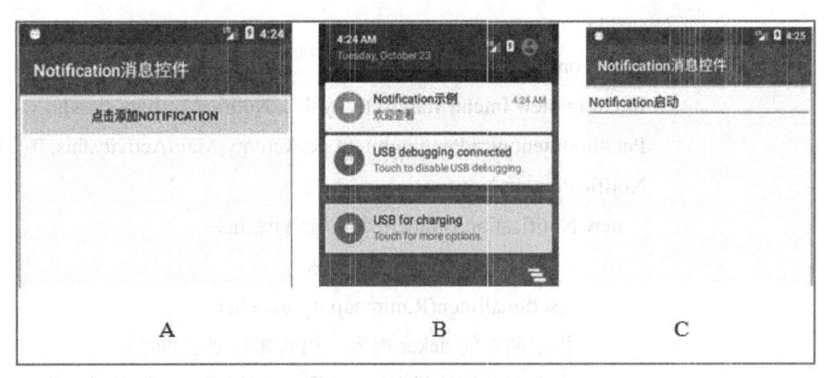

图 4.28　Notification 控件效果图

4.6.8　Spinner 控件

下拉列表控件(Spinner)是最常用的高级控件之一，一般用来从多个选项中选择一个需要的选项，例如出生日期的选择、居住城市的选择等。Spinner 控件位于 android.widget 包下，是 View 类的一个子类，每次只显示用户选中的元素，当用户再次点击时，会出现选择列表供用户选择，而选择列表中的元素同样来自适配器。需要注意的是，Android 中的下拉列表并不是像其他系统中直接下拉显示选项，而是相当于弹出菜单供用户选择。

【实例 Spinner】通过下拉列表选项选择个人爱好，项目开发主要步骤如下。

(1) 修改 activity_main.xml 文件，其代码如下所示：

```
<?xml version="1.0" encoding="utf-8"?>
<LinearLayout android:id="@+id/LinearLayout01"
    android:layout_width="fill_parent"
    android:layout_height="fill_parent"
    android:orientation="vertical"
    xmlns:android="http://schemas.android.com/apk/res/android">
    <TextView android:text="@string/ys"
        android:id="@+id/TextView01"
        android:layout_width="fill_parent"
        android:layout_height="wrap_content"
        android:textSize="20dip"/>
    <Spinner  android:id="@+id/Spinner01"
        android:layout_width="fill_parent"
        android:layout_height="wrap_content"
        android:background="@color/black"
        />
</LinearLayout>
```

(2) 修改 MainActivity.java 文件，主要代码如下所示：

```
public class MainActivity extends AppCompatActivity {
    //所有资源图片(足球、篮球、排球)id 的数组
    int[] drawableIds = {R.drawable.football, R.drawable.basketball,
            R.drawable.volleyball};
    //所有资源字符串(足球、篮球、排球)id 的数组
    int[] msgIds = {R.string.zq, R.string.lq, R.string.pq};
    @Override
    public void onCreate(Bundle savedInstanceState) {
        super.onCreate(savedInstanceState);
        setContentView(R.layout.activity_main);
        Spinner sp = this.findViewById(R.id.Spinner01);       //初始化 Spinner
        BaseAdapter ba = new BaseAdapter() {                  //为 Spinner 准备内容适配器
            @Override
            public int getCount() {
                return 3;
```

```
        }//总共三个选项
        @Override
        public Object getItem(int arg0) {
            return null;
        }
        @Override
        public long getItemId(int arg0) {
            return 0;
        }
      /** 动态生成每个下拉项对应的 View，每个下拉项 View
      由 LinearLayout 中包含一个 ImageView 及一个 TextView 构成*/
        @Override
        public View getView(int arg0, View arg1, ViewGroup arg2) {
            //初始化 LinearLayout
            LinearLayout ll = new LinearLayout(MainActivity.this);
            ll.setOrientation(LinearLayout.HORIZONTAL);   //设置朝向
            //初始化 ImageView
            ImageView ii = new ImageView(MainActivity.this);
            //设置图片
            ii.setImageDrawable(getDrawable(drawableIds[arg0]));
            ll.addView(ii);//添加到 LinearLayout 中
            //初始化 TextView
            TextView tv = new TextView(MainActivity.this);
            //设置内容
            tv.setText( getResources().getText(msgIds[arg0]));
            tv.setTextSize(24);                  //设置字体大小
            tv.setTextColor(Color.RED);          //设置字体颜色
            ll.addView(tv);                      //添加到 LinearLayout 中
            return ll;
        }
    };
    sp.setAdapter(ba);         //为 Spinner 设置内容适配器
    //设置 Spinner 控件的监听器，当有选项被选中时，
      //会自动调用 onItemSelected 方法
    sp.setOnItemSelectedListener(new
                AdapterView.OnItemSelectedListener() {
        //重写选项被选中事件的处理方法
        @Override
        public void onItemSelected(AdapterView<?> arg0,
                    View arg1, int arg2, long arg3) {
            TextView tv =findViewById(R.id.TextView01);
           //获取当前选中选项对应的 LinearLayout
            LinearLayout ll = (LinearLayout) arg1;
```

```
                //获取其中的 TextView
                TextView tvn = (TextView) ll.getChildAt(1);
                //用 StringBuilder 动态生成信息
                StringBuilder sb = new StringBuilder();
                sb.append(getResources().getText(R.string.ys));
                sb.append(":");
                sb.append(tvn.getText());
                tv.setText(sb.toString());
            }
            @Override
            public void onNothingSelected(AdapterView<?> arg0) {
            }
        });
    }
}
```

(3) 运行项目，效果如图 4.29 所示。

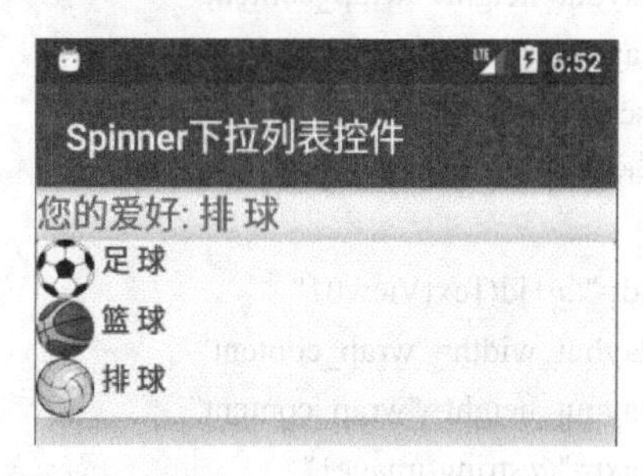

图 4.29　Spinner 控件效果图

4.6.9　TabHost 控件

选项卡(TabHost)类位于 android.widget 包下，是选项卡的封装类，用于创建选项卡窗口。TabHost 类继承自 FrameLayout，是帧布局的一种，其中可以包含多个布局，用户可以根据自己的选择显示不同的界面。选项卡常用方法及说明如表 4-13 所示。

表 4-13　选项卡(TabHost)常用方法及说明

方法名称	方 法 说 明
addTab(TabHost.TabSpec tabSpec)	添加一项 Tab 页
clearAllTabs()	清除所有与之相关联的 Tab 页
getCurrentTab()	返回当前 Tab 页
getTabContentView()	返回包含内容的 FrameLayout
newTabSpec(String tag)	返回一个与之关联的新的 TabSpec
setContent()	可以设置视图组件，可以设置 Activity，也可以设置 Fragement

【实例 TabHost】利用 TabHost 选项卡控件制作一个菜单系列实例，项目主要步骤如下。

(1) 修改 activity_main.xml 文件，其代码如下所示：

```
<?xml version="1.0" encoding="utf-8"?>
<FrameLayout xmlns:android="http://schemas.android.com/apk/res/android"
    android:layout_width="fill_parent"
    android:layout_height="fill_parent">
    <LinearLayout
        android:id="@+id/linearLayout01"
        android:layout_width="fill_parent"
        android:layout_height="fill_parent"
        android:gravity="center_horizontal"
        android:orientation="vertical">
        <ImageView
            android:id="@+id/ImageView01"
            android:layout_width="wrap_content"
            android:layout_height="wrap_content"
            android:layout_gravity="center"
            android:scaleType="fitXY"
            android:src="@drawable/image1" />
        <TextView
            android:id="@+id/TextView01"
            android:layout_width="wrap_content"
            android:layout_height="wrap_content"
            android:text="@string/image1"
            android:textSize="24dp" />
    </LinearLayout>
    <LinearLayout
        android:id="@+id/linearLayout02"
        android:layout_width="fill_parent"
        android:layout_height="fill_parent"
        android:gravity="center_horizontal"
        android:orientation="vertical">
        <ImageView
            android:id="@+id/ImageView02"
            android:layout_width="wrap_content"
            android:layout_height="wrap_content"
            android:layout_gravity="center"
            android:scaleType="fitXY"
            android:src="@drawable/image2" />
        <TextView
            android:id="@+id/TextView02"
            android:layout_width="wrap_content"
            android:layout_height="wrap_content"
```

```
            android:text="@string/image2"
            android:textSize="24dp" />
    </LinearLayout>
    <LinearLayout
        android:id="@+id/linearLayout03"
        android:layout_width="fill_parent"
        android:layout_height="fill_parent"
        android:gravity="center_horizontal"
        android:orientation="vertical">
        <ImageView
            android:id="@+id/ImageView03"
            android:layout_width="wrap_content"
            android:layout_height="wrap_content"
            android:layout_gravity="center"
            android:scaleType="fitXY"
            android:src="@drawable/image3" />
        <TextView
            android:id="@+id/TextView03"
            android:layout_width="wrap_content"
            android:layout_height="wrap_content"
            android:text="@string/image3"
            android:textSize="24dp" />
    </LinearLayout>
</FrameLayout>
```

(2) 修改 MainActivity.java 文件，主要代码如下所示：

```
public class MainActivity extends TabActivity {
    private TabHost myTabhost;
    @Override
    protected void onCreate(Bundle savedInstanceState) {
        super.onCreate(savedInstanceState);
        //从 TabActivity 上面获取放置 Tab 的 TabHost
        myTabhost = getTabHost();
        /*设置布局，from(this)是从 TabActivity 获取 LayoutInflater，
        第一个参数：R.layout.activity_main 表示存放着 Tab 布局的文件；
        第二个参数：表示通过 TabHost 获得存放 Tab 标签页内容的 FrameLayout；
        第三个参数：表示是否将 inflate 拴系到根布局元素上*/
        LayoutInflater.from(this).inflate(R.layout.activity_main,
                        myTabhost.getTabContentView(),  true);
        myTabhost.addTab(//添加 Tab 页
                myTabhost.newTabSpec("菜单一")//创建一个 newTabSpec
                        .setIndicator("小吃系列") //设置选项标题
                        .setContent(R.id.linearLayout01)); //设置选项卡的布局文件
        myTabhost.addTab(
```

```
                myTabhost.newTabSpec("菜单二").setIndicator("红烧系列")
                        .setContent(R.id.linearLayout02));
        myTabhost.addTab(
                myTabhost.newTabSpec("菜单三").setIndicator("清蒸系列")
                        .setContent(R.id.linearLayout03));
    }
}
```

(3) 运行程序，其效果如图 4.30 所示。

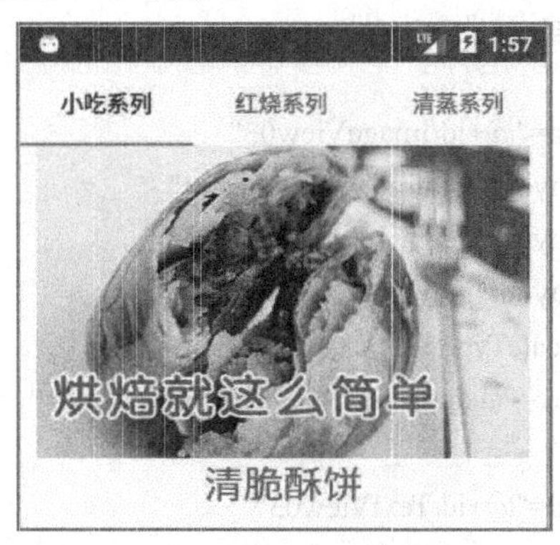

图 4.30　TabHost 选项卡控件效果图

4.6.10　GridView 网格控件

网格视图控件(GridView)用于在界面上按行、列分布的方法显示多个组件。GridView 与 ListView 有相同的父类，因此它们具有相似的特性。它们的主要区别在于：ListView 是在一个方向上分布的，而 GridView 是在两个方向上分布的。

【实例 GridView】利用网格控件显示商品信息，当用户选好商品时，利用普通对话框显示商品信息。项目设计的主要步骤如下。

(1) 新建一个 gridview_item.xml 列表布局文件，用于显示商品的信息。代码如下所示：

```
<?xml version="1.0" encoding="utf-8"?>
<LinearLayout xmlns:android="http://schemas.android.com/apk/res/android"
    android:layout_width="wrap_content"
    android:layout_height="wrap_content"
    android:layout_gravity="center"
    android:orientation="vertical">
    <ImageView
        android:id="@+id/img"
        android:layout_width="80dp"
        android:layout_height="80dp"
        android:layout_marginTop="10dp"   />
    <TextView
        android:id="@+id/text"
        android:layout_width="wrap_content"
        android:layout_height="wrap_content"
```

```
        android:layout_gravity="center"
        android:layout_marginTop="2dp"
        android:textSize="12dp"
        android:textColor="#000000" />
</LinearLayout>
```

(2) 修改 activity_main.xml 文件，其代码如下所示：

```
<LinearLayout xmlns:android="http://schemas.android.com/apk/res/android"
    android:layout_width="match_parent"
    android:layout_height="match_parent"
    android:background="#ffffff">
    <GridView
        android:id="@+id/gridview"
        android:layout_width="match_parent"
        android:layout_height="wrap_content"
        android:columnWidth="80dp"
        android:numColumns="3"
        android:stretchMode="spacingWidthUniform" />
</LinearLayout>
```

(3) 修改 MainActivity.java 文件，主要代码如下所示：

```
public class MainActivity extends AppCompatActivity {
    private GridView gridView;
    private List<Map<String, Object>> dataList;
    private SimpleAdapter adapter;
    @Override
    protected void onCreate(Bundle savedInstanceState) {
        super.onCreate(savedInstanceState);
        setContentView(R.layout.activity_main);
        gridView =findViewById(R.id.gridview);
        //初始化数据
        initData();
        String[] from = {"img", "text"};
        int[] to = {R.id.img, R.id.text};
        adapter = new SimpleAdapter(this, dataList, R.layout.gridview_item, from, to);
        gridView.setAdapter(adapter);
        gridView.setOnItemClickListener(new AdapterView.OnItemClickListener() {
            @Override
          public void onItemClick(AdapterView<?> arg0, View arg1, int arg2, long arg3) {
                final AlertDialog.Builder builder =
                            new AlertDialog.Builder(MainActivity.this);
                builder.setTitle("商品名称")
                .setMessage(dataList.get(arg2).get("text").toString())
                .setPositiveButton("确定", new DialogInterface.OnClickListener() {
```

```
                @Override
                public void onClick(DialogInterface dialogInterface, int i) {
                        }
                })
            .create()
            .show();
        }
    });
}
void initData() {
    //图标数组
    int icno[] = {R.drawable.bx, R.drawable.cd, R.drawable.xyj,
            R.drawable.kt, R.drawable.jhq, R.drawable.sxt, R.drawable.dfb,
            R.drawable.djj, R.drawable.mbj};
    //图标下的文字数组
    String name[] = {"海尔冰箱", "创维彩电", "小天鹅洗衣机", "格力空调",
            "小米净化器", "海康摄像头", "苏泊尔电饭煲",
             "九阳豆浆机", "东菱面包机"};
    dataList = new ArrayList<Map<String, Object>>();
    for (int i = 0; i < icno.length; i++) {
        Map<String, Object> map = new HashMap<String, Object>();
        map.put("img", icno[i]);
        map.put("text", name[i]);
        dataList.add(map);
    }
  }
}
```

(4) 运行程序，效果如图 4.31 所示。

图 4.31　GridView 控件效果图

4.7　Fragment 基础

Android 从 3.0 开始引入 Fragment(碎片)，允许将 Activity 拆分成多个完全独立封装的可重用的组件，每个组件拥有自己的生命周期和 UI 布局。使用 Fragment 可以为不同型号、尺寸、分辨率的设备提供统一的 UI 设计方案。Fragment 最大的优点就是可以让开发者灵活地根据屏幕大小(包括小屏幕的手机、大屏幕的平板电脑)来创建相应的 UI 界面。

4.7.1　Fragment 基本概述

Fragment 翻译为中文就是"碎片"的意思，它是一种嵌入到 Activity 中使用的 UI 片段。一个 Activity 中可以包含一个或多个 Fragment，而且一个 Activity 可以同时展示多个 Fragment。使用它能够让程序更加合理地利用拥有大屏幕控件的移动设备，因此 Fragment 在平板电脑上应用非常广泛。

Fragment 与 Activity 类似，拥有自己的布局与生命周期，但是它的生命周期会受到它所在的 Activity 的生命周期的控制。例如，当 Activity 暂停时，它所包含的 Fragment 也会暂停；当 Activity 被销毁时，该 Activity 内的 Fragment 也会被销毁；当该 Activity 处于活动状态时，开发者才可独立地操作 Fragment。

为了更加清楚地理解 Fragment 的功能，接下来我们将通过一个图例来说明，如图 4.32 所示。

从图 4.32 可以看出，在一般的手机上或者平板竖屏情况下，Fragment1 需要嵌入到 Activity1 中，Fragment2 需要嵌入到 Activity2 中；如果在平板横屏的情况下，则可以把两个 Fragment 同时嵌入到 Activity1 中，这样布局上既节约了空间，也会更美观。

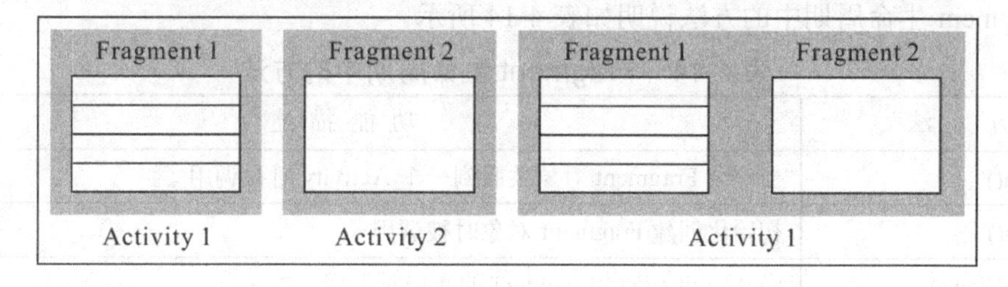

图 4.32　Fragment 的功能

4.7.2　Fragment 生命周期

Fragment 的生命周期与 Activity 的生命周期类似，也具有以下几个状态：

• 活动状态——当前 Fragment 位于前台时，用户可见并且可以获取焦点。

• 暂停状态——其他 Activity 位于前台，该 Fragment 仍然可见或部分可见，但不能获取焦点。

• 停止状态——该 Fragment 不可见，失去焦点。

• 销毁状态——该 Fragment 被完全删除或该 Fragment 所在的 Activity 结束。

Fragment 必须是依存 Activity 而存在的，因此，Activity 的生命周期会直接影响到 Fragment 的生命周期。Fragment 的生命周期及相关回调方法如图 4.33 所示。

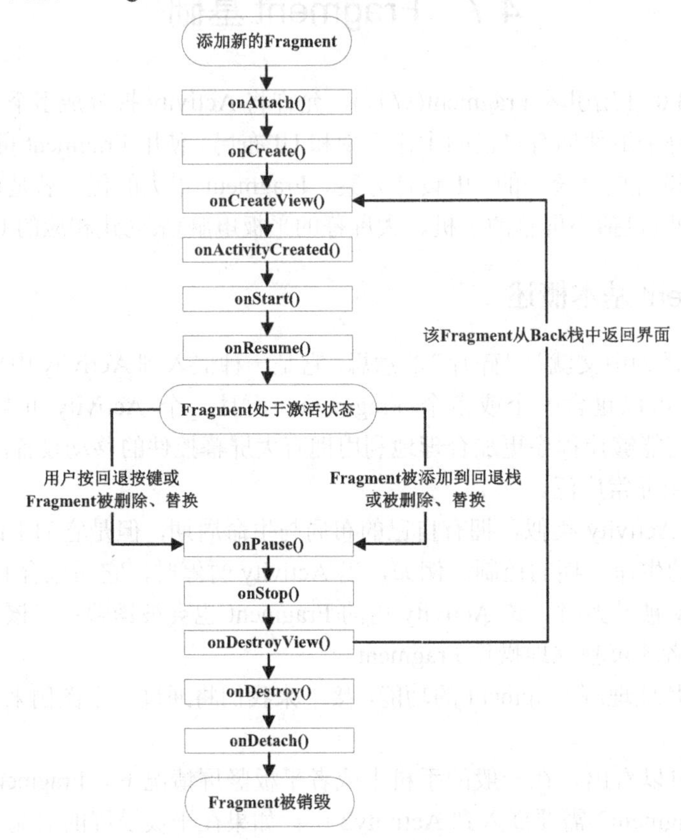

图 4.33 Fragment 的生命周期

Fragment 生命周期中的方法说明如表 4-14 所示。

表 4-14 Fragment 生命周期中的方法

方 法	功 能 描 述
onAttach()	当一个 Fragment 对象关联到一个 Activity 时被调用
onCreate()	初始化创建 Fragment 对象时被调用
onCreateView()	当 Activity 获得 Fragment 的布局时调用此方法
onActivityCreated()	当 Activity 对象完成自己的 onCreate()方法时调用
onStart()	Fragment 对象在 UI 界面可见时调用
onResume()	Fragment 对象的 UI 可以与用户交互时调用
onPause()	由 Activity 对象转为 onPause 状态时调用
onStop()	有组件完全遮挡，或者宿主 Activity 对象转为 onStop 状态时调用
onDestroyView()	Fragment 对象清理 View 资源时调用，即移除 Fragment 中的视图
onDestroy()	Fragment 对象完成对象清理 View 资源时调用
onDetach()	当 Fragment 被从 Activity 中删掉时被调用

4.7.3 Fragment 的创建

Fragment 的创建与 Activity 的创建类似，要创建一个 Fragment 必须要创建一个类继承自 Fragment。Android 系统提供了两个 Fragment 类，分别是 android.app.Fragment 和 android.support.v4.app.Fragment。继承前者只能兼容 Android4.0 以上的系统，继承后者可以兼容更低的版本。

【实例 FragmentCreate】通过该实例，具体讲解 Fragment 的创建过程。

(1) 新建一个左侧的碎片布局文件 left_fragment.xml，代码如下：

```
<LinearLayout xmlns:android="http://schemas.android.com/apk/res/android"
    android:layout_width="match_parent"
    android:layout_height="match_parent"
    android:orientation="vertical" >
    <Button
        android:id="@+id/button"
        android:layout_width="match_parent"
        android:layout_height="wrap_content"
        android:layout_gravity="center_horizontal"
        android:text="点击我"
        />
</LinearLayout>
```

(2) 新建一个右侧的碎片布局文件 right_fragment.xml，代码如下：

```
<LinearLayout xmlns:android="http://schemas.android.com/apk/res/android"
    android:layout_width="match_parent"
    android:layout_height="match_parent"
    android:background="@android:color/darker_gray"
    android:orientation="vertical" >
<TextView
    android:layout_width="wrap_content"
    android:layout_height="wrap_content"
    android:text="初始状态"/>
</LinearLayout>
```

(3) 新建一个 testLeft_Fragment 类，该类继承自 Fragment 类，代码如下所示：

```
public class testLeft_Fragment extends Fragment {
  @Override
    public View onCreateView(LayoutInflater inflater, ViewGroup container,
                             Bundle savedInstanceState) {
        View view = inflater.inflate(R.layout.left_fragment, container, false);
        return view;
    }
}
```

该类仅仅是重写了 Fragment 类的 onCreateView()方法，然后在这个方法中通过了 LayoutInflater 的 inflate()方法，将前面定义的 left_fragment 布局文件动态加载进来。

(4) 新建一个 testRight_Fragment 类，该类也继承自 Fragment 类，代码如下所示：

```
public class testRight_Fragment extends Fragment {
    @Override
    public View onCreateView(LayoutInflater inflater, ViewGroup container,
                             Bundle savedInstanceState) {
        View view = inflater.inflate(R.layout.right_fragment, container, false);
        return view;
    }
}
```

(5) 新建一个 second_right_layout.xml 布局文件，用来显示单击按钮后需要更换的界面，代码如下所示：

```
<LinearLayout xmlns:android="http://schemas.android.com/apk/res/android"
    android:layout_width="match_parent"
    android:layout_height="match_parent"
    android:background="@android:color/holo_blue_dark"
    android:orientation="vertical" >
    <Button
        android:id="@+id/button2"
        android:layout_width="match_parent"
        android:layout_height="wrap_content"
        android:text="我是左边点击出来的哦" />
</LinearLayout>
```

(6) 新建一个 testSecondRight_Fragment 类，作为另一个右侧碎片，该类也继承自 Fragment 类，代码如下所示：

```
public class testSecondRight_Fragment extends Fragment {
    @Override
    public View onCreateView(LayoutInflater inflater, ViewGroup container,
                             Bundle savedInstanceState) {
        View view = inflater.inflate(R.layout.second_right_layout, container, false);
        return view;
    }
}
```

(7) 修改 activity_main.xml 布局文件，代码如下所示：

```
<LinearLayout xmlns:android="http://schemas.android.com/apk/res/android"
    xmlns:tools="http://schemas.android.com/tools"
    android:layout_width="match_parent"
    android:layout_height="match_parent">
    <!-- 静态加载 Fragment -->
    <fragment
        android:id="@+id/left_fragment"
        android:name="com.example.xsc.fragmentcreate.testLeft_Fragment"
        android:layout_width="0dp"
```

```
        android:layout_height="match_parent"
        android:layout_weight="1"
        tools:layout="@layout/left_fragment" />
    <FrameLayout
        android:id="@+id/right_layout"
        android:layout_width="0dp"
        android:layout_height="match_parent"
        android:layout_weight="1" >
         <!-- 可以在这个容器中动态加载 Fragment -->
        <fragment
            android:id="@+id/right_fragment"
            android:name="com.example.xsc.fragmentcreate.testRight_Fragment"
            android:layout_width="match_parent"
            android:layout_height="match_parent"
            tools:layout="@layout/right_fragment" />
    </FrameLayout>
</LinearLayout>
```

从文件中可以看出，现在将右侧碎片放在了一个 FrameLayout 中，这是 Android 中最简单的一种布局，它没有任何的定位方式，所有的控件都会摆放在布局的左上角。由于这里仅需要在布局中放入一个碎片，因此非常适合使用 FrameLayout。之后将在代码中替换 FrameLayout 里的内容，从而实现动态添加碎片的功能。

(8) 修改 MainActivity.java 中的代码，如下所示：

```
public class MainActivity extends FragmentActivity implements View.OnClickListener {
    Button button;
    @Override
    protected void onCreate(Bundle savedInstanceState) {
        super.onCreate(savedInstanceState);
        requestWindowFeature(Window.FEATURE_NO_TITLE);// 隐藏标题
         // 设置全屏
        getWindow().setFlags(WindowManager.LayoutParams.FLAG_FULLSCREEN,
                WindowManager.LayoutParams.FLAG_FULLSCREEN);
         //设置屏幕横屏
        setRequestedOrientation(ActivityInfo.SCREEN_ORIENTATION_LANDSCAPE);
        setContentView(R.layout.activity_main);
        button = findViewById(R.id.button);
        button.setOnClickListener(this);

    }
    @Override
    public void onClick(View view) {
        switch (view.getId()) {
            case R.id.button:
                testSecondRight_Fragment secFragment =
```

```
                new testSecondRight_Fragment();
            FragmentManager fragmentManager = getSupportFragmentManager();
            FragmentTransaction transaction =
                fragmentManager.beginTransaction();
            transaction.replace(R.id.right_layout, secFragment);
            transaction.commit();
            break;
        default:
            break;
        }
    }
}
```

从代码中可以看出，首先给左侧碎片中的按钮注册了一个单击事件，然后将动态添加碎片的逻辑都放在了单击事件中进行。结合代码可以看出，动态添加碎片主要分为如下 5 个步骤：

(1) 创建待添加的碎片实例。

(2) 获取到 FragmentManager，在活动中可以直接调用 getFragmentManager()方法得到。

(3) 开启一个事务，通过调用 beginTransaction()方法开启。

(4) 向容器内加入碎片，一般使用 replace()方法实现，需要传入容器的 id 和待添加的碎片实例。

(5) 提交事务，调用 commit()方法来完成。

这样就完成了在活动中动态添加碎片的功能，运行程序后可以看到启动界面如图 4.34 所示，然后单击一下按钮，效果如图 4.35 所示。

图 4.34　启动界面

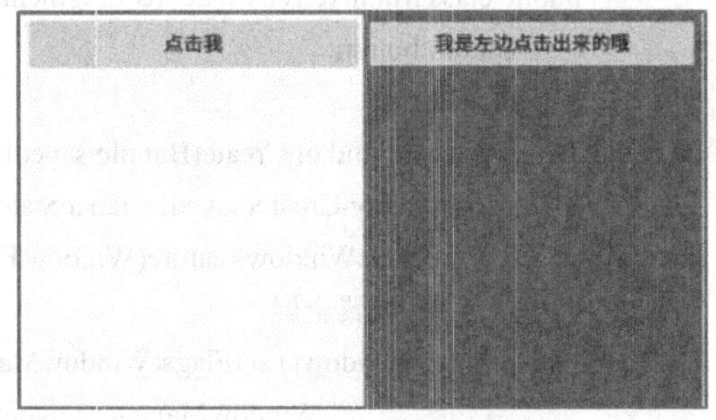

图 4.35　单击按钮效果图

上述代码虽然成功实现了向活动中动态添加碎片的功能，但是这时按下键盘的返回键程序会直接退出。如果这里想模仿类似返回栈的效果，可以通过 FragmentTransaction 中提供的一个 addToBackStack()方法，将一个事务添加到返回栈中，修改 MainActivity.java 文件中的代码，如下所示：

```
@Override
public void onClick(View view) {
    switch (view.getId()) {
        case R.id.button:
            testSecondRight_Fragment secFragment =
                new testSecondRight_Fragment();
            FragmentManager fragmentManager = getSupportFragmentManager();
```

```
                //通过 FragmentManager 获取 Fragment 事务对象
                FragmentTransaction transaction =
                    fragmentManager.beginTransaction();
                //调用 replace()方法把 right_layout 替换成 secFragment
                transaction.replace(R.id.right_layout, secFragment);
                //添加到回退栈
                transaction.addToBackStack(null);
                //提交事务
                transaction.commit();
                break;
            default:
                break;
        }
    }
```

这里在事务提交之前调用了 FragmentTransaction 的 addToBackStack()方法，它可以接收一个名字用于描述返回栈的状态，一般传入 null 即可。如果现在重新运行程序，并单击按钮将 testSecondRight_Fragment 添加到活动中，然后按下返回键，会发现程序并没有退出，而是回到了 right_fragment 布局界面，再次按下返回键程序才会退出。

4.7.4　Fragment 与 Activity 之间的通信

由于 Fragment 与 Activity 都是各自存在于一个独立的类中，它们之间并没有明显的方式进行直接通信。在实际的开发过程当中，经常需要在 Activity 中获取 Fragment 实例或者在 Fragment 中获取 Activity 实例。接下来将详细介绍 Fragment 与 Activity 之间的通信。

1. 在 Activity 中获取 Fragment 实例

为了实现 Fragment 和 Activity 之间的通信，FragmentManager 提供了一个 findFragmentById()的方法，专门用于从布局文件中获取 Fragment 实例。该方法有一个参数，它代表 Fragment 在 Activty 布局中的 id。例如在布局文件中指定 SecondFragment 的 id 为 R.id.second_fragmnet，这时就可以使用 getFragmentManager().findRagmentById(R.id.second_fragmnet)方法得到 SecondFragment 的实例。例如：

```
SecondFragment second_frag=(SecondFragment)getFragmentManager()
.findFragmentById(R.id.second_fragment);
```

2. 在 Fragment 中获取 Activity 实例

在 Fragment 中获取 Activity 实例对象，可以通过在 Fragment 中调用 getActivity()方法来获取到与当前 Fragment 相关联的 Activity 实例对象。例如在 MainActivity 中添加了 SecondFragment，那么就可以通过在 Fragment 中调用 getActivity()来获取 MainActivity 实例对象。例如：

```
MainActivity main=(MainActivity) getActivity();
```

获取到 Activity 中的实例以后，就可以调用该 Activity 中的方法了。而且当 Fragment 需要使用 Context 对象时，也可以使用该方法。

【实例 FragmentNews】为了更好理解 Fragment 与 Activity 之间的通信，该实例在左边显示新闻标题，右边展示单击新闻标题以后出现的新闻内容。

(1) 编写 activity_main.xml 布局文件，因为需要展示标题和对应的内容，所以需要添加两个 FrameLayout，后面将会被 Fragment 所代替。具体代码如下所示：

```
<?xml version="1.0" encoding="utf-8"?>
<LinearLayout xmlns:android="http://schemas.android.com/apk/res/android"
    android:layout_width="match_parent"
    android:layout_height="match_parent"
    android:orientation="horizontal">
    <!--标题-->
    <FrameLayout
        android:id="@+id/settitle"
        android:layout_width="0dp"
        android:layout_height="match_parent"
        android:layout_weight="1"></FrameLayout>
    <!--内容-->
    <FrameLayout
        android:id="@+id/setcontent"
        android:layout_width="0dp"
        android:layout_height="match_parent"
        android:layout_weight="2"
        android:background="#CCFFFF">
    </FrameLayout>
</LinearLayout>
```

(2) 创建两个 Fragment 布局文件，由于需要实现在一个 Activity 中展示两个 Fragment，因此需要创建相应的 Fragment 的布局。其中用来展示新闻标题的布局文件 title_layout.xml 代码如下所示：

```
<?xml version="1.0" encoding="utf-8"?>
<LinearLayout xmlns:android="http://schemas.android.com/apk/res/android"
    android:layout_width="match_parent"
    android:layout_height="match_parent">
    <!--用来展示新闻标题列表-->
    <ListView
        android:id="@+id/titlelist"
        android:layout_width="match_parent"
        android:layout_height="wrap_content">
    </ListView>
</LinearLayout>
```

用来展示右边标题和内容的布局文件 content_layout.xml 代码如下所示：

```
<?xml version="1.0" encoding="utf-8"?>
<LinearLayout xmlns:android="http://schemas.android.com/apk/res/android"
    android:layout_width="match_parent"
```

```
    android:layout_height="match_parent"
    android:orientation="vertical">
    <TextView
        android:id="@+id/show_title"
        android:layout_width="match_parent"
        android:layout_height="wrap_content"
        android:textSize="20sp"
        android:text="显示新闻标题" />
    <TextView
        android:id="@+id/show_content"
        android:layout_width="match_parent"
        android:layout_marginTop="20dp"
        android:layout_height="wrap_content"
        android:textSize="16sp"
        android:text="显示新闻内容" />
</LinearLayout>
```

(3) 创建 ListView 中每一项的内容布局，由于左边的新闻标题采用了 ListView 控件，因此需要创建一个显示 ListView 中每一项的布局文件，title_item_layout.xml 文件的代码如下所示：

```
<?xml version="1.0" encoding="utf-8"?>
<LinearLayout xmlns:android="http://schemas.android.com/apk/res/android"
    android:layout_width="match_parent"
    android:layout_height="match_parent"
    android:orientation="vertical">
    <TextView
        android:id="@+id/titles"
        android:layout_width="wrap_content"
        android:layout_height="wrap_content"
        android:textSize="16sp" />
</LinearLayout>
```

(4) 创建显示标题的 Fragment 类文件，创建一个 setTitleFragment 类文件(继承自 Fragment 类)，用来显示左边的新闻标题，具体的代码如下所示：

```
public class setTitleFragment extends Fragment {
    private View view;
    private String[] title;
    private String[][] contents;
    private ListView listView;
    public View onCreateView(LayoutInflater inflater, final ViewGroup container,
        Bundle savedInstanceState) {
        view = inflater.inflate(R.layout.title_layout, container, false);
        //获取 Activty 实例对象
        MainActivity activity = (MainActivity) getActivity();
        //获取 Activty 中的标题
        title = activity.getTilte();
```

```
        //获取 Activty 中的标题和内容
        contents = activity.getSettingText();
        if (view != null) {
            init();
        }
        //为 listview 添加监听
        listView.setOnItemClickListener(new AdapterView.OnItemClickListener() {
            @Override
          public void onItemClick(AdapterView<?> adapterView, View view, int i, long l)
            {
                //通过 activity 实例获取另一个 Fragment 对象
                setContentFragment content = (setContentFragment) (getActivity())
                        .getSupportFragmentManager()
                        .findFragmentById(R.id.setcontent);
                content.setText(contents[i]);
            }
        });
        return view;
    }
    private void init() {
        listView = (ListView) view.findViewById(R.id.titlelist);
        if (title != null) {
            listView.setAdapter(new MyAdapter());
        }
    }
    //适配器
    class MyAdapter extends BaseAdapter {
        @Override
        public int getCount() {
            return title.length;
        }
        @Override
        public Object getItem(int i) {
            return title[i];
        }
        @Override
        public long getItemId(int i) {
            return i;
        }
        @Override
        public View getView(int i, View view, ViewGroup viewGroup) {
            view = View.inflate(getActivity(), R.layout.title_item_layout, null);
            TextView titletext = view.findViewById(R.id.titles);
```

```
                titletext.setText(title[i]);
                return view;
            }
        }
    }
```

(5) 创建显示标题和内容的 Fragment 类文件，创建一个 setContentFragment 类(继承自 Fragment 类)，然后编写相应的逻辑代码，用来显示左边单击以后出现的内容，具体代码如下所示：

```
public class setContentFragment extends Fragment {
    private View view;
    private TextView text1, text2;
    @Override
    public void onAttach(Context context) {
        super.onAttach(context);
    }
    public View onCreateView(LayoutInflater inflater, ViewGroup container,
        Bundle savedInstanceState) {
        //获取布局文件
        view = inflater.inflate(R.layout.content_layout, container, false);
        if (view != null) {
            init();
        }
        //获取 activity 中设置的文字
        setText(((MainActivity) getActivity()).getSettingText()[0]);
        return view;
    }
    private void init() {
        text1 =   view.findViewById(R.id.show_title);
        text2 =   view.findViewById(R.id.show_content);
    }
    public void setText(String[] text) {
        text1.setText(text[0]);
        text2.setText(text[1]);
    }
}
```

(6) 编写 MainActivity.java 中的代码，具体的代码如下所示：

```
public class MainActivity extends FragmentActivity {
    //设置标题
    private String tilte[] = {"标题一", "标题二", "标题三"};
    private String settingText[][] = {{"标题一", "标题一的内容"},
      {"标题二", "标题二的内容"}, {"标题三", "标题三的内容"}};
    //获取标题数组的方法
    public String[] getTilte() {
```

```
            return tilte;
        }
        //获取标题和内容
        public String[][] getSettingText() {
            return settingText;
        }
        @Override
        protected void onCreate(Bundle savedInstanceState) {
            super.onCreate(savedInstanceState);
            // 设置全屏
            getWindow().setFlags(WindowManager.LayoutParams.FLAG_FULLSCREEN,
                    WindowManager.LayoutParams.FLAG_FULLSCREEN);
            //设置屏幕横屏
            setRequestedOrientation(ActivityInfo.SCREEN_ORIENTATION_LANDSCAPE);
            setContentView(R.layout.activity_main);
            //创建 Fragment
            setTitleFragment TitleFragment = new setTitleFragment();
            setContentFragment ContentFragment = new setContentFragment();
            //获取事务
            FragmentManager fragmentManager = getSupportFragmentManager();
            FragmentTransaction transaction = fragmentManager.beginTransaction();
            //添加 Fragment
            transaction.replace(R.id.settitle, TitleFragment);
            transaction.replace(R.id.setcontent, ContentFragment);
            transaction.addToBackStack(null);
            //提交事务
            transaction.commit();
        }
    }
```

(7) 测试运行，以上就是 Activity 与 Fragment 之间的通信过程。运行该程序，运行结果如图 4.36 所示。

图 4.36　Activity 与 Fragment 之间的通信

从图 4.36 可以看出，当单击屏幕左侧的标题以后，右侧的界面也会跟着显示对应的标题和内容，这就说明了本实例实现了 Activity 与 Fragment 之间的相互通信。

4.8 资源管理

所谓资源就是在代码中使用的外部文件，包括图片、音频、动画和字符串等。在传统的程序开发过程中，需要用到很多常量、字符串等资源，如果在程序中直接使用这些资源，会给阅读和维护程序带来很多麻烦。因此，Android 对这些资源的使用做了改进：Android 将应用中所用到的各种资源集中在 res 目录中，并为每个资源自动生成一个编号，在应用程序中可以直接通过编号来访问这些资源。

在 Android 应用程序中，除了 res 目录外，assets 目录也用于存放资源，这两个目录的区别是：通常在 assets 目录中存放应用程序无法直接访问的原生资源，应用程序需要通过 AssetManager 类以二进制流的形式来读取资源；而对于 res 目录中的资源，Android SDK 在编译时会自动在 R.java 文件中为这些资源创建索引，程序可以通过资源清单类 R.java 对资源进行访问。

4.8.1 资源分类

在 Android 开发中常用的资源包括文本字符串(strings)、颜色(colors)、数组(arrays)、动画(anim)、布局(layout)、图像和图标(drawable)、音频和视频(media)以及其他应用程序所使用的组件等。

Android 的资源可分为两大类：

(1) 原生资源。指无法通过由 R 类进行索引的原生资源(如 MP3 文件等)，该类资源保存在 assets 目录下，且 Android 程序不能直接访问，必须通过 android.content.res.AssetManager 类以二进制流的形式进行读取和使用。

(2) 索引资源。指可以通过 R 类进行自动索引的资源(如字符串)，该类资源保存在 res 目录下，在应用程序编译时索引资源通常被编译到应用程序中。

Android 应用资源存放目录如表 4-15 所示。

表 4-15 Android 应用资源存放目录

目 录	资 源 描 述
/res/animator/	存放定义属性动画的 XML 文件
/res/anim/	存放定义了补间动画或逐帧动画的 XML 文件
/res/color/	存放定义不同状态下颜色列表的 XML 文件
/res/drawable/	存放能转换为绘制资源的位图文件或者定义了绘制资源的 XML 文件
/res/layout/	存放各种界面布局文件，每个 Activity 对应一个 XML 文件
/res/menu/	存放为应用程序定义的各种菜单资源
/res/raw/	存放直接复制到设备中的任意文件
/res/values/	存放定义多种类型资源的 XML 文件
/res/xml/	存放任意的原生 XML 文件
/assets/	存放各种资源文件，包括音频文件、视频文件等

其中，在/res/values/目录下的 XML 文件根标签都是<resources></resources>标签对，在该标签中添加不同的子元素则代表不同的资源，资源的类型包括字符串、数据、颜色、尺寸和样式等类型。例如：

- <string/integer/bool>子标记：代表添加一个字符串值、整数值或布尔值；
- <color>子标记：代表添加一个颜色值；
- <array>子标记或 string-array、int-array 子元素：代表添加一个数组；
- <style>子标记：代表添加一个样式；
- <dimen>子标记：代表添加一个尺寸。

各种常量都可以定义在/res/values/目录下的资源文件中，为了方便添加和修改等操作，Android 通常使用不同的文件存放不同类型的值。例如，arrays.xml 文件存放数组资源，colors.xml 文件存放颜色资源，strings.xml 文件存放字符串资源，styles.xml 文件存放样式资源，dimens.xml 文件存放尺寸资源。

4.8.2 资源访问方式

在 Android 应用中，资源访问的方式有两种：一种是在 Java 源代码中访问资源，既可以访问 res 资源，也可以访问 assets 原生资源；另一种是在 XML 文件中访问资源。

下面分别介绍在 Java 代码中访问 res 和 assets 资源，以及如何在 XML 文件中使用资源。

1. Java 代码访问 res 资源

每个 res 资源都会在项目的 R 类中自动生成一个代表资源编号的静态常量，在 Java 代码中通过 R 类可以访问这些 res 资源，其语法格式如下所示：

```
[packageName.]R.resourceType.resourceName
```

其中：

- packageName 是包名，除了应用程序自动生成的 R 类外，Android 系统中还有一个可访问的 R 类，即 android.R，通过限定 R 的包名可以指定使用哪一个 R 类。
- resourceType 是资源类型，代表 R 类中的资源类型。
- resourceName 是资源名称，可以是资源文件的名称，也可以是定义资源的 XML 文件中的资源标签的 name 属性值。

android.content.res.Resource 类是 Android 资源访问控制类，该类提供了大量方法来获取事件资源。在 Activity 中，可以直接调用 getResources()方法来获取 Resources 对象。Resources 类的资源访问方法如表 4-16 所示。

表 4-16　Resources 类的资源访问方法

方　法	功 能 描 述
int getColor(int id)	对应 res/values/colors.xml
Drawable getDrawable(int id)	对应 res/drawable/
XmlResourceParse getLayout(int id)	对应 res/layout/
String getString(int id)	对应 res/values/strings.xml
CharSequence getText(int id)	对应 res/values/strings.xml

续表

方　法	功 能 描 述
InputStream openRawResource(int id)	对应 res/raw/
Void parseBundleExera(String tagName, AttributeSet attrs, Bundle outBundle)	对应 res/xml/
String[] getStringArray(int id)	对应 res/values/arrays.xml
float getDimension(int id)	对应 res/values/dimens.xml

2. Java 代码访问 assets 原生资源

通过 Resources 类的 getAssets()方法可获得 android.content.res.AssetManager 对象，该对象的 open()方法可以打开指定路径的 assets 资源的输入流，从而读取到对应的原生资源。在 Android Studio 项目中不会自动创建 assets 文件夹，需要开发者手动创建。右击项目，选择 New→Folder→Assets Folder，再单击 Finish 按钮即可完成创建。

3. 在 XML 文件中使用资源

在 XML 文件中引用其他资源的语法格式如下所示：

```
@[packageName:]resourceType/resourceName
```

其中，packageName、resourceType、resourceName 的含义与在 Java 代码中访问资源时相同，需要注意前面必须有一个@符号。

【实例 resources】该实例通过 Java 代码调用索引资源和原生资源，XML 代码调用索引资源来演示在 Android 系统中资源文件的调用和管理。

(1) 创建保存原生资源的文件夹，并将图片 p6.png 保存到其中。同时在 drawable 文件下保存 p1.png 图片。

(2) 打开 res 目录下的 values 文件夹，编写 strings.xml 文件、colors.xml 文件和 dimens.xml 文件，代码如下所示：

strings.xml 文件：

```
<resources>
    <string name="app_name">resources</string>
    <string name="message1">Java 代码获取文字资源</string>
    <string name="message2">XML 文件获取文字资源</string>
</resources>
```

colors.xml 文件：

```
<resources>
    <color name="colorPrimary">#3F51B5</color>
    <color name="colorPrimaryDark">#303F9F</color>
    <color name="colorAccent">#FF4081</color>
    <color name="onecolor">#FF0000</color>
    <color name="twocolor">#00FF00</color>
</resources>
```

dimens.xml 文件：

```
<resources>
```

```
        <dimen name="one">15dp</dimen>
        <dimen name="two">20dp</dimen>
        <dimen name="three">25dp</dimen>
    </resources>
```

(3) 编写 activity_main.xml 文件，代码如下所示：

```
<?xml version="1.0" encoding="utf-8"?>
<LinearLayout xmlns:android="http://schemas.android.com/apk/res/android"
    android:layout_width="match_parent"
    android:layout_height="match_parent"
    android:orientation="vertical"
    >
    <ImageView
        android:id="@+id/imageview"
        android:layout_width="wrap_content"
        android:layout_height="wrap_content"
        android:layout_gravity="center_horizontal"
        android:src="@drawable/p1"
        />
    <TextView
        android:id="@+id/text1"
        android:layout_width="match_parent"
        android:layout_height="wrap_content"
        />
    <TextView
        android:id="@+id/text2"
        android:layout_width="match_parent"
        android:layout_height="wrap_content"
        android:text="@string/message2"
        android:textSize="@dimen/two"
        android:textColor="@color/twocolor"
        />
    <Button
        android:id="@+id/btn"
        android:layout_width="match_parent"
        android:layout_height="wrap_content"
        android:text="显示原生资源图片"
        />
</LinearLayout>
```

上述代码中，创建了一个图片视图控件、两个文本显示控件和一个按钮控件。其中，图片视图控件中通过 XML 文件获取图片资源，其中一个文本控件通过 XML 文件设置其属性，另一个文本控件将用 Java 代码设置其属性。

(4) 编写 MainActivity.java 文件，代码如下所示：

```
public class MainActivity extends AppCompatActivity {
    ImageView imageView;
    TextView textView;
    Button btn;
    @Override
    protected void onCreate(Bundle savedInstanceState) {
        super.onCreate(savedInstanceState);
        setContentView(R.layout.activity_main);
        imageView = findViewById(R.id.imageview);
        textView = findViewById(R.id.text1);
        //通过 Java 代码为 textView 控件设置相关属性
        textView.setText(getResources().getString(R.string.message1));
        textView.setTextColor(getResources().getColor(R.color.onecolor, null));
        textView.setTextSize(getResources().getDimension(R.dimen.one));
        //通过 java 代码获取图片资源
        btn = findViewById(R.id.btn);
        btn.setOnClickListener(new View.OnClickListener() {
            @Override
            public void onClick(View view) {
                //获取索引资源
                imageView.setImageResource(R.drawable.p2);
                //获取原生资源
                try {
                    InputStream is = getResources().getAssets().open("p6.png");
                    Bitmap bitmap = BitmapFactory.decodeStream(is);
                    imageView.setImageBitmap(bitmap);
                } catch (IOException e) {
                    e.printStackTrace();
                }
            }
        });
    }
}
```

(5) 运行程序代码，结果如图 4.37 所示。

图 4.37　资源管理

第 5 章　意图与广播

本章目标：

- 了解 Intent 原理及使用；
- 掌握 Intent 的启动和数据传递；
- 能够使用 BroadcastReceiver 消息广播机制；
- 能够使用 Handler 进行消息传递；
- 能够使用 AsyncTask 异步处理机制。

5.1　Intent 意图

Intent 是 Android 系统应用内不同组件之间的通信载体，当在 Android 应用中连接不同的组件时，通常需要借助于 Intent 来实现。使用 Intent 可以激活 Android 的三个核心组件：Activity、Service 和 BroadcastReceiver。

5.1.1　Intent 原理及分类

Intent 消息传递机制既可以在应用程序中使用，也可以在应用程序之间使用。在 Android 系统中通过 Intent 机制来协助应用程序间的交互，Intent 负责对应用中的一次行为操作所涉及数据和附加数据进行描述和封装，Android 系统根据 Intent 的描述找到相应的组件，并将 Intent 传递给目标组件来完成组件的调用。因此，Intent 起着媒体中介的作用，专门提供组件之间相互调用的消息。

Android 使用 Intent 来封装程序的“调用意图”。无论是启动一个 Activity 组件还是 Service 组件，Android 都使用统一的 Intent 对象来封装这种“启动意图”，从而实现 Activity、Service 和 BroadcastReceiver 之间的通信。Intent 与三大组件之间的关系如图 5.1 所示。

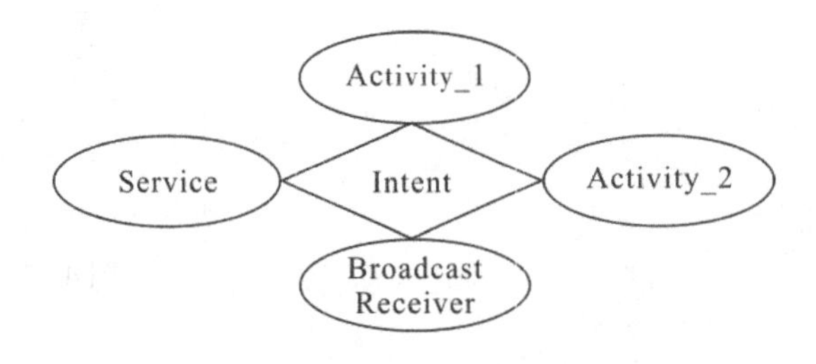

图 5.1　Intent 与三大组件的关系

使用Intent启动Activity、Service和BroadcastReceiver三大组件所使用的机制略有不同：

(1) 当启动Activity组件时，通常需要调用startActivity(Intent intent)或startActivityForResult(Intent intent, int requestCode)方法，其中Intent参数用于封装目标Activity所需信息。

(2) 当启动Service组件时，通常需要调用startService(Intent intent)或bindService(Intent intent, ServiceConnection, int flags)方法，其中Intent参数用于封装目标Service所需信息。

(3) 当触发BroadcastReceiver组件时，通常调用sendBroadcast(Intent intent)等方法来发送广播消息，其中Intent参数用于封装目标BroadcastReceiver所需信息。

通过上述描述可以看出，Intent用于封装当前组件在启动目标组件时所需的信息，系统通过该信息找到对应的组件，完成组件之间的调用。根据Intent所描述的信息，可以将Intent意图分为以下两类。

(1) 显式Intent，明确指定需要启动或触发组件的类名，Android系统无须对该Intent做任何解析，系统直接找到指定的目标组件，然后启动该组件即可。

(2) 隐式Intent，只指定需要启动或触发组件应满足的条件，Android系统需要对Intent进行解析，并得到启动组件所需要的条件，然后在系统中查找与之匹配的目标组件，如果找到符合该条件的组件，就启动相应的目标组件。

在Android系统中，通过IntentFilter来判断所调用的组件是否符合隐式Intent，即通过IntentFilter来声明所调用组件的满足条件，从而声明最终需要处理哪些隐式Intent。

5.1.2 Intent属性

Intent对象其实就是一个信息的捆绑包，是由Component(组件)、Action(动作)、Data(数据)、Category(类别)、Type(数据类型)、Extras(附加信息)和Flags(标志位)等属性组成，下面分别进行介绍。

1. Component组件

Component组件为目标组件，需要接收一个ComponentName对象，而ComponentName对象的构造方法有以下几种方式。

(1) ComponentName(String pkg, String className)：用于创建pkg包下的className所对应的组件；其中参数pkg代表应用程序的包名，参数className代表组件的类名。

(2) ComponentName(Context context, String className)：用于创建context上下文中className所对应的组件。

(3) ComponentName(Context context, Class<?> className)：用于创建context上下文中className所对应的组件。

上述三种构造方法本质上是相同的，用于创建一个ComponentName对象，通过包名和类名就可以确定唯一的组件类，应用程序可以根据给定的组件类去启动相应的组件。

通过Intent的Component属性来明确指定所要启动的组件被称为显式Intent，而没有指定Component属性的Intent被称为隐式Intent。当指定Component属性时，将直接使用该属性所指定的组件，而Intent的其他属性都是可选的。

例如，在某个 Activity 中需要启动 SecondActivity 时，代码编写方式如下所示：

```
button.setOnClickListener(new View.OnClickListener() {
    @Override
    public void onClick(View view) {
        Intent intent=new Intent();
        ComponentName componentName=
          new ComponentName(MainActivity.this,SecondActivity.class);
        intent.setComponent(componentName);
        startActivity(intent);
    }
});
```

上述代码可以更改为使用 setClass()方法指定待启动组件，代码如下所示：

```
public void onClick(View view) {
    Intent intent=new Intent();
    intent.setClass(MainActivity.this,SecondActivity.class);
    startActivity(intent);
}
```

其中，setClass()方法的第一个参数是一个 Context 对象，所有的 Activity 对象都是 Context 的子对象；第二个参数是一个 Class 对象，是被启动的 Activity 类的 class 对象。上述代码还可以继续简化，直接使用 Intent()构造方法指定启动组件，该方法代码最精简，在实际编程中经常用到，代码如下所示：

```
Intent intent=new Intent(MainActivity.this,SecondActivity.class);
startActivity(intent);
```

2. Action 动作

在 Android 系统中，Action 是一个字符串，用于描述一个 Android 应用程序的组件。一个 Intent Filter 中可以包含一个或多个 Action，当在 AndroidManifest.xml 中定义 Activity 时，在<intent-filter>节点中指定一个 Action 列表用于标识 Action 所能接收的动作。

在 Intent 类中提供了大量的标准 Action 常量，其中，用于启动 Activity 的标准 Action 常量及对应的字符串部分如表 5-1 所示。

表 5-1 启动 Activity 的标准 Action 常量及对应的字符串部分

Action 常量	字 符 串	描 述
ACTION_MAIN	android.intent.action.MAIN	应用程序入口
ACTION_VIEW	android.intent.action.VIEW	最常见的动作，视图要求以最合理的方式查看 Intent 的 URL 中所提供的数据
ACTION_EDIT	android.intent.action.EDIT	请求一个 Activity，要求该 Activity 可以编辑 Intent 的数据 URI 中的内容
ACTION_PICK	android.intent.action.PICK	启动一个子 Activity，可以从 Intent 的数据 URI 指定的 ContentProvider 中的一个项。当关闭的时候，返回所选择项的 URI

续表

Action 常量	字 符 串	描 述
ACTION_DIAL	android.intent.action.DIAL	打开一个拨号程序，要拨打的号码由 Intent 的数据 URI 预先提供
ACTION_CALL	android.intent.action.CALL	打开一个电话拨号程序，并立即使用 Intent 的数据 URI 所提供的号码拨打一个电话
ACTION_SEND	android.intent.action.SEND	启动一个 Activity，该 Activity 会发送 Intent 中指定的数据，接收方需要由解析的 Activity 来选择
ACTION_SENDTO	android.intent.action.SENDTO	启动一个 Activity 来向 Intent 的数据 URI 所指定的联系人发送一条消息
ACTION_ANSWER	android.intent.action.ANSWER	打开一个处理来电的 Activity，通常这个动作是由本地电话拨号程序处理的
ACTION_INSERT	android.intent.action.INSERT	打开一个能在 Intent 的数据 URI 指定的游标处插入新项的子 Activity
ACTION_DELETE	android.intent.action.DELETE	启动一个 Activity，允许删除 Intent 的数据 URI 中指定的内容
ACTION_ALL_APPS	android.intent.action. ACTION_ALL_APPS	打开一个列出所有已安装应用程序的 Activity，通常此操作由启动器处理
ACTION_SEARCH	android.intent.action. SEARCH	通常启动特定搜索的 Activity

Android 中预先定义了一些标准 Action，主要针对一些系统级的事件，这些 Action 都对应于 Intent 类中的常量，其值和意义总结如下：

- ACTION_BOOT_COMPLETED：系统启动完成广播，用于指定应用的初始化。
- ACTION_TIME_CHANGED：时间改变广播，用于改变系统时间。
- ACTION_DATE_CHANGED：日期改变广播，用于改变日期。
- ACTION_TIME_TICK：每分钟改变一次时间，不能通过 Manifest 注册接收，只能通过 context.registerReceiver()显式注册接收。
- ACTION_TIMEZONE_CHANGED：时区改变广播，用于改变时区。
- ACTION_BATTERY_LOW：电量低广播，显示 Low battery warning 系统对话框。
- ACTION_PACKAGE_ADDED：添加包广播，一个新的应用包已被安装，显示内容包含包的名称。
- ACTION_PACKAGE_REMOVED：删除包广播，提醒应用包已被卸载。

3. Category 类别

Category 属性用来描述动作的类别，在<intent-filter>元素中进行声明，Intent 类中提供了标准的 Category 常量及对应的字符串，如表 5-2 所示。

表 5-2　标准的 Category 常量及对应的字符串

Category 常量	字 符 串	描　述
CATEGORY_DEFAULT	android.intent.category.DEFAULT	默认的 Category
CATEGORY_BROWSABLE	android.intent.category.BROWSABLE	指定 Activity 能被浏览器安全调用
CATEGORY_TAB	android.intent.category.TAB	指定 Activity 作为 TabActivity 的 Tab 页
CATEGORY_LAUNCHER	android.intent.category.LAUNCHER	Activity 显示顶级程序列表中
CATEGORY_INFO	android.intent.category.INFO	用于提供包信息
CATEGORY_HOME	android.intent.category.HOME	设置该 Activity 随系统启动而运行
CATEGORY_PREFERENCE	android.intent.category.PREFERENCE	该 Activity 是参数面板
CATEGORY_TEST	android.intent.category.TEST	该 Activity 是一个测试
CATEGORY_CAR_DOCK	android.intent.category.CAR_DOCK	指定手机被插入汽车底座(硬件)时运行该 Activity
CATEGORY_DESK_DOCK	android.intent.category.DESK_DOCK	指定手机被插入桌面底座(硬件)时运行该 Activity
CATEGORY_CAR_MODE	android.intent.category.CAR_MODE	设置该 Activity 可在车载环境下使用

Category 属性为 Action 增加额外的附加类别信息。CATEGORY_LAUNCHER 意味着在加载程序的时候，Activity 出现在最上面，而 CATEGORY_HOME 表示页面跳转到 HOME 界面。

【实例 ReturnHome】通过 Action 和 Category 属性的联合使用，模拟实现“返回主页”的功能。

(1) 相应的布局文件代码如下所示：

```
<?xml version="1.0" encoding="utf-8"?>
<LinearLayout xmlns:android="http://schemas.android.com/apk/res/android"
    android:layout_width="match_parent"
    android:layout_height="match_parent"
    android:orientation="vertical">
    <Button
        android:id="@+id/rethome"
        android:layout_width="wrap_content"
        android:layout_height="wrap_content"
        android:layout_gravity="center_horizontal"
        android:text="返回首页" />
</LinearLayout>
```

(2) 主界面代码如下所示：

```
public class MainActivity extends AppCompatActivity {
```

```
    @Override
    protected void onCreate(Bundle savedInstanceState) {
        super.onCreate(savedInstanceState);
        setContentView(R.layout.activity_main);
        Button retHomeBtn = findViewById(R.id.rethome);
        retHomeBtn.setOnClickListener(new View.OnClickListener() {
            @Override
            public void onClick(View view) {
                //创建 Intent 对象
                Intent intent = new Intent();
                //为 Intent 对象设置 Action 和 Category 属性
                intent.setAction(Intent.ACTION_MAIN);
                intent.addCategory(Intent.CATEGORY_HOME);
                //启动 Activity
                startActivity(intent);
            }
        });
    }
}
```

上述代码中，将 Intent 的 Action 属性设为 Intent. ACTION_MAIN，将 Category 属性设为 Intent.CATEGORY_HOME，以满足该 Intent 对应的 Activity 为 Android 系统的 Home 桌面。运行该项目，效果如图 5.2 所示，单击“返回首页”按钮时，可以返回 Home 界面。

图 5.2　Action 和 Category 简单应用

4. Data 数据

Data 属性通常与 Action 属性结合使用，为 Intent 提供可操作的数据。Data 属性接收一个 URI 对象，其对应的字符串格式如下所示：

```
http://host:port/path
```

例如：

http://www.baidu.com

其中，http 为 scheme 部分；www.baidu.com 为 host 部分；由于端口是 80 端口，所以 post 部分被省略。

【实例】演示 Data 属性和 Action 属性的结合使用，调用浏览器打开一个指定网页。

(1) 相应的布局文件代码如下所示：

```
<?xml version="1.0" encoding="utf-8"?>
<LinearLayout xmlns:android="http://schemas.android.com/apk/res/android"
    android:layout_width="match_parent"
    android:layout_height="match_parent"
    android:orientation="vertical">
    <Button
        android:id="@+id/uribtn"
        android:layout_width="wrap_content"
        android:layout_height="wrap_content"
        android:layout_gravity="center_horizontal"
        android:text="打开百度" />
</LinearLayout>
```

(2) 主界面代码如下所示：

```
public class MainActivity extends AppCompatActivity {
    @Override
    protected void onCreate(Bundle savedInstanceState) {
        super.onCreate(savedInstanceState);
        setContentView(R.layout.activity_main);
        Button retHomeBtn = findViewById(R.id.uribtn);
        retHomeBtn.setOnClickListener(new View.OnClickListener() {
            @Override
            public void onClick(View view) {
                //设置 Action 和 Data 属性
                Intent intent = new Intent();
                intent.setAction(Intent.ACTION_VIEW);
                Uri data = Uri.parse("http://www.baidu.com");
                //利用 Data 属性
                intent.setData(data);
                startActivity(intent);
            }
        });
    }
}
```

上述代码中，将 Intent 的 Action 属性设为 Intent. ACTION_VIEW，将 Data 属性值设为 I http://www.baidu.com。运行该项目，效果如图 5.3 所示，单击“打开百度”按钮时，可以通过调用系统的浏览器来打开百度网页。

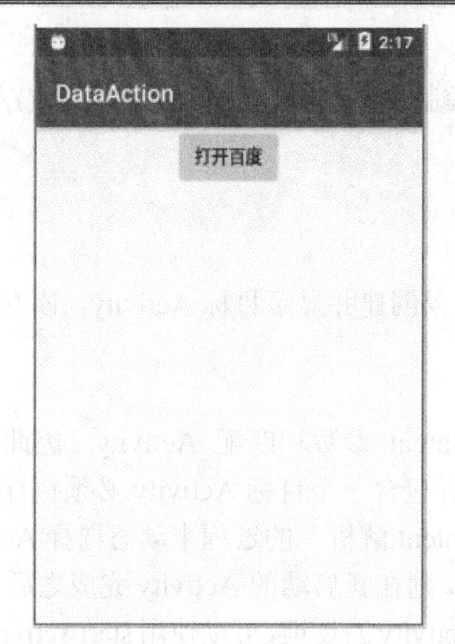

图 5.3　Action 和 Data 简单应用

5. Type 数据类型

Type 属性用于指定 Data 属性 URI 所对应的 MIME 类型，该类型可以是自定义的 MIME 类型，也可以是系统自带的 MIME 类型，只要符合特定格式的字符串即可，例如：text/html。

Data 属性与 Type 属性的关系比较微妙，两个属性之间能够相互覆盖，例如：

(1) 如果为 Intent 先设置 Data 属性，再设置 Type 属性，那么 Type 属性将会覆盖 Data 属性。

(2) 如果为 Intent 先设置 Type 属性，再设置 Data 属性，那么 Data 属性将会覆盖 Type 属性。

(3) 如果希望 Intent 既有 Data 属性又有 Type 属性，应该调用 Intent 的 setDataAndType()方法。

6. Extras 扩展信息

Extras 属性是一个 Bundle 对象，通常用于在多个 Activity 之间交换数据。其中 Bundle 与 Map 非常类似，可以存入多组键值对，在 Intent 中通过 Bundle 类型的 Extras 属性来封装数据，从而实现组件之间的数据传递。Extras 属性的使用过程如以下代码所示：

```
Intent intent=new Intent(MainActivity.this, SecondActivity.class);
Bundle bundle=new Bundle();
bundle.putString("name","重庆机电");
intent.putExtras(bundle);
startActivity(intent);
```

上述代码中，在 MainActivity 中通过 Intent 的 Extras 属性来存储数据，然后将其传递到另一个 SceondActivity。接下来在 SceondActivity 中通过 getExtras()方法获得 Bundle 对象并进行取值，代码如下所示：

```
Bundle bundle = this.getIntent().getExtras();
String name = bundle.getString("name");
```

由上述代码可知，要想获取传递的值，利用 Intent 对象的 Extras 属性即可。

7. Flags 标志位

Flags 属性用于为 Intent 添加一些额外的控制标志，通过 Intent 的 addFlags()方法为 Intent 添加控制标志。

5.1.3　Intent 启动 Activity

通过调用 Context 的 startActivity()方法可以创建并显示目标 Activity，该方法需要传入一个 Intent 类型的参数，代码如下所示：

```
startActivity ( intent);
```

startActivity()方法会查找并启动一个与 Intent 参数相匹配 Activity。因此，可以通过 Intent 来显式地指定所要启动的 Activity，或者包含一个目标 Activity 必须执行的动作。在后一种情况下，运行时将会使用一个称为“Intent 解析”的过程来动态选择 Activity。

如果使用 startActivity()方法启动 Activity，则在新启动的 Activity 完成之后，原 Activity 不会接收到任何信息。如果希望跟踪来自子 Activity 的反馈，可以使用 startActivityForResult()方法来启动 Activity。下面通过四种情况来解读上述两个方法的应用。

1. 显式 Intent 启动 Activity

当一个应用程序由多个相互关联的 Activity 组成时，Activity 需要经常切换，可以通过 Intent 来显式地指定要打开的 Activity，即使用 Intent 对象来指定要打开的 Activity 的类名，然后调用 startActivity()方法启动 Activity。

例如：

```
Intent intent=new Intent(MainActivity.this, SecondActivity.class);
startActivity(intent);
```

在调用 startActivity()方法之后，新的 Activity(即 SecondActivity)将会被创建、启动和运行，且移动到 Activity 栈的顶部。当调用 SecondActivity 的 finish()方法结束或按下设备的返回按钮时，系统将关闭该 Activity 并从栈中移除。每次调用 startActivity()方法都会创建一个新的 Activity 并添加到栈中，而按下后退按钮或调用 finish()方法时则依次删除栈顶的 Activity。

【实例 ExplicitActivity】通过两个 Activity 界面之间的切换，演示 Intent 显式启动 Activity 的使用。

程序开始运行效果如图 5.4(A)所示。当单击“跳转到第二个 ACTIVITY”按钮时，会跳转到第二个 Activity 的运行界面，如图 5.4(B)所示。

程序的设计非常简单，在此就不赘述。我们只需要在第一个 Activity 的 MainActivity.java 文件中添加如下代码即可完成该功能。

```
public class MainActivity extends AppCompatActivity {
 @Override
 protected void onCreate(Bundle savedInstanceState) {
     super.onCreate(savedInstanceState);
     setContentView(R.layout.activity_main);
     Button btn=findViewById(R.id.button);
     btn.setOnClickListener(new View.OnClickListener() {
```

```
            @Override
            public void onClick(View view) {
                    Intent intent=new Intent(MainActivity.this, SecondActivity.class);
                    startActivity(intent);
              /*或者使用 setClass()方法
                    Intent intent=new Intent();
                    intent.setClass(MainActivity.this, SecondActivity.class);
                    startActivity(intent);
              */
              }
          });
      }
}
```

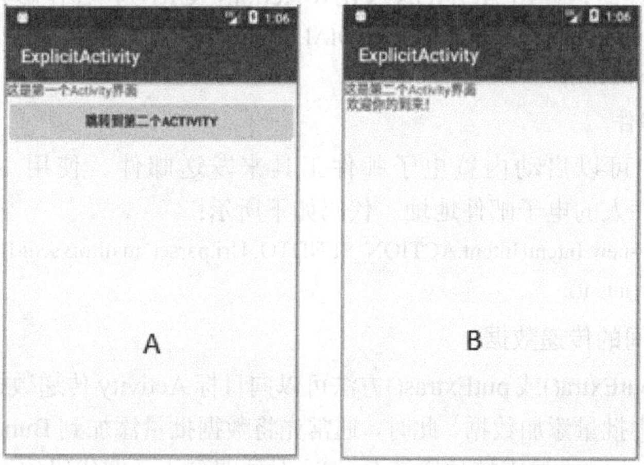

图 5.4　显式 Intent 启动 Activity

2. 隐式 Intent 启动 Activity

隐式 Intent 提供了一种机制，可以使匿名的应用程序组件响应动作请求。当系统启动一个可执行给定动作的 Activity 时，不需要指明所要启动的某个应用程序中具体的 Activity。例如，当用户在应用程序中拨打电话时，可以使用一个隐式的 Intent 来请求执行，代码如下所示：

```
Intent intent=new Intent(Intent.ACTION_DIAL, Uri.parse("tel:10000"));
startActivity(intent);
```

上述代码中，Android 会解析这个 Intent，并启动一个与之匹配的新 Activity，该 Activity 提供了电话拨号的动作(如果是手机设备，通常会带有电话应用程序)。

在构建一个隐式的 Intent 时，需要指定一个要执行的动作，除此以外，还需要提供执行该动作所需数据 URI。通过向 Intent 添加 Extra 的方式来向目标 Activity 发送额外的数据。

当使用 Intent 启动 Activity 时，Android 将其解析为在最适合的数据类型上执行所需动作的类，而不必提前指定由哪个应用程序提供此功能。当多个 Activity 都能够执行指定的动作时，会向用户呈现各种选项供用户手动选择。

常见的使用 Intent 来启动内置应用程序有以下四种方式：

1) 启动浏览器

在 Activity 启动内置浏览器时，需要创建一个使用 ACTION_VIEW Action，URI 为 URL 网址的 Intent 对象。代码如下所示：

```
Intent intent=new Intent(Intent.ACTION_VIEW, Uri.parse("http://www.baidu.com"));
startActivity(intent);
```

2) 启动地图

启动内置 Google 地图时，也是使用 ACTION_VIEW Action，URI 为 GPS 坐标值。代码如下所示：

```
Intent intent=new Intent(Intent.ACTION_VIEW, Uri.parse("geo:25.0456879,121.23456"));
startActivity(intent);
```

3) 打电话

启动拨号器程序时，使用 ACTION_VIEW Action，URI 为电话号码。代码如下所示：

```
Intent intent=new Intent(Intent.ACTION_DIAL, Uri.parse("tel:10000"));
startActivity(intent);
```

4) 发送电子邮件

在 Activity 中可以启动内置电子邮件工具来发送邮件，使用 ACTION_SENDTO Action，URI 为收件人的电子邮件地址。代码如下所示：

```
Intent intent=new Intent(Intent.ACTION_SENDTO, Uri.parse("mailto:xsc@163.com"));
startActivity(intent);
```

3. Activity 之间的传递数据

通过 Intent 的 putExtra()或 putExtras()方法可以向目标 Activity 传递数据。其中，putExtras()方法用于向 Intent 中批量添加数据。此时，通常先将数据批量添加到 Bundle 对象中，然后再调用 Intent 的 putExtras()方法直接传递该 Bundle 对象即可。示例代码如下所示：

```
Intent intent=new Intent(MainActivity.this, SecondActivity.class);
Bundle bundle=new Bundle();
bundle.putString("name","重庆机电职业技术学院");
bundle.putString("address","重庆市璧山区璧青路");
intent.putExtras(bundle);
startActivity(intent);
```

使用 putExtra()方法也可以向 Intent 中添加数据，但该方法需要将数据一个一个地添加到 Intent 中。示例代码如下所示：

```
Intent intent=new Intent(MainActivity.this, SecondActivity.class);
intent.putExtra("name", "重庆机电职业技术学院");
intent.putExtra("address", "重庆市璧山区璧青路");
startActivity(intent);
```

【实例 PassData】演示如何使用 Intent 在两个 Activity 中直接传递数据。程序设计步骤如下所示。

(1) activity_main.xml 布局文件的代码如下：

```
<?xml version="1.0" encoding="utf-8"?>
<LinearLayout xmlns:android="http://schemas.android.com/apk/res/android"
```

```
    android:layout_width="match_parent"
    android:layout_height="match_parent"
    android:orientation="vertical">
    <TextView
        android:layout_width="match_parent"
        android:layout_height="wrap_content"
        android:gravity="center_horizontal"
        android:text="Activity 之间的数据传递"
        android:textSize="24dp"
        />
    <EditText
        android:id="@+id/schoolname"
        android:layout_width="match_parent"
        android:layout_height="wrap_content"
        android:hint="请输入学校名称" />
    <EditText
        android:id="@+id/schooladress"
        android:layout_width="match_parent"
        android:layout_height="wrap_content"
        android:hint="请输入学校地址" />
    <Button
        android:id="@+id/button"
        android:layout_width="match_parent"
        android:layout_height="wrap_content"
        android:text="跳转"
        />
</LinearLayout>
```

(2) MainActivity.java 文件的代码如下：

```
public class MainActivity extends AppCompatActivity {
    @Override
    protected void onCreate(Bundle savedInstanceState) {
        super.onCreate(savedInstanceState);
        setContentView(R.layout.activity_main);
        Button button = findViewById(R.id.button);
        final EditText nameText = findViewById(R.id.schoolname);
        final EditText adressText = findViewById(R.id.schooladress);
        button.setOnClickListener(new View.OnClickListener() {
            @Override
            public void onClick(View view) {
                String name = nameText.getText().toString();
                String adress = adressText.getText().toString();
                Intent intent = new Intent(MainActivity.this, SecondActivity.class);
                Bundle bundle = new Bundle();
```

```
                bundle.putString("name", name);
                bundle.putString("adress", adress);
                intent.putExtras(bundle);
                startActivity(intent);
            }
        });
    }
}
```

上述代码中，将用户输入的学校名称和学校地址字符串添加到 Bundle 对象中，然后再使用 Intent 的 putExtras()方法直接将此 Bundle 对象传递到 SecondActivity 中。

(3) activity_second.xml 布局文件的代码如下：

```
<?xml version="1.0" encoding="utf-8"?>
<LinearLayout xmlns:android="http://schemas.android.com/apk/res/android"
    android:layout_width="match_parent"
    android:layout_height="match_parent"
    android:orientation="vertical">
    <TextView
        android:layout_width="match_parent"
        android:layout_height="wrap_content"
        android:gravity="center_horizontal"
        android:text="显示上一个 Activity 传递过来的数据" />
    <TextView
        android:id="@+id/showmessage"
        android:layout_width="match_parent"
        android:layout_height="wrap_content" />
</LinearLayout>
```

(4) SecondActivity.java 文件的代码如下：

```
public class SecondActivity extends AppCompatActivity {
    @Override
    protected void onCreate(Bundle savedInstanceState) {
        super.onCreate(savedInstanceState);
        setContentView(R.layout.activity_second);
        TextView showMessage = findViewById(R.id.showmessage);
        Intent intent = getIntent();
        String name = intent.getStringExtra("name");
        String adress = intent.getStringExtra("adress");
        showMessage.setText("学校名称：" + name + "\n 学校地址：" + adress);
    }
}
```

上述代码中，通过 getIntent()方法获取 MainActivity 发送来的数据，然后再调用 getStringExtra()方法获取 String 类型的信息，最后显示在 Second Activity 界面中。

运行上述代码，运行结果如图 5.5 所示。

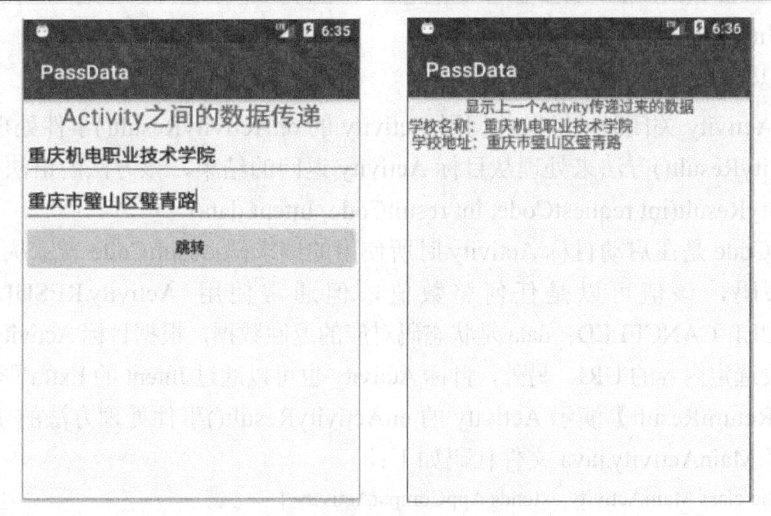

图 5.5　Activity 之间的数据传递

4. 从 Activity 返回数据

通过 startActivity()方法新启动的 Activity 与原 Activity 是相互独立的，在关闭时不会返回任何信息。当需要返回数据时，可以使用 startActivityForResult()方法启动一个 Activity，新启动的 Activity 在关闭时可以向原 Activity 返回数据。与其他 Activity 一样，新启动的 Activity 也必须在 AndroidManifest.xml 文件中注册，被注册的任何 Activity 都可以用作目标 Activity，包括系统 Activity 或第三方应用程序 Activity。

当目标 Activity 结束时，会触发 Activity 的 onActivityResult()事件处理方法来返回结果。startActivityForResult()方法特别适合于从一个 Activity 向另一个 Activity 提供数据输入的情况，如登录注册等功能。

1) 启动一个目标 Activity

startActivityForResult()方法需要传入 Intent 参数，用于显式或隐式决定启动哪个 Activity，除此之外，还需要传入一个请求码，用于唯一标识返回结果的目标 Activity。

例如下面代码用于显式启动一个目标 Activity，并设置相应的唯一标识。

```
Intent intent=new Intent(MainActivity.this, SecondActivity.class);
startActivityForResult (intent, 1);
```

2) 从目标 Activity 中返回数据

在目标 Activity 中调用 finish()方法之前，通过 setResult()方法向原 Activity 返回一个结果。

setResult()方法是一个重载方法，其形式如下：

- setResult(int resultCode)：设置传递到上一个界面的返回方式。
- setResult(int resultCode, Intent data)：设置传递到上一个界面的返回方式和数据。

其中，参数 resultCode 用于设置目标 Activity 以某种方式返回，通常为 Activity.RESULT_OK 或者 Activity.RESULT_CANCELED。在某些环境下，当 OK 和 CANCELED 不足以精确描述返回结果时，用户可以使用自己的响应码(response code)来处理应用程序的特定选择。setResult()方法的 resultCode 参数支持使用其他任意的整数值，而参数 data 是目标 Activity

所有返回的 Intent 数据载体。

3) 处理从目标 Activity 返回的数据

当目标 Activity 关闭时，触发并调用 Activity 的 onActivityResult()事件处理方法。通过重写 onActivityResult()方法来处理从目标 Activity 返回的结果，该方法的语法格式如下：

onActivityResult(int requestCode, int resultCode, Intent data)

其中，requestCode 是在启动目标 Activity 时所使用的请求码；resultCode 表示从目标 Activity 返回的状态码，该值可以是任何整数值，但通常使用 Activity.RESULT_OK 或者 Activity.RESULT_CANCELED；data 是状态码对应的返回数据，根据目标 Activity 的不同，可能会包含代表选定内容的 URI。另外，目标 Activity 也可以通过 Intent 的 Extra 形式返回数据。

【实例 ReturnResult】演示 Activity 的 onActivityResult()事件处理方法的使用。

(1) 编写 MainActivity.java 文件代码如下：

```
public class MainActivity extends AppCompatActivity {
    @Override
    protected void onCreate(Bundle savedInstanceState) {
        super.onCreate(savedInstanceState);
        setContentView(R.layout.activity_main);
        final EditText message = findViewById(R.id.mainInputText);
        Button button = findViewById(R.id.mainbutton);
        button.setOnClickListener(new View.OnClickListener() {
            @Override
            public void onClick(View view) {
                Intent intent = new Intent(MainActivity.this, SecondActivity.class);
                String str = message.getText().toString();
                intent.putExtra("message", str);
                startActivityForResult(intent, 1);
            }
        });
    }
    @Override
    protected void onActivityResult(int requestCode, int resultCode, Intent data) {
        super.onActivityResult(requestCode, resultCode, data);
        switch (requestCode) {
            case 1:
                Bundle bundle = data.getExtras();
                String str = bundle.getString("message");
                TextView showText = findViewById(R.id.mainshowmessage);
                showText.setText(str);
                break;
        }
    }
}
```

(2) 编写 SecondActivity.java 文件代码如下：

```java
public class SecondActivity extends AppCompatActivity {
    @Override
    protected void onCreate(Bundle savedInstanceState) {
        super.onCreate(savedInstanceState);
        setContentView(R.layout.activity_second);
        final EditText messageText = findViewById(R.id.secondInputText);
        Button button = findViewById(R.id.secondbutton);
        final TextView showMessage = findViewById(R.id.secondshowmessage);
        Intent intent = getIntent();
        String message = intent.getStringExtra("message");
        showMessage.setText(message);
        button.setOnClickListener(new View.OnClickListener() {
            @Override
            public void onClick(View view) {
                Intent intent = new Intent(SecondActivity.this, MainActivity.class);
                String str = messageText.getText().toString();
                intent.putExtra("message", str);
                setResult(Activity.RESULT_OK, intent);
                finish();
            }
        });
    }
}
```

运行上述代码，结果如图 5.6 所示。

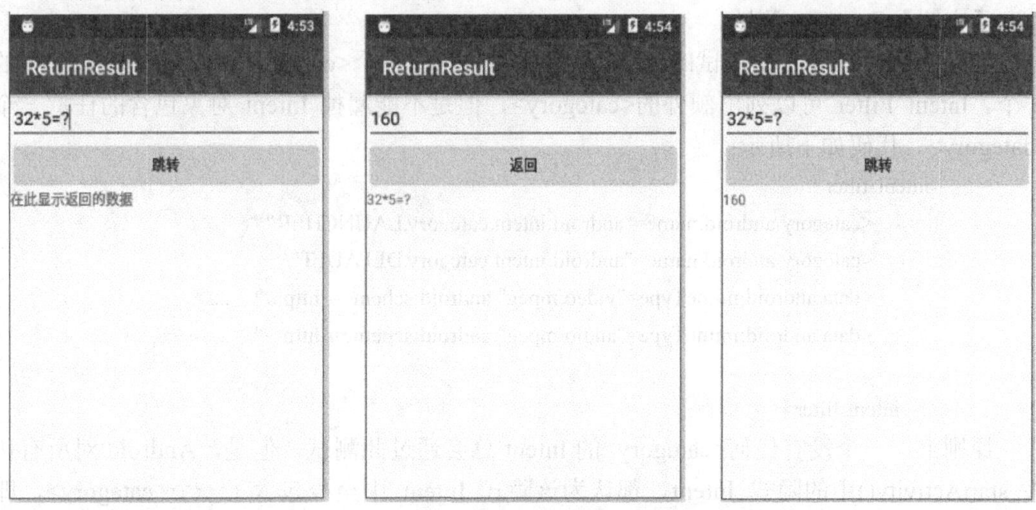

图 5.6　onActivityResult()方法基本应用

5.1.4　Intent Filter 过滤器

Intent Filter 表示意图的过滤器，用于描述指定的组件可以处理哪些意图。对于 Activity、Service 和 BroadcastReceiver，只有设置了 Intent Filter，才能被隐式 Intent 调用。当应用程序安装时，Android 系统会解析每个组件的 Intent Filter，从而确定这些组件可以处理哪些 Intent。当有 Intent 发生时，Android 根据 Intent Filter 的配置信息，从中找到可以处理该 Intent 的组件。

在 Intent Filter 中可以包含 Intent 对象的 ACTION、DATA 和 CATEGORY 这三个属性。隐式 Intent 必须通过这三个属性测试才能传递到所匹配的组件中。当需要组件支持隐式 Intent 时，必须在 AndroidManifest.xml 中配置<intent-filter>元素。

下面通过简单实例介绍<intent-filter>的使用方法。

【实例】Action 测试。

测试代码如下所示：

```
<intent-filter>
    <action android:name="android.intent.action.MAIN" />
    <action android:name="android.intent.action.CALL"/>
    <action android:name="android.intent.action.ANSWER"/>
    ...
</intent-filter>
```

如上述代码所示，一个 Intent 对象只能命名一个<action>，而一个 Intent 过滤器则可以包含多个<action>。一个 Intent 至少要匹配对应 Intent 过滤器中的一个<action>，当 Intent 对象或者过滤器没有指定<action>时，测试情况如下：

(1) 如果一个 Intent 过滤器没有指定任何<action>，则不会匹配任何 Intent，即所有的 Intent 都不会通过此测试。

(2) 如果一个 Intent 对象没有指定任何<action>，而相应的过滤器中至少有一个<action>时，将自动通过此测试。

【实例】Category 测试。

当需要通过 Category 测试时，Intent 对象中包含的每个<category>必须匹配 Filter 中的一个。Intent Filter 可以列出额外的<category>，但是不能漏掉 Intent 对象包含的任意一个<category>。代码如下所示：

```
<intent-filter>
    <category android:name="android.intent.category.LAUNCHER" />
    <category android:name="android.intent.category.DEFAULT"/>
    <data android:mimeType="video/mpeg" android:scheme="http://"  .../>
    <data android:mimeType="audio/mpeg" android:scheme="http://"  ... />
    ...
</intent-filter>
```

原则上，一个没有任何<category>的 Intent 总会通过此测试。但是，Android 对所有传入 startActivity()中的隐式 Intent，都认为该隐式 Intent 中至少包含了一个<category>，即 android.intent.category.DEFAULT。因此，当 Activity 接收隐式 Intent 时，必须包含 android.intent.category.DEFAULT。

【实例】Data 测试。

与<action>和<category>相似，<data>也是 Intent Filter 中的子节点。在 Intent Filter 中，可以包含多个<data>节点，也可以没有<data>节点。代码如下所示：

```
<intent-filter>
    <data android:mimeType="video/mpeg" android:scheme="http://"   .../>
    <data android:mimeType="audio/mpeg" android:scheme="http://"   ... />
    ...
</intent-filter>
```

每个<data>元素可以指定 URI 和 data type(MIME media type)属性。URI 属性由 scheme、host、port 和 path 组成。

<data>节点的属性均为可选。当使用 authority 时，必须指定 scheme。当使用 path 时必须指定 scheme、authority、host 和 port。当 Intent 对象中的 URI 和 Intent Filter 比较时，可以进行局部比较。<data>节点的 type 属性，用于指定 data 的 MIME 类型，允许使用“*”通配符作为子类型，例如“text/*”或“audio/*”等形式。

5.2　BroadcastReceiver

BroadcastReceiver 是广播接收器，用于接收系统和应用中的广播。在应用程序之间，广播是一种广泛运用的传输信息的机制。BroadcastReceiver 是一种对广播进行过滤接收并响应的组件，该组件本质上就是一个全局监听器，用于监听系统全局的广播消息。

BroadcastReceiver 自身并不提供用户图形界面，但是当收到某个通知时，BroadcastReceiver 可以通过启动 Activity 进行响应，或者通过 NotificationMananger 来提醒用户，也可以启动 Service 等。使用 BroadcastReceiver 可以非常方便地实现系统中不同组件之间的通信。

5.2.1　广播接收机制

在 Android 系统中有各种各样的广播，如电池的使用状态、电话的接收和短信的接收等都会产生一个广播，开发者也可以对广播进行监听并做出相应的逻辑处理。

在应用程序中，如果有一个 Intent 需要多个 Activity 进行处理，可以采用 BroadcastReceiver 将 Intent 广播到多个 Activity 中。由于 BroadcastReceiver 组件本质上就是一个全局监听器，其广播接收机制变相采用了事件处理机制，如图 5.7 所示。

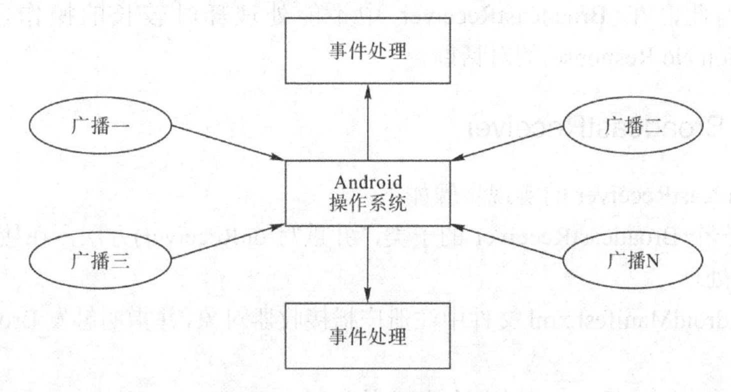

图 5.7　BroadcastReceiver 机制

与事件处理机制类似，实现广播和接收 Intent 的步骤如下：

(1) 定义 BroadcastReceiver 广播接收器。创建一个 BroadcastReceiver 的子类，并重写 onReceive()方法，该方法是广播接收处理方法，在接收到广播后进行相应的逻辑处理。

(2) 注册 BroadcastReceiver 广播接收器。用于接收消息并对该消息进行响应。

(3) 发送广播。该过程将消息内容和用于过滤的信息封装起来，并进行广播。

(4) 执行。满足过滤条件的广播接收器接收广播信息，并执行 onReceive()方法。

(5) 销毁。广播接收器不使用时将被销毁。

BroadcastReceiver 处理流程如图 5.8 所示。

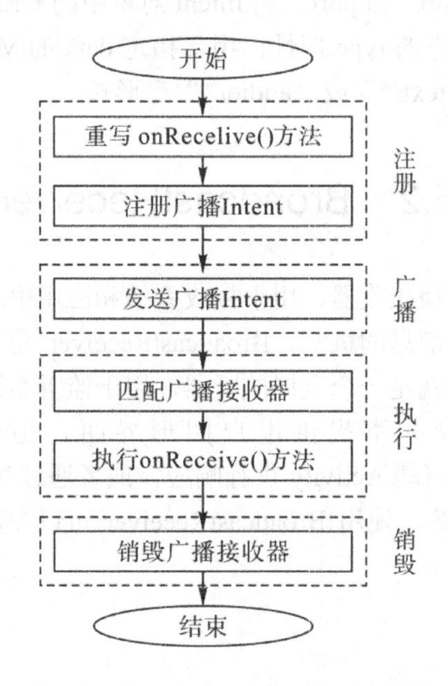

图 5.8　BroadcastReceiver 处理流程图

BroadcastReceiver 广播接收器的生命周期相对比较短暂，只有 10 秒左右。如果在 onReceive()方法中处理超过 10 秒的事件，就会报错。每当接收到广播时，会重新创建一个 BroadcastReceiver 对象并调用 onReceive()方法，方法执行完后所创建的 BroadcastReceiver 对象就会被销毁。如果 onReceive()方法在 10 秒内没有执行完毕，Android 系统则认为该程序无响应。因此，在 BroadcastReceiver 中不能处理耗时较长的操作，否则会弹出 ANR(Application No Response)的对话框。

5.2.2　使用 BroadcastReceiver

使用 BroadcastReceiver 的实现步骤如下：

(1) 定义一个 BroadcastReceiver 的子类，并重写 onReceive()方法，在接收到广播后进行相应的逻辑处理。

(2) 在 AndroidManifest.xml 文件中注册广播接收器对象，并指明触发 BroadcastReceiver 事件的条件。

(3) 在 AndroidManifest.xml 中添加相应的权限。

【实例 BroadcastReceiverDemo】通过消息广播的发送和接收，演示 BroadcastReceiver 的使用。

(1) 定义一个 Activity，作为发送广播机制的信息源，代码如下所示：

```
public class MainActivity extends AppCompatActivity {
    @Override
    protected void onCreate(Bundle savedInstanceState) {
        super.onCreate(savedInstanceState);
        setContentView(R.layout.activity_main);
        final EditText message = findViewById(R.id.message);
        Button button = findViewById(R.id.button);
        button.setOnClickListener(new View.OnClickListener() {
            @Override
            public void onClick(View view) {
                //创建 Intent 时，将 com.example.xsc.broadcastreceiverdemo 作为识别
                //广播消息的字符串标识
                Intent intent = new Intent("com.example.xsc.broadcastreceiverdemo");
                  //添加额外信息
                intent.putExtra("message", message.getText().toString());
                // 调用 sendBroadcast()方法发送广播消息
                sendBroadcast(intent);
            }
        });
    }
}
```

(2) 定义一个 BroadcastReceiver 的子类，并重写 onReceive()方法，在接收到广播后进行相应的逻辑处理。代码如下所示：

```
public class MyReceiver extends BroadcastReceiver {
    //重载 onReveive()函数，当接收到 AndroidManifest.xml 文件定义的广播消息后，
    // 程序将自动调用 onReveive()函数
    @Override
    public void onReceive(Context context, Intent intent) {
        //通过调用 getStringExtra()函数，
        //从 Intent 中获取标识为 message 的字符串数据
        String msg = intent.getStringExtra("message");
         //提示信息
        Toast.makeText(context, msg, Toast.LENGTH_SHORT).show();
    }
}
```

(3) 在 AndroidManifest.xml 文件中注册广播接收器对象，并指明触发 BroadcastReceiver 事件的条件。代码如下所示：

```
<receiver
        android:name=".MyReceiver"
        android:enabled="true"
        android:exported="true">
        <intent-filter>
            <action android:name="com.example.xsc.broadcastreceiverdemo" />
        </intent-filter>
</receiver>
```

上述代码中，声明 Intent 过滤器的动作为“com.example.xsc.broadcastreceiver demo”，必须与 BroadcastReceiverDemo.java 文件中 Intent 的动作相一致。这样 BroadcastReceiver 才可以接收动作为“com.example.xsc.broadcastreceiverdemo”的广播消息。

运行上述代码，程序运行结果如图 5.9 所示。

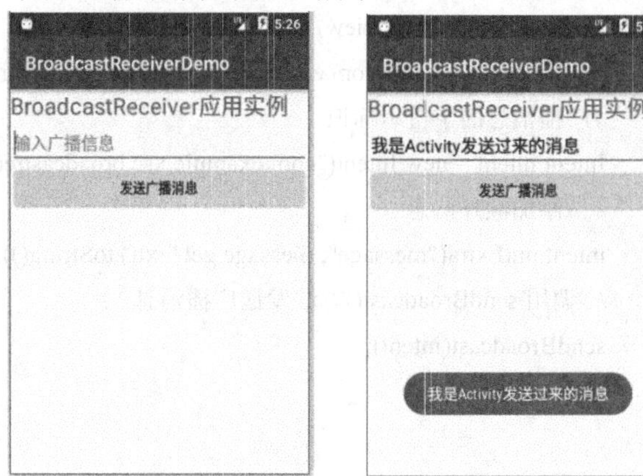

图 5.9　BroadcastReceiver 基本应用

5.3　Handler 消息传递机制

出于性能优化的考虑，Android UI 操作并不是线程安全的。如果有多个线程并发操作 UI 组件，可能会导致线程安全性问题。如果在一个 Activity 中有多个线程去更新 UI，并且没有使用锁机制，可能会导致界面混乱；如果使用锁机制，虽然可以避免该问题但会导致性能下降。因此，Android 中规定只允许 UI 线程修改 Activity 的 UI 组件。当程序第一次启动时，Android 会同时启动一个主线程，用于负责处理与 UI 相关的事件，并把事件分发到对应的组件进行处理后再绘制界面。当在新启动的线程中更新 UI 组件时，需要借助 Handler 的消息传递机制来实现。

5.3.1　Handler 简介

Handler 类位于 android.os 包下，主要的功能是完成 Activity 的 Widget 与应用程序中线程之间的交互。使用 Handler 可以在一个线程中发出消息，在另一个线程中接收消息并进行处理。Handler 类中包含发送、接收和处理消息的方法如表 5-3 所示。

表 5-3 Handler 类常用方法

方 法	功能描述
public void handleMessage (Message msg)	通过重写该方法来处理消息
public final boolean sendEmptyMessage (int what)	发送一个只含有 what 值的消息
public final boolean sendMessage (Message msg)	发送消息到 Handler，通过 handleMessage 方法接收
public final boolean hasMessages (int what)	监测消息队列中是否还有 what 值所指定的消息
public final boolean post (Runnable r)	将一个线程添加到消息队列
public final boolean postDelayed (Runnable r, long delayMillis)	每隔一定时间将一个线程添加到消息队列
public final void removeCallbacks (Runnable r)	将一个线程从消息队列中移除
public final Message obtainMessage ()	得到一个 Message 类型的消息对象

开发带有 Handler 类的程序步骤如下：

(1) 在 Activity 或 Activity 的 Widget 中开发 Handler 类的对象，并重写 handleMessage 方法。

(2) 在新启动的线程中调用 sendEmptyMessage 或者 sendMessage 方法向 Handler 发送消息。

(3) Handler 类的对象用 handleMessage 方法接收消息，然后根据消息的不同执行不同的操作。

【实例 HandlerDemo】通过一个 Handler 控制进度条的变化，来具体学习 Handler 类的使用方法。该案例的具体开发步骤如下：

(1) 编写 activity_main.xml 布局文件，代码如下所示：

```
<?xml version="1.0" encoding="utf-8"?>
<LinearLayout
xmlns:android="http://schemas.android.com/apk/res/android"
    android:layout_width="match_parent"
    android:layout_height="match_parent"
    android:orientation="vertical" >
    <ProgressBar
        android:id="@+id/bar"
        style="?android:attr/progressBarStyleHorizontal"
        android:layout_width="match_parent"
        android:layout_height="wrap_content"
        android:visibility="gone" />
    <Button
        android:id="@+id/startButton"
        android:layout_width="fill_parent"
        android:layout_height="wrap_content"
        android:text="开始" />
    <Button
```

```
        android:id="@+id/removeButton"
        android:layout_width="fill_parent"
        android:layout_height="wrap_content"
        android:text="重置" />
</LinearLayout>
```

(2) 编写 MainActivity.java 文件，代码如下所示：

```
public class MainActivity extends AppCompatActivity {
    //声明控件变量
    ProgressBar bar = null;
    Button startButton = null;
    Button removeButton = null;
    int i = 0;
    @Override
    public void onCreate(Bundle savedInstanceState) {
        super.onCreate(savedInstanceState);
        setContentView(R.layout.activity_main);
        //根据控件的 ID 得到代表控件的对象，并为按钮设置监听器
        bar = findViewById(R.id.bar);
        startButton = findViewById(R.id.startButton);
        startButton.setOnClickListener(new startButtonListener());
        removeButton = findViewById(R.id.removeButton);
        removeButton.setOnClickListener(new removeButtonListener());
    }
    //当点击 startButton 按钮时，就会执行 ButtonListener 的 onClick 方法
    class startButtonListener implements View.OnClickListener {
        @Override
        public void onClick(View v) {
            bar.setVisibility(View.VISIBLE);
            updateBarHandler.post(updateThread);
        }
    }
    class removeButtonListener implements View.OnClickListener {
        @Override
        public void onClick(View v) {
            bar.setVisibility(View.GONE);
            i = 0;
            updateBarHandler.removeCallbacks(updateThread);
        }
    }
    //使用匿名内部类来复写 Handler 当中的 handleMessage 方法
    Handler updateBarHandler = new Handler() {
        @Override
        public void handleMessage(Message msg) {
```

```
                bar.setProgress(msg.arg1);
                System.out.println("msg.arg1---=" + msg.arg1);
                //updateBarHandler.post(updateThread);
                updateBarHandler.postDelayed(updateThread, 1000);
            }
        };
        //线程类，该类使用匿名内部类的方式进行声明
        Runnable updateThread = new Runnable() {
            @Override
            public void run() {
                if (i >= 100) {
                    //当 i 的值为 100 时，就将线程对象从 handler 当中移除
                    updateBarHandler.removeCallbacks(updateThread);
                } else {
                    i = i + 5;
                    //得到一个消息对象，Message 类是由 Android 操作系统提供的
                    Message msg = updateBarHandler.obtainMessage();
                    //将 msg 对象的 arg1 参数的值设置为 i，
                    //用 arg1 成员变量传递消息，优点是系统性能消耗较少
                    msg.arg1 = i;
                    //将 msg 对象加入到消息队列当中
                    updateBarHandler.sendMessage(msg);
                }
            }
        };
    }
```

运行上述代码，运行结果如图 5.10 所示。

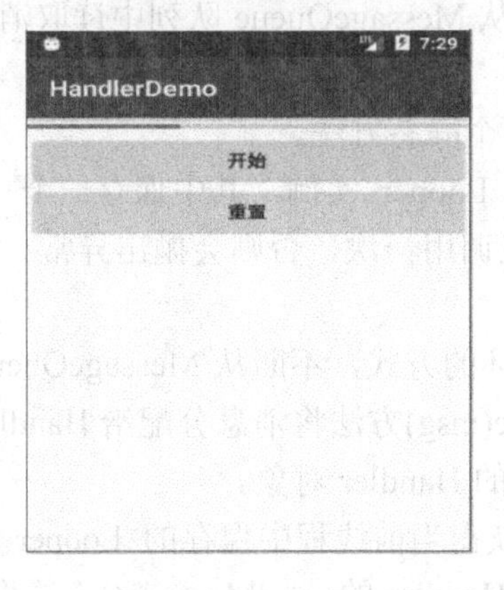


```
I/System.out: msg.arg1---=5
I/System.out: msg.arg1---=10
I/System.out: msg.arg1---=15
I/System.out: msg.arg1---=20
I/System.out: msg.arg1---=25
```

图 5.10　Handler 基本应用

5.3.2　Handler 的工作机制

在开发过程中，应尽量避免在主线程中执行耗时操作，否则会导致应用程序长时间无

响应。这时可以将主线程中的数据传递给子线程，通过子线程协助完成一些比较耗时的计算机任务。在这种情况下，主线程需要向子线程发送消息，然后在子线程中进行消息处理。因此，Handler 需要定义在子线程中，接收消息并完成相应的消息处理。

下面先介绍一下配合 Handler 工作的其他组件：

(1) android.os.Message——用于封装线程之间传递的消息。

(2) android.os.MessageQueue——消息队列，用于负责接收并处理 Handler 发送过来的消息。

(3) android.os.Looper——每个线程对应一个 Looper，负责消息队列的管理，将消息从队列中取出交给 Handler 进行处理。

Handler 整个工作流程如图 5.11 所示。

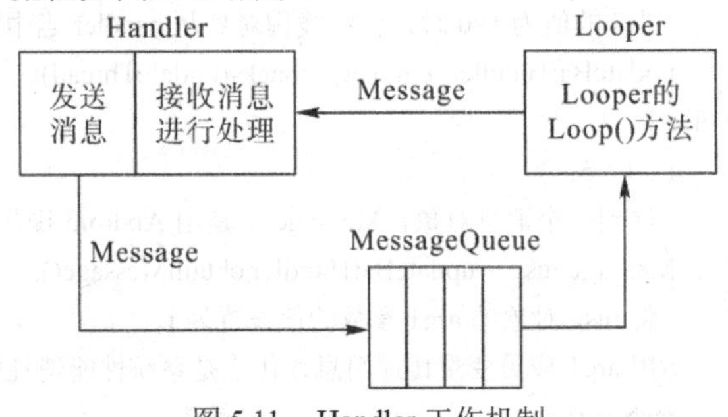

图 5.11　Handler 工作机制

在创建 Handler 之前需要先创建 Looper，创建 Looper 的同时会自动创建一个消息队列 MessageQueue。Handler、Looper 和 Message 三者共同实现了 Android 系统的多线程之间的异步消息处理。

所谓异步消息处理是指线程启动后，会进入一个无限的循环之中，每循环一次都从消息队列中取出一个消息，然后回调相应的消息处理方法，执行完毕一个消息后继续下一次循环。当消息队列为空时，线程则会阻塞等待。其中，Looper 主要负责创建一个 MessageQueue 队列，然后通过循环体不断地从 MessageQueue 队列中读取消息，而消息的创建者就是一个或多个 Handler。

Looper 类中主要包含 prepare()和 loop()两个静态方法。

(1) Looper.prepare()：在线程中保存一个 Looper 实例，其中保存一个 MessageQueue 对象。Looper.prepare()方法在每个线程中只能调用一次，否则会抛出异常。因此，在一个线程中只会存在一个 MessageQueue。

(2) Looper.loop()：当前线程通过无限循环的方式，不断从 MessageQueue 队列中读取消息，然后回调 Message.target.dispatchMessage(msg)方法将消息分配给 Handler 对象并进行处理。其中，Message 的 target 属性为所关联的 Handler 对象。

在调用 Handler 的构造方法时，需要先获得当前线程中保存的 Looper 实例，进而与 Looper 实例中的 MessageQueue 相关联。通过 Handler 的 sendMessage()方法将 Handler 自身赋给 Message 对象的 target 属性，然后加入 MessageQueue 队列中。

在构造 Handler 实例时，通常会重写 handlerMessage()方法，即 Looper.loop()循环中调用 Message.target.dispatchMessage(msg)方法时最终调用的方法。

【实例 HandlerThread】通过 Handler 的主线程与子线程之间的数据传递，演示 Handler

的异步消息处理的使用。主程序的代码如下：

```
public class MainActivity extends AppCompatActivity {
    private MyThread myThread;
    private Handler handler = new Handler() {
        @Override
        public void handleMessage(Message msg) {
            Log.i("tag", "UI 线程 Thread name=" + Thread.currentThread().getName());
        }
    };
    //与子线程相关的 Handler
    class MyThread extends Thread {
        public Handler handler;
        @Override
        public void run() {
            Looper.prepare();
            handler = new Handler() {
                @Override
                public void handleMessage(Message msg) {
                    Log.i("tag", "MyThread 线程 Thread name=" +
                            Thread.currentThread().getName());
                    Bundle b = msg.getData();
                    int age = b.getInt("age");
                    String name = b.getString("name");
                    Log.i("tag","姓名：  " + name + ", 年龄：  " + age);
                }
            };
            Looper.loop();
        }
    }
    @Override
    protected void onCreate(Bundle savedInstanceState) {
        super.onCreate(savedInstanceState);
        setContentView(R.layout.activity_main);
        myThread = new MyThread();
        myThread.start();
        try {
            Thread.sleep(1000);
            //与子线程相关的 Handler 发送空消息
            myThread.handler.sendEmptyMessage(1);
            //与主线程相关的 Handler 发送空消息
            handler.sendEmptyMessage(1);
            //与子线程相关的 Handler 发送具体消息
            Message msg = new Message();
```

```
                Bundle b = new Bundle();
                b.putInt("age", 20);
                b.putString("name", "张三");
                msg.setData(b);
                myThread.handler.sendMessage(msg);
            } catch (InterruptedException e) {
                e.printStackTrace();
            }
        }
    }
```

运行程序，结果如图 5.12 所示。

```
I/tag: MyThread线程Thread name=Thread-461
I/tag: 姓名： null, 年龄： 0
I/tag: MyThread线程Thread name=Thread-461
I/tag: 姓名： 张三, 年龄： 20
I/tag: UI线程Thread name=main
```

图 5.12　Handler 异步消息处理

5.4　AsyncTask 类

Android 系统的 Handler 机制为多线程异步消息处理提供了一种完善的处理方式，但是在较为简单的情况下，使用 Handler 方式会使代码过于繁琐。为了简化操作，Android 系统提供了 android.os.AsyncTask 工具类，使得异步任务的处理变得更加简单，不再需要编写任务线程和 Handler 实例也可以完成相同的任务。

定义 AsyncTask 的语法格式如下：

```
public abstract class AsyncTask<Params,Progress,Result>
```

其中，Params 是启动任务执行的输入参数；Progress 是后台任务执行的进度；Result 是后台计算结果的类型。

在特定场合下，并不是所有的类型都是必需的。如果没有使用某个参数，可以用 java.lang.Void 类型代替。

在执行异步任务时，通常会涉及以下几个步骤：

(1) execute(Params... params)：用于执行一个异步任务，需要在业务代码中调用该方法，来触发异步任务的执行。

(2) onPreExecute()：在 execute()方法被调用后立即执行，在后台任务执行之前对 UI 做一些标记。

(3) doInBackground(Params... params)：在 onPreExecute()方法完成之后立即执行，用于执行较为费时的操作。此方法将接收输入参数并返回计算结果。在执行过程中可以调用 publishProgress()方法来更新进度信息。

(4) onProgressUpdate(Progress... values)：在调用 publishProgress()方法时，自动执行

onProgressUpdate()方法将进度信息直接更新到UI组件上。

(5) onPostExecute(Result result)：当后台操作结束时调用该方法，并将计算结果作为输入参数传递到方法中，然后将结果显示到UI组件上。

在使用AsyncTask工具类时，需要特别注意以下几点：

(1) 异步任务的实例必须在UI线程中创建。

(2) execute(Params... params)方法必须在UI线程中调用。

(3) 不能手动调用onPreExecute()、doInBackground(Params... params)、onProgressUpdate(Progress... values)和onPostExecute(Result result)等方法。

(4) 不能在doInBackground(Params... params)方法中更改UI组件的信息。

(5) 每个任务实例只能执行一次，当执行第二次时将会抛出异常。

【实例AsyncTaskDemo】演示使用AsyncTask工具类实现异步任务的操作。程序步骤如下：

(1) 编写activity_main.xml布局文件，代码如下所示：

```
<?xml version="1.0" encoding="utf-8"?>
<LinearLayout xmlns:android="http://schemas.android.com/apk/res/android"
    android:layout_width="match_parent"
    android:layout_height="match_parent"
    android:orientation="vertical">
    <TextView
        android:id="@+id/tv"
        android:layout_width="match_parent"
        android:layout_height="wrap_content"
        android:text="显示当前进度" />
    <ProgressBar
        android:id="@+id/pb"
        style="?android:attr/progressBarStyleHorizontal"
        android:layout_width="match_parent"
        android:layout_height="wrap_content" />
    <Button
        android:id="@+id/btn"
        android:layout_width="match_parent"
        android:layout_height="wrap_content"
        android:text="下载"/>
</LinearLayout>
```

(2) 编写MainActivity.java文件，代码如下所示：

```
public class MainActivity extends AppCompatActivity {
    Button download;
    ProgressBar pb;
    TextView tv;
    @Override
    protected void onCreate(Bundle savedInstanceState) {
```

```
        super.onCreate(savedInstanceState);
        setContentView(R.layout.activity_main);
        download = findViewById(R.id.btn);
        pb = findViewById(R.id.pb);
        tv = findViewById(R.id.tv);
        download.setOnClickListener(new View.OnClickListener() {
            @Override
            public void onClick(View view) {
                DownloadTask dTask = new DownloadTask();
                dTask.execute(100);
            }
        });
    }
    /**
     * 自定义 AsyncTask 子类
     */
    private class DownloadTask extends AsyncTask<Integer, Integer, String> {
        //第一个执行方法
        @Override
        protected void onPreExecute() {
            super.onPreExecute();
        }
        /**
         * doInBackground()方法用于内部执行后台任务，不可在此方法内修改 UI
         * 第二个执行方法，onPreExecute()方法执行完后执行
         */
        @Override
        protected String doInBackground(Integer... integers) {
            for (int i = 0; i <= 100; i++) {
                publishProgress(i);
                try {
                    Thread.sleep(integers[0]);
                } catch (InterruptedException e) {
                    e.printStackTrace();
                }
            }
            return "执行完毕";
        }
        /**
         * onProgressUpdate()方法用于更新进度信息
         */
        @Override
        protected void onProgressUpdate(Integer... values) {
```

```
            super.onProgressUpdate(values);
            //更新进度条和显示进度
            pb.setProgress(values[0]);
            tv.setText(values[0] + "%");
        }
        /**
         * onPostExecute()方法用于执行完后台任务后更新 UI，显示结果
         */
        @Override
        protected void onPostExecute(String s) {
            super.onPostExecute(s);
            //更新 APP 的标题
            setTitle(s);
        }
    }
}
```

(3) 运行上述代码，单击“下载”按钮，程序运行结果如图 5.13 所示。

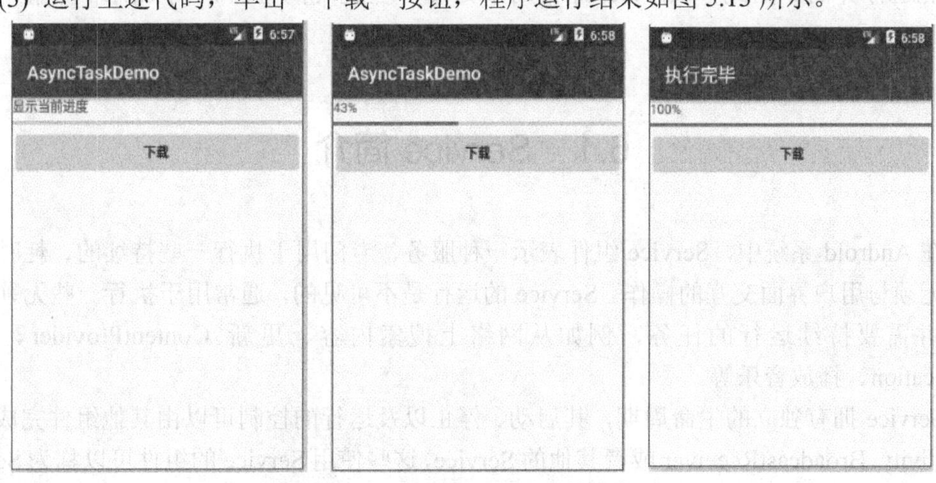

图 5.13　AsyncTask 工具类基本应用

第 6 章　Service 服务

本章目标：

- 了解 Service 分类；
- 掌握 Service 的创建、配置和编写；
- 掌握 Service 生命周期；
- 掌握 Service 组件的通信。

Service 是 Android 四大组件中与 Activity 最相似的组件，它们都代表可执行的程序，都有自己的生命周期。不同的是 Service 一直在后台运行，它没有界面，而 Activity 有自己的运行界面。因此，Service 经常用于处理一些耗时的程序，例如网络传输、视频播放等。

6.1　Service 简介

在 Android 系统中，Service 组件表示一种服务，专门用于执行一些持续的、耗时长的并且无须与用户界面交互的操作。Service 的运行是不可见的，通常用于执行一些无须用户交互并需要持续运行的任务，例如从网络上搜索内容、更新 ContentProvider、激活 Notification、播放音乐等。

Service 拥有独立的生命周期，其启动、停止以及运行的控制可以由其他组件完成，包括 Activity、BroadcastReceiver 或者其他的 Service，这些使用 Service 的组件可以称为 Service 的客户端。

一个处于运行状态的 Service 拥有的优先级要比暂停和停止状态的 Activity 级别更高，因此，当系统资源匮乏时，Service 被 Android 终止的可能性较小。当 Android 系统需要为运行前台资源释放更多的内存时，可能会终止正在运行的 Service，当系统发现有资源可用时，可能会自动重新启动这个 Service。Service 优先级可以提升到与前台 Activity 相同的级别，此时 Service 将更不容易被系统终止。但是由于 Service 通常具有较长的运行期，因此，过多优先级较高的 Service 势必会降低系统的性能。

Service 没有界面(最多只能显示一个通知)，当 Service 所对应的应用程序界面不可见时，Service 仍运行于应用程序主线程中，因此，如果在 Service 中需要执行耗时操作，必须新开线程运行，否则会阻塞主线程，从而造成界面卡顿现象。

Android 系统中提供了大量可以直接调用的系统 Service，例如播放音乐、振动、闹钟、通知栏消息等，通过向这些 Service 传递特定的数据，可以方便地运行系统服务。

6.1.1　Service 分类

Service 作为 Android 系统的基本组件之一，也具有相应的生命周期及回调函数，按照运行的形式和使用方式的不同，可以对 Service 进行分类。

(1) 按照运行的进程不同，可以将 Service 分为本地(Local)Service 和远程(Remote)Service。

- 本地 Service——运行于客户端的应用程序进程中，当客户端终止后，本地 Service 也会被终止。
- 远程 Service——运行于独立的进程中，与其客户端之间需要进行跨进程的通信。Android 系统中的进程之间通信依赖于 AIDL(Android Interface Definition Language，Android 接口定义语言)，当客户端终止后，这种远程 Service 会继续运行。

(2) 按照运行的形式的不同可以分为前台 Service 和后台 Service。

- 前台 Service——前台 Service 在运行时，会在状态栏显示一个 ONGOING 状态的 Notification，用以提示用户服务正在运行，当前台服务终止后，Notification 会消失。
- 后台 Service——后台 Service 在运行时，没有状态栏通知。

(3) 按照使用 Service 的方式的不同可以分为启动(Start)方式 Service、绑定(Bind)方式 Service 和混合方式 Service。

- 启动方式 Service——通过调用 Context.startService()启动 Service，运行过程中与客户端不进行通信，如果不调用停止方法，其会一直运行。
- 绑定方式 Service——通过调用 Context.bindService()启动 Service，在运行时可以与绑定的客户端通信，当客户端终止时，Service 也将终止。
- 混合方式 Service——将启动方式和绑定方式混合使用，即以 Start 和 Bind 两种方式来启动 Service。

6.1.2　Service 基本示例

当应用程序需要一种无界面交互并且可持续运行的组件时，Service 是最合适的选择。当使用 Service 时，首先需要创建 Service，并重写在 Service 生命周期的各个阶段需要执行的操作，最后启动 Service 即可。当使用已经有的 Service 组件时，则直接启动即可。

创建一个 Service 组件只需要两步，而启动 Service 可以使用 Start 和 Bind 两种方式。创建 Service 的步骤如下：

(1) 通过继承 Service 的方式来定义一个 Service 的子类；

(2) 在应用程序的 AndroidManifest.xml 中配置 Service 组件。

1. 编写 Service 类

Android 系统提供了 android. app. Service 抽象类，作为所有 Service 的父类，其包含一个抽象方法，其方法语法格式如下：

```
public abstract IBinder onBind(Intent intent);
```

在编写 Service 时，需要继承 android. app. Service 抽象类，并实现 onBind()方法即可，代码如下所示：

```
public  class MyService extends Service {
    public MyService() {
    }
    @Override
    public IBinder onBind(Intent intent) {
        return null;
    }
}
```

上述示例代码中，MyService 类继承了 android. app. Service 类，并实现了 onBind()方法，因此，MyService 类就可以配置为一个 Service 组件。

与 Activity 类似，Service 也是由 Android 系统构造并管理的一种组件，因此 Service 类必须提供一个 public 的无参数构造方法，以保证系统能够构造 Service 的实例。

2. 配置 Service

编写完成 Service 类后，还需要在应用程序的 AndroidManifest.xml 中配置 Service 组件。配置完成后，Android 才能在 APK 应用安装时解析出 Service 组件的信息，从而允许其他组件启动这个 Service。在 AndroidManifest.xml 中，每个 Service 组件都需要在<application>元素的一个<service>子元素中进行配置，代码如下所示：

```
<service
    android:name="com.example.xsc.myservice.MyService"
    android:enabled="true"
    android:exported="true"></service>
```

上述代码在 AndroidManifest.xml 中，在<application>元素中添加一个<service>子元素，并指定 name 属性值为 com.example.xsc.myservice.MyService，从而完成了 Service 组件 MyService 的配置。

3. 启动 Service

在完成 Service 组件的编写和配置后，即可在其他组件中启动这个 Service 了。启动 Service 有 Start 和 Bind 两种方式。下列代码示例了如何以 Start 方式启动 Service：

```
public class MainActivity extends AppCompatActivity {
    @Override
    protected void onCreate(Bundle savedInstanceState) {
        super.onCreate(savedInstanceState);
        setContentView(R.layout.activity_main);
        Intent intent = new Intent(this, MyService.class);
        startService(intent);
    }
}
```

在上述 MainActivity 的 onCreate()方法中，首先构造了一个 Intent 对象，并传入 MyService.class 参数来指定所要启动的组件类型，然后调用 Context 对象的 startService()方法启动 Service 组件。

6.2　Service 详解

Service 组件需要通过 Context 对象进行启动，有 Start 和 Bind 两种启动方式，分别对应于 Context 的 startService()和 bindService()方法。通过 Start 和 Bind 方式启动 Service 时，生命周期有所不同，在运行过程中会调用相应的生命周期方法。与 Service 生命周期相关的回调方法如表 6-1 所示。

表 6-1　Service 生命周期的回调方法

方　法	功 能 描 述
onCreate()	用于创建 Service 组件
onStartCommand(Intent intent, int flags, int startId)	通过 Start 方式启动 Service 时调用
onBind(Intent intent)	通过 Bind 方式启动 Service
onUnbind(Intent intent)	通过 Bind 方式取消 Service
onRebind(Intent intent)	通过 Bind 方式重新绑定 Service
onDestroy()	用于销毁 Service

无论是使用 Start 还是 Bind 方式来启动 Service，都会经历 onCreate()和 onDestroy()方法。如果采用 Start 方式，在启动时会调用 Service 的 onStartCommand()方法；如果采用 Bind 方式，在启动时会调用 Service 的 onBind()方法，当取消绑定时会调用 onUnbind()方法，重新绑定时会调用 onRebind()方法。

6.2.1　Start 方式启动 Service

Start 方式通过调用 Context.startService()方法来启动 Service。Service 将自行管理生命周期，并会一直运行下去，直到 Service 调用自身的 stopSelf()方法或其他组件调用该 Service 的 stopService()方法时为止。当然在系统资源不足的情况下，Android 系统也会结束 Service。需要注意的是：一个组件通过 startService()方法启动 Service 后，该组件与 Service 之间并没有关联，即使组件被销毁，也并不影响 Service 的运行。Start 方式启动 Service 的生命周期如图 6.1 所示。

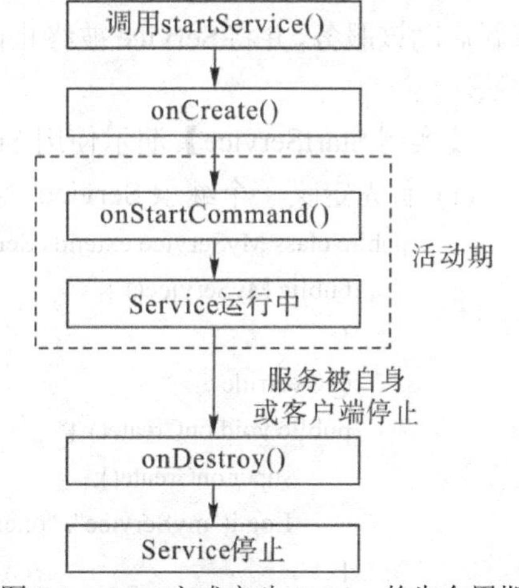

图 6.1　Start 方式启动 Service 的生命周期

当使用 Start 方式启动 Service 时，如果该 Service 是第一次启动，则会先调用 onCreate(0 方法，然后再调用 onStartCommand()方法，否则直接调用 onStartCommand()方法。与 Activity 类似，在系统资源缺乏时，Service 也有可能被 Android 系统强行终止，根据 Service 的 onStartCommand()方法返回值的不同，Service 可能会自动重新启动，而 onStartCommand()方法的参数则与 Service 被系统重新启动时的状态有关。关于onStartCommand()方法的语法格式如下所示：

```
public int onStartCommand(Intent intent, int flags, int startId)
```

其中参数 intent 是在启动 Service 时所传入的 Intent 对象。参数 flags 取值范围为 0、Service.START_FLAG_REDELIVERY 和 Service.START_FLAG_RETRY。flags 参数的值与onStartCommand()方法返回值有一定的关系，当 flags 为 0 时代表正常启动 Service，而在某种情况下 Service 被系统异常终止后，如果调用该 Service 的 onStartCommand()方法返回值为 Service.START_STICKY 或 Service.START_REDELIVER_INTENT 时，系统会在资源可用时重新启动该 Service。根据方法返回值的不同，此时系统在调用 onStartCommand()方法时向 flags 参数传入数据也不同。如果 onStartCommand()方法返回值为 Service.START_STICKY，则 flags 参数会传入 Service.START_FLAG_RETRY 值；如果 onStartCommand()方法返回值为 Service.START_REDELIVER_INTENT，则 flags 参数会传入 Service.START_FLAG_REDELIVERY 值。因此，在 onStartCommand()方法调用时，根据 flags 值的不同传入返回的数据也不同。参数 startId 表示启动请求的 ID，用于唯一标识一次启动请求，在调用 stopSelfResult()方法停止 Service 时，可以传入特定的 startId，用于对停止 Service 操作的附加条件。

onStartCommand()方法的返回值有 Service.START_NOT_STICKY、Service.START_STICKY 和 Service.START_REDELIVER_INTENT 三种情况。

(1) Service.START_NOT_STICKY 表示如果 Service 进程被终止，系统将保留 Service 的状态为开始状态，但不会重新启动该 Service，直到 startService(Intent intent)方法再次被调用。

(2) Service.START_STICKY 表示如果 Service 进程被终止，系统将保留 Service 的状态为开始状态，但不保留原来的 Intent 对象。随后系统会尝试重新创建 Service，由于服务状态为开始状态，所以创建服务后一定会调用 onStartCommand()方法。如果在此期间没有任何启动命令被传递到 Service，那么参数 Intent 将为 null。

(3) Service.START_REDELIVER_INTENT 表示如果 Service 进程被终止，系统会自动重新启动该服务，并将 Service 被终止前接收到的最后一个 Intent 对象传入 onStartCommand()方法。

【实例 StartService】演示使用 Start 方式启动 Service。其项目实现步骤如下：

(1) 首先定义一个继承 Service 类的 MyService 子类，代码如下所示：

```
public class MyService extends Service {
    public MyService() {
    }
    @Override
    public void onCreate() {
        super.onCreate();
        Log.i("myService", "oncreate()");
    }
    @Override
    public int onStartCommand(Intent intent, int flags, int startId) {
```

```
        Log.i("myService", "onStartCommand()");
        final String message = intent.getStringExtra("message");
        Log.i("myService", "intent:" + message + ",flags:" + flags + ",startId:" + startId);
        return super.onStartCommand(intent, flags, startId);
    }
    @Override
    public void onDestroy() {
        super.onDestroy();
        Log.i("myService", "onDestroy()");
    }
    @Override
    public IBinder onBind(Intent intent) {
        return null;
    }
}
```

上述代码中，重写了 onCreate()、onStartCommand()、onDestroy()方法，每个方法中输出相应的 Log 信息，在 onStartCommand()方法中还输出 Intent 参数信息以及 flags 和 startId 参数值，最后返回 super.onStartCommand()方法的返回值，即调用父类的默认返回值。在父类 Service 中，super.onStartCommand()方法返回值为 Service.START_STICKY。

(2) 在 AndroidManifest.xml 清单文件中配置 MyService(一般系统会自动添加)，添加代码如下：

```
<service
    android:name = ".MyService"
    android:enabled = "true"
    android:exported = "true"></service>
```

(3) 修改 MainActivity.java 文件，代码如下所示：

```
public class MainActivity extends AppCompatActivity {
    @Override
    protected void onCreate(Bundle savedInstanceState) {
        super.onCreate(savedInstanceState);
        setContentView(R.layout.activity_main);
        Button startButton = findViewById(R.id.startbutton);
        Button stopButton = findViewById(R.id.stopbutton);
        startButton.setOnClickListener(new View.OnClickListener() {
            @Override
            public void onClick(View view) {
                Intent intent = new Intent(MainActivity.this, MyService.class);
                intent.putExtra("message", "Hello World!");
                startService(intent);
            }
        });
        stopButton.setOnClickListener(new View.OnClickListener() {
```

```
                @Override
                public void onClick(View view) {
                    Intent intent = new Intent(MainActivity.this, MyService.class);
                    stopService(intent);
                }
            });
        }
    }
```

图 6.2　StartService 界面

在上述代码 startButton 事件处理方法中，创建了一个 Intent 对象，指定组件的类型为 MySeries.class，并传入 message 附加数据，然后调用 startService()方法启动了 MyService。在 stopButton 处理方法中，也构造了一个同样的 Intent 对象，然后调用 stopService()方法停止了 MyService。

(4) 运行程序，界面如图 6.2 所示。单击“启动 SERVICE”按钮，在 Logcat 中输出结果如下所示：

```
… I/myService: oncreate()
… I/myService: onStartCommand()
… I/myService: intent:Hello World!,flags:0,startId:1
```

从输出的结果可以看出，在启动 MyService 时依次调用 onCreate()和 onStartCommand()方法，并在 onStartCommand()方法中成功输出 Intent 对象中的数据。flags 值为 0 说明是正常启动的 Service，startId 值为 1 说明是第一次启动。再次或多次单击“启动 SERVICE”按钮，可以从输出的结果看出，都是直接调用 onStartCommand()方法，而不调用 onCreate()方法，startId 值随着启动次数一直增加。当单击“停止 SERVICE”按钮，调用 stopService()方法，触发了 Service 的 onDestroy()方法，此时 Service 被系统销毁，生命周期结束。

在 Service 内部，也提供了可以自我结束的方法，具体如下：

- stopSelf()：用于销毁当前 Service，在销毁之前会执行 onDestroy()方法，没有返回值。
- stopSelfResult(int startId)：调用该方法时，系统将检查 startId 参数值是否和最后一次启动 Service 时自动生成的请求 Id 相同，如果相同则调用 onDestroy()方法销毁当前 Service 并返回 true，否则不做任何操作并返回 false。
- stopSelf(int startId)：该方法是 stopSelfResult(int startId)的早期版本，没有返回值。

下面修改 MyService.java 的代码，在 onStartCommand()方法中添加 stopSelf()方法，代码如下所示：

```
public int onStartCommand(Intent intent, int flags, int startId) {
    Log.i("myService", "onStartCommand()");
    final String message = intent.getStringExtra("message");
    Log.i("myService", "intent:" + message + ",flags:" + flags + ",startId:" + startId);
    stopSelf();
    return super.onStartCommand(intent, flags, startId);
}
```

单击“启动 SERVICE”按钮，Logcat 输出信息如下：

```
... I/myService: oncreate()
... I/myService: onStartCommand()
... I/myService: intent:Hello World!, flags:0, startId:1
... I/myService: onDestroy()
```

从输出结果可以看出，调用 stopSelf( )方法时，系统自动调用 onDestroy( )方法，说明 Service 已被销毁。

Service 运行于应用程序主线程中，与 Activity 等可见组件运行于同一个线程，因此，如果 Service 需要执行耗时较长的操作时，应该新开线程执行，否则会引起应用程序无响应异常。下面修改 MyService.java 代码，在 onStartCommand()方法中添加程序，模拟耗时操作处理，代码如下所示：

```
public int onStartCommand(Intent intent, int flags, int startId) {
    Log.i("myService", "onStartCommand()");
    final String message = intent.getStringExtra("message");
    Log.i("myService", "intent:" + message + ", flags:" + flags + ", startId:" + startId);
    try {
        Thread.sleep(20000);
    } catch (InterruptedException e) {
        e.printStackTrace();
    }
    return super.onStartCommand(intent, flags, startId);
}
```

运行应用程序，单击“启动 SERVICE”按钮，过一段时间就会弹出如图 6.3 所示的提示窗口。

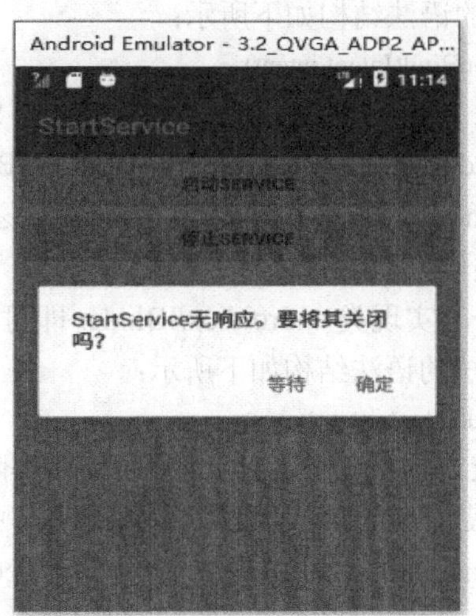

图 6.3　耗时操作的无响应异常

6.2.2　Bind 方式启动 Service

通过调用 Context 的 bindService()方法也可以启动 Service。使用 Bind 方式启动的 Service

会和启动它的组件关联在一起，并可以进行通信，组件可以通过 unbindService( )方法来解除绑定。

Bind 方式启动 Service 时的生命周期如图 6.4 所示。如果该 Service 是第一次启动，则会首先调用 onCreate()方法，然后再调用 onBind()方法，否则直接调用 onBind()方法。在组件和 Service 解除绑定时，会触发 onUnbind()方法，一个 Service 可以被多个组件绑定，当所有的绑定组件都解除绑定时，该 Service 被销毁，并执行 onDestroy()方法。同样的，如果系统资源不足时，Android 系统也随时有可能销毁 Service。一个组件绑定 Service 后，如果这个组件被销毁，系统会自动解除与之对应的 Service 绑定。

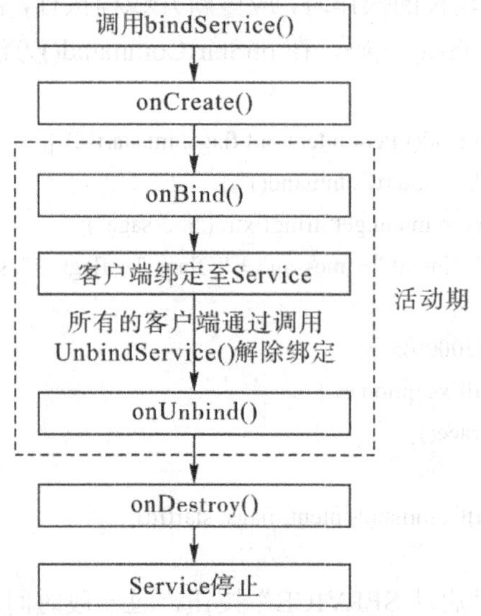

图 6.4　Bind 方式启动 Service 的生命周期

Service 的 onBind()方法的语法结构如下所示：

```
public abstract IBinder onBind(Intent intent)
```

onBind()方法是一个抽象方法，其参数 intent 为绑定这个 Service 时传入的 Intent 对象，返回值是一个 android.os.IBinder 对象。onBind()方法返回的 IBinder 对象会被传递到所绑定的 Service 组件中，通过 IBinder 对象来实现组件与 Service 之间的交互。因此，还需要编写一个实现 IBinder 接口的类作为 onBind()方法的返回类型，而直接实现 IBinder 接口非常复杂，通常继承 IBinder 接口的实现类 android.os.IBinder 即可。

Service 的 onUnbind()方法的语法结构如下所示：

```
public boolean onUnbind(Intent intent)
```

onUnbind()方法相对比较简单，其参数 intent 代表需要解除绑定的 Service。onUnbind()方法的返回值可以用于混合使用 Start 和 Bind 方式的 Service 中。

针对 Bind 方式启动 Service，Context 中提供了 bindService()和 unbindService()方法，分别用于绑定 Service 和解除与 Service 的绑定。

其中，bindService()方法的语法结构如下所示：

```
public boolean bindService(Intent service, ServiceConnection conn, int flags)
```

bindService()方法用于绑定 Service，其返回值代表是否绑定成功，其参数如下：

(1) 参数 service，在绑定 Service 时所传入的 Intent 对象。

(2) 参数 conn，这是一个 ServiceConnection 接口类型的对象，在绑定或解除绑定时，系统会调用 ServiceConnection 接口中对应的回调方法，ServiceConnection 接口包含以下两个方法：

- public void onServiceConnected(ComponentName componentName, IBinder iBinder)：当绑定成功时，会自动调用 onServiceConnected( )方法，其中参数 componentName 为绑定的 Service 的 ComponentName，参数 iBinder 为绑定 Service 的 onBind()方法的返回值。
- public void onServiceDisconnected(ComponentName componentName)：当系统资源不足时，Android 系统可能会销毁 Service，此时会调用此方法。

(3) 参数 flags，用于决定 Service 的一些行为规则，常用的取值有 0、BIND_AUTO_CREATE、BIND_NOT_FOREGROUND、BIND_WAIVE_PRIORITY、BIND_IMPORTANT、BIND_ABOVE_CLIENT 和 BIND_ADJUST_WITH_ACTIVITY。

- 0：当 flags 为 0 时，bindService()方法会返回 true。此时如果 Service 已被 Bind 方式启动，则绑定成功，否则不会创建 Service。但在 Service 使用 Start 方式启动时自动绑定。
- Context. BIND_AUTO_CREATE：在使用 bindService()绑定时，如果 Service 尚未被创建则创建 Service，即执行 Service 的 onCreate()方法，否则不会执行 onCreate()方法。
- Context. BIND_NOT_FOREGROUND：表示所绑定的 Service 不允许拥有前台优先级。默认情况下，绑定一个 Service 后系统会提升其优先级，flags 设为 BIND_NOT_FOREGROUND 后，会限制对其优先级的提升。
- Context. BIND_WAIVE_PRIORITY：在绑定 Service 时，不会改变其优先级。
- Context. BIND_IMPORTANT：当所绑定 Service 的组件位于前台时，该 Service 也会提升为前台优先级。
- Context. BIND_ABOVE_CLIENT：与 Context. BIND_IMPORTANT 类似，但当系统资源不足时，Android 系统会在终止 Service 之前先终止与其绑定的客户端组件。
- Context. BIND_ADJUST_WITH_ACTIVITY：系统将根据 Activity 的优先级调整被绑定的 Service 的优先级，当 Activity 运行在前台时 Service 优先级会进行提升，当 Activity 运行在后台时 Service 优先级则相对降低。

unbindService( )方法用于解除与 Service 的绑定，其语法结构如下所示：

```
public void unbindService(ServiceConnection conn)
```

其中，参数 conn 是调用 bindService()方法绑定 Service 时所传入的 ServiceConnection 对象。需要注意的是，如果尚未绑定 Service 或者已经解除绑定，调用 unbindService()方法会抛出异常。

【实例 BindService】演示以 Bind 方式启动 Service 的用法，项目开发步骤如下：

(1) 首先定义一个继承 Service 类的 MyService 子类，代码如下所示：

```
public class MyService extends Service {
    private MyBinder myBinder = new MyBinder();
    public MyService() {
    }
    @Override
```

```
    public void onCreate() {
        super.onCreate();
        Log.i("MyService", "onCreate()");
    }
    @Override
    public IBinder onBind(Intent intent) {
        Log.i("MyService", "onBind()");
        final String message = intent.getStringExtra("message");
        Log.i("MyService", "intent=" + message);
        return myBinder;
    }
    @Override
    public boolean onUnbind(Intent intent) {
        Log.i("MyService", "onUnbind()");
        return false;
    }
    @Override
    public void onDestroy() {
        super.onDestroy();
        Log.i("MyService", "onDestroy()");
    }
    public String doOperation(String param) {
        Log.i("MyService", "doSomeOperation:param=" + param);
        return "doSomeOperation:param="+param;
    }
    public class MyBinder extends Binder {
        public MyService getService() {
            return MyService.this;
        }
    }
}
```

在上述代码中，重写了 onBind()和 onUnbind()等方法，在各个生命周期方法中都输出相关 Log 信息。在 MyService 中还声明一个内部类 MyBinder，该类继承了 Binder 类，并提供了 getService()方法用于返回 MyService 的当前实例。在 MyService 中还定义了一个 MyBinder 类型的属性 myBinder，使用 onBind()方法可以返回该 myBinder 属性。doOperation()方法用于模拟业务操作。

(2) 在 AndroidManifest.xml 清单文件中配置 MyService(一般系统会自动添加)，添加代码如下：

```
<service
    android:name=".MyService"
    android:enabled="true"
    android:exported="true"></service>
```

(3) 修改MainActivity.java文件，代码如下所示：

```
public class MainActivity extends AppCompatActivity {
    private MyService myService;
    private ServiceConnection conn = new ServiceConnection() {
        @Override
        public void onServiceConnected(ComponentName componentName,
                    IBinder iBinder) {
            Log.i("MyService", "onServiceConnected():componentName=" +
                    componentName);
            myService = ((MyService.MyBinder) iBinder).getService();
        }
        @Override
        public void onServiceDisconnected(ComponentName componentName) {
            Log.i("MyService", "onServiceDisconnected():componentName=" +
                    componentName);
            myService = null;
        }
    };
    @Override
    protected void onCreate(Bundle savedInstanceState) {
        super.onCreate(savedInstanceState);
        setContentView(R.layout.activity_main);
        Button bindButton = findViewById(R.id.bindbutton);
        Button unbindButton = findViewById(R.id.unbindbutton);
        Button operationButton = findViewById(R.id.operationbutton);
        //绑定 Service
        bindButton.setOnClickListener(new View.OnClickListener() {
            @Override
            public void onClick(View view) {
                Intent intent = new Intent(MainActivity.this, MyService.class);
                intent.putExtra("message", "Hello World!");
                bindService(intent, conn, Context.BIND_AUTO_CREATE);
            }
        });
        //操作 Service
        operationButton.setOnClickListener(new View.OnClickListener() {
            @Override
            public void onClick(View view) {
                if (myService == null) return;
                String str = myService.doOperation("测试操作数据！");
                Log.i("MyService", "str=" + str);
            }
        });
```

```
            //解除 Service 绑定
            unbindButton.setOnClickListener(new View.OnClickListener() {
                @Override
                public void onClick(View view) {
                    try {
                        unbindService(conn);
                    } catch (Exception e) {
                        Log.i("MyService", "Service 已经解除绑定了");
                    }
                }
            });
        }
    }
```

上述代码中，三个按钮分别用于绑定 Service、解除绑定 Service 和调用 Service 的方法，还声明了 conn 和 myService 两个属性。其中，在创建 conn 属性时，重写了 onServiceConnected()和 onServiceDisconnected()方法，在 onServiceConnected()方法中将 iBinder 参数强制转化为 MyBinder 类型，并调用其 getService()方法来获取 MyService 对象，最后赋值给 myService 属性，在 onServiceDisconnected()方法中将 myService 属性赋值为 null。

(4) 运行程序，界面如图 6.5 所示。

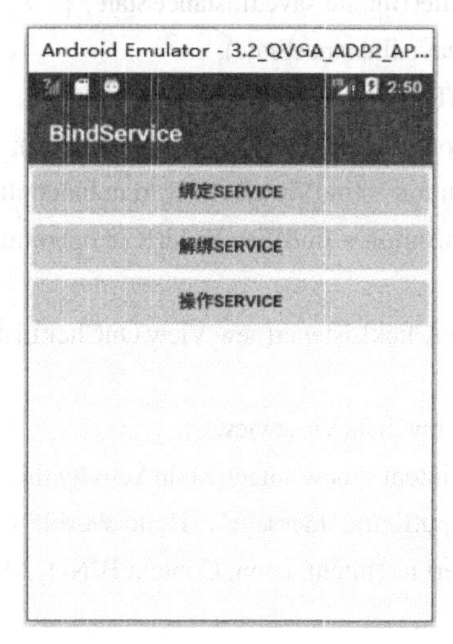

图 6.5　Bind 方式启动 Service 界面

单击“绑定 SERVICE”按钮，在 Logcat 中输出结果如下所示：

```
… I/MyService: onCreate()
… I/MyService: onBind()
…I/MyService: intent=Hello World!
…I/MyService: onServiceConnected():componentName
=ComponentInfo{com.example.xsc.bindservice/com.example.xsc.bindservice.MyService}
```

通过执行可以看出，执行绑定操作 bindService()方法后，依次触发了 MyService 的 onCreate()方法和 onBind()方法，并执行了 bindService()方法中所指定的 conn 对象的

onServiceConnected()方法，各个方法中都正确地输出了信息。此时再多次单击“绑定SERVICE”按钮，Logcat没有新的输出，说明在已经绑定Service的情况下，再次调用bindService()方法不会触发该Service的onBind()方法。

单击“操作SERVICE”按钮，Logcat输出如下：

```
...I/MyService: doSomeOperation:param=测试操作数据！
...I/MyService: str=doSomeOperation:param=测试操作数据！
```

通过执行结果可以看出，绑定成功后，即可调用MyService对象的业务逻辑方法。

单击“解绑SERVICE”按钮，Logcat输出如下：

```
...I/MyService: onUnbind()
... I/MyService: onDestroy()
```

通过执行结果可以看出，当调用UnbindService()方法解除绑定时，调用了Service的onUnbind()方法。由于MyService只被当前应用程序绑定过一次，解绑后已没有绑定的客户端，因此还执行了onDestroy()方法，说明Service已被销毁。如果再多次单击“解绑SERVICE”按钮，则会一直输出下面信息：

```
...I/MyService: Service已经解除绑定了
```

6.2.3 混合方式启动Service

如果一个Service被一个或多个客户端以Start方式和Bind方式都启动过，则其生命周期将变得复杂，需同时满足两种方式的终止条件才会终止，如图6.6所示。

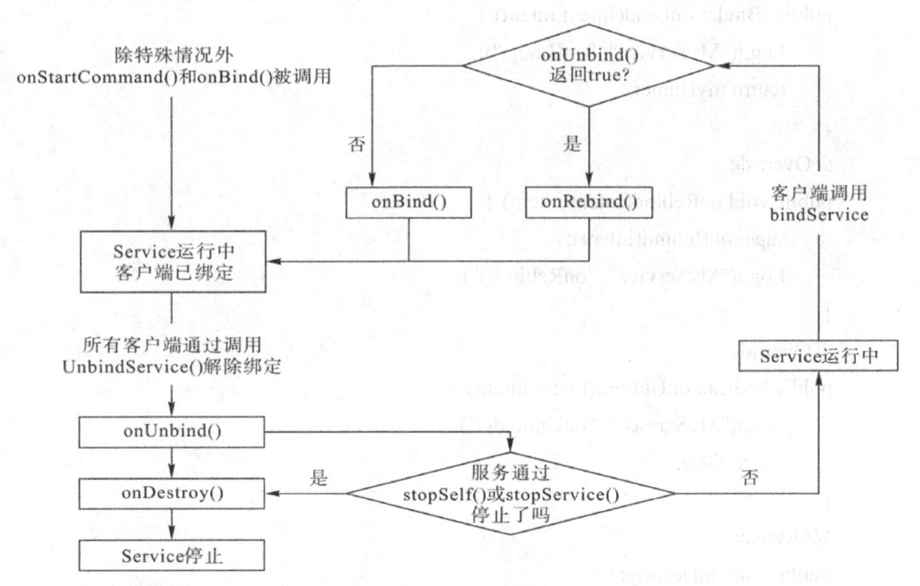

图6.6 混合方式启动Service的生命周期

无论Service是先Start后Bind，还是先Bind后Start，onCreate()方法只会执行一次，该Service将会一直运行，其中onStartCommand()方法调用的次数与startService()相同。

混合方式的Service，当调用stopService()或unbindService()时不一定会被停止，需要同时满足Start和Bind两种方式的终止条件时Service才会终止。当Service所绑定的客户端都调用unbindService()后，然后再调用stopService()时该Service才会停止；同样只调用

stopService()也不会终止 Service，还需要所有绑定的客户端都调用 unbindService()或者这些绑定客户端都终止之后服务才会自动停止。

【实例 MixService】演示使用 Start 方式和 Bind 方式混合启动和停止 Service。项目开发步骤如下：

(1) 首先定义一个继承 Service 类的 MyService 子类，代码如下所示：

```
public class MyService extends Service {
    private MyBinder myBinder = new MyBinder();
    public MyService() {
    }
    @Override
    public void onCreate() {
        super.onCreate();
        Log.i("MyService", "onCreate()");
    }
    @Override
    public int onStartCommand(Intent intent, int flags, int startId) {
        Log.i("MyService", "onStartCommand()");
        return super.onStartCommand(intent, flags, startId);
    }
    @Override
    public IBinder onBind(Intent intent) {
        Log.i("MyService", "onBind()");
        return myBinder;
    }
    @Override
    public void onRebind(Intent intent) {
        super.onRebind(intent);
        Log.i("MyService", "onRebind()");
    }
    @Override
    public boolean onUnbind(Intent intent) {
        Log.i("MyService", "onUnbind()");
        return false;
    }
    @Override
    public void onDestroy() {
        super.onDestroy();
        Log.i("MyService", "onDestroy()");
    }
    public class MyBinder extends Binder {
    }
}
```

在上述代码中，重写了 Service 的各个生命周期方法，并使用 Logcat 输出相关信息。

(2) 在 AndroidManifest.xml 清单文件中配置 MyService，这里不再赘述。修改 MainActivity.java 文件，代码如下所示：

```
public class MainActivity extends AppCompatActivity {
    private ServiceConnection conn = new ServiceConnection() {
        @Override
        public void onServiceConnected(ComponentName componentName,
                                                IBinder iBinder) {
            Log.i("MyService", "conn.onServiceConnected()");
        }
        @Override
        public void onServiceDisconnected(ComponentName componentName) {
            Log.i("MyService", "conn.onServiceDisconnected()");
        }
    };
    @Override
    protected void onCreate(Bundle savedInstanceState) {
        super.onCreate(savedInstanceState);
        setContentView(R.layout.activity_main);
        Button startButton = findViewById(R.id.startButton);
        Button stopButton = findViewById(R.id.stopButton);
        Button bindButton = findViewById(R.id.bindButton);
        Button unbindButton = findViewById(R.id.unbindButton);
        startButton.setOnClickListener(new View.OnClickListener() {
            @Override
            public void onClick(View view) {
                Intent intent = new Intent(MainActivity.this, MyService.class);
                startService(intent);
            }
        });
        stopButton.setOnClickListener(new View.OnClickListener() {
            @Override
            public void onClick(View view) {
                Intent intent = new Intent(MainActivity.this, MyService.class);
                stopService(intent);
            }
        });
        bindButton.setOnClickListener(new View.OnClickListener() {
            @Override
            public void onClick(View view) {
                Intent intent = new Intent(MainActivity.this, MyService.class);
                bindService(intent, conn, Context.BIND_AUTO_CREATE);
            }
```

```
        });
        unbindButton.setOnClickListener(new View.OnClickListener() {
            @Override
            public void onClick(View view) {
                unbindService(conn);
            }
        });
    }
}
```

上述代码中，添加了 4 个按钮及事件，单击时分别针对 MyService 调用 startService()、stopService()、bindService()和 unbindService()方法，而 ServiceConnection 类型的 conn 属性用于绑定 MyService 的连接对象。

(3) 运行应用程序，结果界面如图 6.7 所示。

首先单击“启动 SERVICE”按钮，Logcat 输出结果如下：

```
...I/MyService: onCreate()
...I/MyService: onStartCommand()
```

然后单击“绑定 SERVICE”按钮，Logcat 输出结果如下：

```
...I/MyService: onBind()
...I/MyService: conn.onServiceConnected()
```

从输出结果可以看出，在已启动 Service 的情况下，绑定 Service 并不会执行其 onCreate()方法。单击“解绑 SERVICE”按钮，Logcat 输出结果如下：

```
...I/MyService: onUnbind()
```


图 6.7　混合方式启动 Service

可见在已启动 Service 的情况下，解除绑定只会执行 onUnbind()方法，而不会执行 onDestroy()方法。单击“停止 SERVICE”按钮，Logcat 输出结果如下：

```
...I/MyService: onDestroy()
```

此时，由于与 Service 绑定的所有客户端都已经解除绑定，所以 stopService()方法执行了 onDestroy()方法。

接下来，依次单击“绑定 SERVICE”按钮、“启动 SERVICE”按钮、“停止 SERVICE”按钮和“解绑 SERVICE”按钮，Logcat 输出结果如下：

```
...I/MyService: onCreate()
...I/MyService: onBind()
...I/MyService: conn.onServiceConnected()
...I/MyService: onStartCommand()
...I/MyService: onUnbind()
...I/MyService: onDestroy()
```

当存在绑定 Service 的客户端时，startService()方法不会触发 onCreate()方法，stopService()方法也不会触发 onDestroy()方法。对于 Start 和 Bind 混合方式启动的 Service，调用 stopService()方法和解除所有客户端的绑定是 Service 销毁的必要条件。

当客户端和 Service 解除绑定后，如果 Service 仍处于启动状态，客户端再次绑定 Service

时仍会执行onBind()方法；但是如果onUnbind()方法返回true，再次绑定Service时不会执行onBind()方法，而是执行onRebind()方法。

修改MyService代码，将onUnbind()方法返回值改为true。然后重新运行应用程序，依次单击"启动SERVICE"按钮、"绑定SERVICE"按钮、"解绑SERVICE"按钮、"绑定SERVICE"按钮和"停止SERVICE"按钮，Logcat输出结果如下：

```
…I/MyService: onCreate()
…I/MyService: onStartCommand()
…I/MyService: onBind()
… I/MyService: conn.onServiceConnected()
… I/MyService: onUnbind()
…I/MyService: conn.onServiceConnected()
…I/MyService: onRebind()
```

可以看到，在再次绑定Service时会执行onRebind()方法。因此，当onUnbind()方法返回值为true时，可以在onRebind()方法中专门处理重新绑定的情况。

6.2.4 前台Service

Service启动后，其所在的进程默认是服务进程，优先级并不高，如果该进程非常重要，可以通过Service的startForeground()方法将其改为前台进程。调用startForeground()方法后，Service运行时会在通知栏显示一个通知(Notification)，Service停止后通知会消失。

startForeground()方法声明格式如下：

```
public final void startForeground(int id, Notification notification)
```

其中，参数id是通知的id；参数notification是需要显示的通知。

当Service成为前台进程后，需要恢复原有的优先级可以调用stopForeground()方法取消其前台状态，从而允许系统在内存不足时更容易终止这个Service。

stopForeground()方法声明格式如下：

```
public final void stopForeground(int flags)
```

stopForeground()方法只有一个参数，当降低Service的前台优先级时，指用该参数指定是否移除startForeground()方法所创建的通知。

【实例ForegroundService】演示使用Start和Bind方式混合启动前台Service。项目开发步骤如下：

(1) 创建Service，调用startForeground()方法使其成为前台服务，代码如下所示：

```
public class MyService extends Service {
    public MyService() {
    }
    @Override
    public void onCreate() {
        super.onCreate();
        Notification.Builder builder = new Notification.Builder(this);
        builder.setSmallIcon(R.drawable.ic_launcher);
        builder.setLargeIcon(BitmapFactory.decodeResource(getResources(),
```

```
                R.drawable.ic_launcher));
            builder.setContentTitle("前台 Service");
            builder.setContentText("前台 Service 运行正常...");
            Notification notification = builder.build();
            notification.flags = Notification.FLAG_AUTO_CANCEL;
            startForeground(1, notification);
        }
        @Override
        public IBinder onBind(Intent intent) {
            return null;
        }
    }
```

上述代码中，在 onCreate()方法中构造了一个 Notification 对象，并调用 Service 的 startForeground()方法，将构造的 Notification 对象作为该方法的参数。

(2) 修改MainActivity代码，添加两个按钮事件，分别用于start方式启动和停止Service，代码如下所示：

```
public class MainActivity extends AppCompatActivity {
    @Override
    protected void onCreate(Bundle savedInstanceState) {
        super.onCreate(savedInstanceState);
        setContentView(R.layout.activity_main);
        Button startbutton = findViewById(R.id.startButton);
        startbutton.setOnClickListener(new View.OnClickListener() {
            @Override
            public void onClick(View view) {
                Intent intent = new Intent(MainActivity.this, MyService.class);
                startService(intent);
            }
        });
        Button stopbutton = findViewById(R.id.stopButton);
        stopbutton.setOnClickListener(new View.OnClickListener() {
            @Override
            public void onClick(View view) {
                Intent intent = new Intent(MainActivity.this, MyService.class);
                stopService(intent);
            }
        });
    }
}
```

(3) 运行应用程序，如图 6.8 所示。然后单击“前台启动 SERVICE”按钮，通知栏会显示 MyService 中定义的通知，如图 6.9 所示。单击“停止 SERVICE”按钮，MyService 被停止，相应的通知也会自动消失。

图 6.8　前台 Service 运行界面

图 6.9　Service 成为前台进程并显示通知

startForeground()方法可以在任何位置调用，也可以多次调用。因此，如果需要在启动服务时指定通知的内容，则可以将创建 Notification 和调用 startForeground()方法操作移到 onStartCommand()或 onBind()方法内，通过 Intent 将通知内容传递给 Service。按照此种方式修改 MyService.java 代码，添加 onStartCommand()方法，代码如下所示：

```
public int onStartCommand(Intent intent, int flags, int startId) {
    Notification.Builder builder = new Notification.Builder(this);
    builder.setSmallIcon(R.drawable.ic_launcher);
    builder.setLargeIcon(BitmapFactory.decodeResource(getResources(),
        R.drawable.ic_launcher));
    builder.setContentTitle(intent.getStringExtra("title"));
    builder.setContentText(intent.getStringExtra("text"));
    Notification notification = builder.build();
    notification.flags = Notification.FLAG_AUTO_CANCEL;
    startForeground(1, notification);
    return super.onStartCommand(intent, flags, startId);
}
```

上述代码中，在 onStartCommand()方法中创建 Notification 通知并调用 startForeground()方法，通过 Intent 参数获取的 Service 客户端信息并赋给 Notification 属性。修改 MainActivity.java 文件中前台运行 Service 按钮的事件代码如下：

```
startbutton.setOnClickListener(new View.OnClickListener() {
    @Override
    public void onClick(View view) {
        Intent intent = new Intent(MainActivity.this, MyService.class);
        intent.putExtra("title","MyService");
        intent.putExtra("text","MyService 正在运行...");
        startService(intent);
    }
});
```

运行程序，然后单击“前台启动 SERVICE”按钮，效果如图 6.10 所示。可以看出，通知的标题和内容是由 Intent 对象传递的信息。除此之外，Notification 的图标、是否取消 Service 等前台状态各种属性也可以通过 Intent 对象传递。

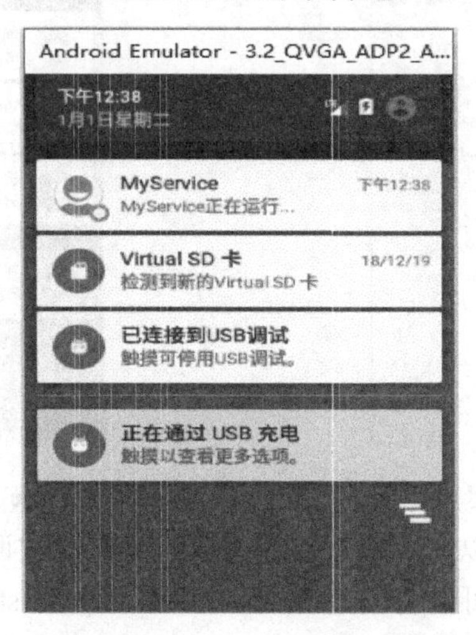

图 6.10　调用 startForeground()方法时定制通知内容

前面所讨论的内容都是以 Start 方式启动 Service 的，实际上 Bind 方式所启动的 Service 同样可以调用 startForeground()和 stopForeground()方法来改变 Service 的前台状态和取消前台状态。但是，客户端使用 Bind 方式启动 Service 时可以直接获取 Service 的实例，从而能够更方便快捷地操作 Service。下面修改前面实例的代码，演示以 Bind 方式启动前台 Service，并在通知栏中模拟显示一个进度条。

添加 MyService 代码如下所示：

```
private MyBinder myBinder = new MyBinder();
    private Notification.Builder builder;
    @Override
    public IBinder onBind(Intent intent) {
        builder = new Notification.Builder(this);
        builder.setSmallIcon(R.drawable.ic_launcher);
        builder.setLargeIcon(BitmapFactory.decodeResource(getResources(),
            R.drawable.ic_launcher));
        builder.setContentTitle("Bind 启动 Service");
        return myBinder;
    }
    public void setProgress(int progress) {
        builder.setContentText("进度： " + progress + "%");
        builder.setProgress(100, progress, false);
        Notification notification = builder.build();
        startForeground(1, notification);
    }
    public class MyBinder extends Binder {
        public MyService getService() {
```

```
            return MyService.this;
        }
    }
```

上述代码中，声明了MyService内部类并继承Binder类，其中getService()方法用于返回MyService的当前实例。在MyService中，onBind()方法用于返回myBinder属性；在setProgress()方法中通过builder的setProgress()方法来设定进度条式通知栏的进度值，然后调用startForeground()方法来更新通知。

修改MainActivity.java代码，添加绑定MyService的操作，代码如下所示：

```
public class MainActivity extends AppCompatActivity {
    private MyService myService;
    private ServiceConnection conn = new ServiceConnection() {
        @Override
        public void onServiceConnected(ComponentName componentName,
                                       IBinder iBinder) {
            myService = ((MyService.MyBinder) iBinder).getService();
        }
        @Override
        public void onServiceDisconnected(ComponentName componentName) {
            myService = null;
        }
    };
    @Override
    protected void onCreate(Bundle savedInstanceState) {
        super.onCreate(savedInstanceState);
        setContentView(R.layout.activity_main);
        Button bindbutton = findViewById(R.id.bindButton);
        bindbutton.setOnClickListener(new View.OnClickListener() {
            @Override
            public void onClick(View view) {
                Intent intent = new Intent(MainActivity.this, MyService.class);
                bindService(intent, conn, Context.BIND_AUTO_CREATE);
            }
        });
        Button processButton = findViewById(R.id.processButton);
        processButton.setOnClickListener(new View.OnClickListener() {
            @Override
            public void onClick(View view) {
                new Thread() {
                    public void run() {
                        for (int i = 0; i <= 100; i++) {
                            final int p = i;
                            runOnUiThread(new Runnable() {
```

```
                    @Override
                    public void run() {
                        myService.setProgress(p);
                    }
                });
                try {
                    sleep(200);
                } catch (InterruptedException e) {
                    e.printStackTrace();
                }
            }
        }
    }.start();
}
});
...
}
```

上述代码中，在 bindButton 按钮的单击事件中绑定 MyService，在 progressButton 按钮的单击事件中，每隔 200 毫秒调用一次 myService 的 setProgress()方法实现进度条的增长效果。

运行应用程序，首先单击“前台绑定 SERVICE”按钮，然后单击“开始 SERVICE 进度”按钮，可以在状态栏中观察到 MyService 的进度条在逐渐增加，如图 6.11 所示。

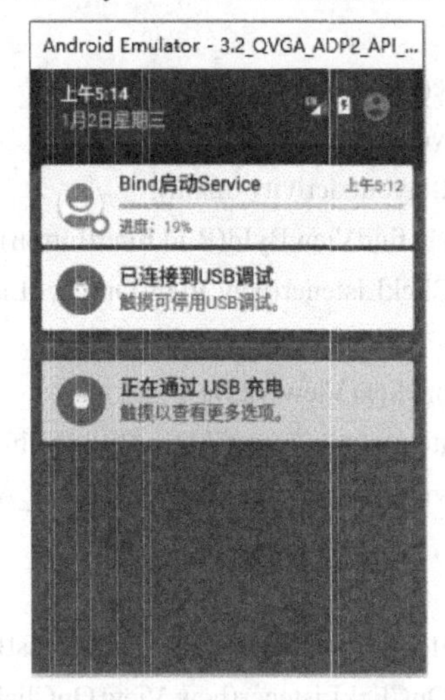

图 6.11　调用 startForeground()方法并在通知栏显示进度条

6.2.5　Service 执行耗时任务

Service 运行于 UI 线程中，如果直接在 UI 线程中执行耗时或可能被阻塞的任务，会造成界面无响应异常，因此这种耗时任务通常都需要新开线程执行。

【实例 ThreadService】演示如何在 Service 中执行耗时任务。项目开发步骤如下：

(1) 创建 Service，代码如下所示：

```
public class MyService extends Service {
    public MyService() {
    }
    @Override
    public int onStartCommand(Intent intent, int flags, final int startId) {
        new Thread() {
            public void run() {
                Log.i("MyService", "任务 " + startId + "开始运行");
                for (int i = 1; i <= 3; i++) {
                    Log.i("MyService", "任务 " + startId + "运行第" + i + "次");
                    try {
                        Thread.sleep(3000);
                    } catch (InterruptedException e) {
                        e.printStackTrace();
                    }
                }
                Log.i("MyService", "任务 " + startId + "运行结束");
            }
        }.start();
        return super.onStartCommand(intent, flags, startId);
    }
    @Override
    public IBinder onBind(Intent intent) {
        return null;
    }
    @Override
    public void onDestroy() {
        super.onDestroy();
        Log.i("MyService", "onDestroy()");
    }
}
```

上述代码中，在onStartCommand()方法中新开线程执行一个模拟的耗时任务，任务中循环三次，每次循环持续3秒，并在Logcat中输出执行任务状态，提供startId参数可以看出所执行的哪一次startService()方法。

(2) 修改activity_main.xml代码，添加启动、停止MyService的按钮，代码如下所示：

```
<?xml version="1.0" encoding="utf-8"?>
<LinearLayout xmlns:android="http://schemas.android.com/apk/res/android"
    android:layout_width="match_parent"
    android:layout_height="match_parent"
    android:orientation="vertical">
    <Button
        android:id="@+id/startButton"
        android:layout_width="match_parent"
```

```
            android:layout_height="wrap_content"
            android:text="启动服务" />
        <Button
            android:id="@+id/stopButton"
            android:layout_width="match_parent"
            android:layout_height="wrap_content"
            android:text="停止服务" />
    </LinearLayout>
```

(3) 修改 MainActivity.java 代码，添加启动、停止 MyService 的按钮事件，代码如下所示：

```
public class MainActivity extends AppCompatActivity {
    @Override
    protected void onCreate(Bundle savedInstanceState) {
        super.onCreate(savedInstanceState);
        setContentView(R.layout.activity_main);
        Button startButton = findViewById(R.id.startButton);
        Button stopButton = findViewById(R.id.stopButton);
        startButton.setOnClickListener(new View.OnClickListener() {
            @Override
            public void onClick(View view) {
                Intent intent = new Intent(MainActivity.this, MyService.class);
                startService(intent);
            }
        });
        stopButton.setOnClickListener(new View.OnClickListener() {
            @Override
            public void onClick(View view) {
                Intent intent = new Intent(MainActivity.this, MyService.class);
                stopService(intent);
            }
        });
    }
}
```

运行应用程序，点击“启动服务”按钮和“停止服务”按钮，Logcat 输出结果可能如下：

```
… I/MyService: 任务 1 开始运行
… I/MyService:任务 1 运行 1 次
… I/MyService: I/MyService: 任务 2 开始运行
… I/MyService: I/MyService: 任务 2 运行 1 次
… I/MyService: I/MyService: onDestroy()
… I/MyService: I/MyService: 任务 1 运行 2 次
… I/MyService: I/MyService: 任务 2 运行 2 次
… I/MyService: I/MyService: 任务 1 运行 3 次
… I/MyService: I/MyService: 任务 2 运行 3 次
```

```
... I/MyService: I/MyService: 任务 1 运行结束
... I/MyService: I/MyService: 任务 2 运行结束
```

可以看到，在 MyService 的 onStartCommand()方法中的线程成功运行。需要注意，onStartCommand()中启动了新的任务线程，这个线程是一个完全独立的普通线程，与启动它的 Service 没有任何关系，该线程会一直运行直到自己结束，或者由于进程被终止而提前结束，而不会因为 Service 的销毁而停止。

为完成耗时任务，在 onStartCommand()方法中启动了新线程，如果使用 Bind 方式启动 Service，则可以在 onBind()方法中启动新线程。在新线程中执行耗时任务与 Service 是以 Start 方式还是 Bind 方式进行启动是没有关系的。

针对在 Service 中执行耗时任务，Android 系统还专门提供了一种特殊的 Service：IntentService。抽象类 android.add.IntentService 是 Service 的子类，其内部会自动开始一个新线程来执行任务，并在任务执行完毕后停止 Service。当有多个任务时，IntentService 会将任务加到一个队列中，按照次序依次执行，直到所有任务执行完毕后停止 Service。

使用 IntentService 非常简单，只需继承 IntentService 并重写 onHandleIntent()方法即可，onHandleIntent()方法的语法格式如下所示：

```
protected abstract void onHandleIntent(Intent intent);
```

其中，参数 intent 是 Service 客户端以 Start 方式启动 Service 时 startService()方法所传入的 intent 对象。

下面演示 IntentService 的用法，编写 MyService2 并继承 IntentService，代码如下所示：

```
public class MyService2 extends IntentService {
    public MyService2() {
        super("");
    }
    @Override
    public void onDestroy() {
        super.onDestroy();
        Log.i("MyService", "onDestroy()");
    }
    @Override
    public int onStartCommand(Intent intent, int flags, int startId) {
        Log.i("MyService", "onStartCommand():startId=" + startId);
        intent.putExtra("startId", startId);
        return super.onStartCommand(intent, flags, startId);
    }
    @Override
    protected void onHandleIntent(Intent intent) {
        int startId = intent.getIntExtra("startId", 0);
        Log.i("MyService", "任务 " + startId + "开始运行");
        for (int i = 1; i <= 3; i++) {
            Log.i("MyService", "任务 " + startId + "运行第" + i + "次");
            try {
```

```
                    Thread.sleep(3000);
                } catch (InterruptedException e) {
                    e.printStackTrace();
                }
            }
            Log.i("MyService", "任务 " + startId + "运行结束");
        }
    }
```

上述代码中，MyService2 继承了 IntentService，并重写了 onHandleIntent()方法来模拟实现一个 3 秒的耗时操作。为了输出任务编号，在 onStartCommand()方法中将 startId 存入 intent，在 onHandleIntent()方法中从 Intent 中获取了 startId 作为任务的编号。

修改 MainActivity 代码，添加启动 MyService2 的按钮事件。运行应用程序，多次单击启动 Service 按钮，Logcat 输出结果可能如下：

```
... I/MyService: onStartCommand():startId=1
...I/MyService: 任务 1 开始运行
...I/MyService:任务 1 运行第 1 次
...I/MyService: onStartCommand():startId=2
... I/MyService: 任务 1 运行第 2 次
... I/MyService: 任务 1 运行第 3 次
... I/MyService: 任务 1 运行结束
... I/MyService: 任务 2 开始运行
...I/MyService:任务 2 运行第 1 次
... I/MyService: 任务 2 运行第 2 次
...I/MyService: 任务 2 运行第 3 次
...I/MyService: 任务 2 运行结束
... I/MyService: onDestroy()
```

可以看到，每次调用 startService()后，都会立即执行 Service 的 onStartCommand()方法，但是对应的任务并没有马上执行，而是按照调用的次序依次执行，在所有任务都执行完毕后调用 Service 的 onDestroy()方法。

当需要执行耗时的后台任务时，使用 IntentService 是一种合适的选择，开发者可以避免启动和管理新线程，使用方便，代码简洁。但是 IntentService 也有其局限性，由于将任务按照调用次序排队依次执行，因此损失了并发性。如果多个任务并没有执行次序的要求，或者多个任务明确地需要并发执行，此时手动启动多个并发的新线程将是更好的选择。

6.2.6　远程 Service

我们前面所学习的都是本地 Service，即与客户端运行于同一个进程中的 Service。实际上，有时还需要一种 Service，通常用于提供一些通用的系统级服务，需要运行于独立的进程中，并未对其他进程提供服务。为此，Android 系统提供了远程 Service，即允许被另一个进程中的组件访问的 Service。

为使远程 Service 能被其他进程访问，需要一种进程间通信的机制。进程是操作系统的概念，因此，跨进程通信需要将传递的对象分解成操作系统可以理解的基本单元，并且有序地通过进程边界。通过代码实现进程间通信数据的解析和传输需要编写冗长的模板式代码，为此，Android 系统提供了 AIDL(Android Interface Definition Language，Android 接口定义语言)工具来完成这项工作。

【实例 RemoteService】演示如何通过 AIDL 实现远程 Service。步骤如下：

(1) 首先编写 AIDL 的接口文件，aidl 文件的语法与 Java Interface 的语法几乎相同。右击项目 app 文件夹，选择“New”→“AIDL”→“AIDL File”，在源代码目录中创建 MyServiceAIDL.aidl 文件，代码如下所示：

```
package com.example.xsc.remoteservice;
interface MyServiceAIDL {
    int sum(int a,int b);
}
```

aidl 文件编写完成后，选择 Android Studio 菜单栏“Build”→“Rebuild Project”选项对项目进行编译。编译后，Android Studio 会在 build 目录下自动生成一个与 aidl 文件同名的 Java 接口文件 MyServiceAIDL.java。

(2) 编写用来实现服务功能的 Service，代码如下所示：

```
public class MyService extends Service {
    public MyService() {
    }
    private final MyServiceAIDL.Stub binder = new MyServiceAIDL.Stub() {
        @Override
        public int sum(int a, int b) throws RemoteException {
            Log.i("MyService", "sum(" + a + "," + b + ")");
            return a + b;
        }
    };
    @Override
    public void onCreate() {
        super.onCreate();
        Log.i("MyService", "onCreate()");
    }
    @Override
    public IBinder onBind(Intent intent) {
        Log.i("MyService", "onBind()");
        return binder;
    }
    @Override
    public boolean onUnbind(Intent intent) {
        Log.i("MyService", "onUnbind()");
        return false;
    }
    @Override
```

```
    public void onDestroy() {
        super.onDestroy();
        Log.i("MyService", "onDestroy()");
    }
}
```

上述代码中，声明了 MyServiceAIDL.Stub 类型的 binder 属性，其中重写了 MyService AIDL.Stub 类的业务处理方法 sum()，然后在 onBind()方法中返回该 binder 对象。

(3) 在 AndroidManifest.xml 清单文件中配置 MyService。需要注意，MyService 是提供给远程客户端使用的 Service，而远程客户端是无法直接获取 MyService 类型的，即无法通过 new Intent(context, MyServide.class)的方式绑定 MyService，而只能通过隐式 Intent 访问。因此，MyService 必须配置< intent-filter >，配置代码如下所示：

```
<service
    android:name=".MyService"
    android:enabled="true"
    android:process=":remote"   //将本地服务设置成远程服务
    android:exported="true">    //设置可被其他进程调用
    <intent-filter>
        <action android:name="com.example.xsc.remoteservice.MyServiceAIDL"/>
    </intent-filter>
</service>
```

至此，远程 Service 编写完毕，运行应用程序，远程 Service 即发布成功。

【实例 RemoteServiceClient】编写客户端来连接前面发布的远程 Service，为了模拟在另一个进程中访问远程 Service，客户端需要在新的项目中进行编写。步骤如下：

(1) 复制远程 Service 项目 Project 目录下的 main 文件夹中的整个 aidl 文件到新项目 main 文件中，然后重新编译并由 Android Studio 自动生成 MyServiceAIDL.java 代码，如图 6.12 所示。

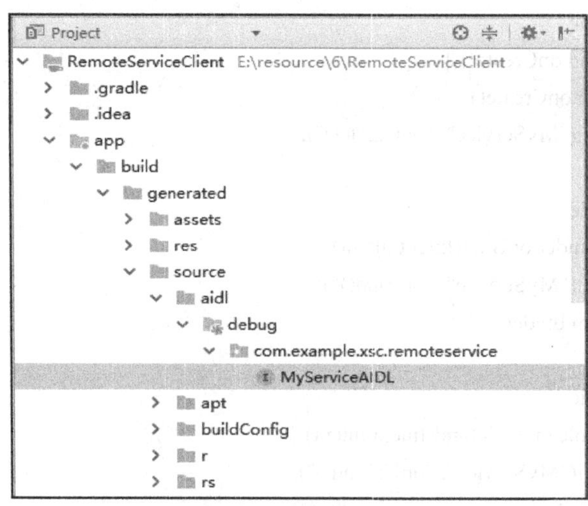

图 6.12　复制 aidl 到客户端项目中

(2) 编写 activity_main.xml 布局文件，代码如下所示：

```
<?xml version="1.0" encoding="utf-8"?>
<LinearLayout xmlns:android="http://schemas.android.com/apk/res/android"
    android:layout_width="match_parent"
    android:layout_height="match_parent"
    android:orientation="vertical">
    <Button
        android:id="@+id/bindButton"
        android:layout_width="match_parent"
        android:layout_height="wrap_content"
        android:text="绑定远程服务" />
    <EditText
        android:id="@+id/aEditText"
        android:layout_width="match_parent"
        android:layout_height="wrap_content"
        android:hint="输入一个加数" />
    <EditText
        android:id="@+id/bEditText"
        android:layout_width="match_parent"
        android:layout_height="wrap_content"
        android:hint="输入另一个加数" />
    <Button
        android:id="@+id/callButton"
        android:layout_width="match_parent"
        android:layout_height="wrap_content"
        android:text="调用远程服务计算" />
    <TextView
        android:id="@+id/resultTextView"
        android:layout_width="wrap_content"
        android:layout_height="wrap_content" />
</LinearLayout>
```

(3) 在 MainActivity 中添加绑定远程 Service 操作，代码如下所示：

```
public class MainActivity extends AppCompatActivity {
    private Button bindButton;
    private Button callButton;
    private TextView restltTextView;
    EditText aEditText, bEditText;
    private MyServiceAIDL myService;
    private ServiceConnection conn = new ServiceConnection() {
        @Override
        public void onServiceConnected(ComponentName componentName,
                IBinder iBinder) {
            Log.i("MainActivity", "onServiceConnected()");
            myService = MyServiceAIDL.Stub.asInterface(iBinder);
```

```
            }
            @Override
            public void onServiceDisconnected(ComponentName componentName) {
                Log.i("MainActivity", "onServiceDisconnected()");
                myService = null;
            }
        };
        @Override
        protected void onCreate(Bundle savedInstanceState) {
            super.onCreate(savedInstanceState);
            setContentView(R.layout.activity_main);
            bindButton = findViewById(R.id.bindButton);
            callButton = findViewById(R.id.callButton);
            restltTextView = findViewById(R.id.resultTextView);
            aEditText = findViewById(R.id.aEditText);
            bEditText = findViewById(R.id.bEditText);
            bindButton.setOnClickListener(new View.OnClickListener() {
                @Override
                public void onClick(View view) {
                    Intent intent = new
                          Intent("com.example.xsc.remoteservice.MyServiceAIDL");
                    intent.setPackage("com.example.xsc.remoteservice");
                    bindService(intent, conn, Context.BIND_AUTO_CREATE);
                }
            });
            callButton.setOnClickListener(new View.OnClickListener() {
                @Override
                public void onClick(View view) {
                    try {
                        String a = aEditText.getText().toString();
                        String b = bEditText.getText().toString();
                        int result = myService.sum(Integer.parseInt(a), Integer.parseInt(b));
                        Log.i("MainActivity", "远程调用结果为：" + result);
                        restltTextView.setText("远程调用结果为：" + result);
                    } catch (RemoteException e) {
                        e.printStackTrace();
                        Toast.makeText(MainActivity.this, "远程调用错误！",
                                Toast.LENGTH_LONG).show();
                    }
                }
            });
        }
    }
```

至此，访问远程 Service 的客户端项目编写完毕。运行 RemoteServiceClient 项目，效果如图 6.13 所示。

单击“绑定远程服务”按钮，Logcat 输出结果如下：

```
…I/MainActivity: onServiceConnected()
```

此时，在 RemoteService 项目的 Logcat 窗口输出以下内容，说明远程 Service 绑定成功。

```
…I/MyService: onCreate()
…I/MyService:onBind()
```

在输入文本框中输入两个整数，然后单击“调用远程服务计算”按钮，在界面输出正确的计算结果，如图 6.14 所示，说明调用远程 Service 成功。

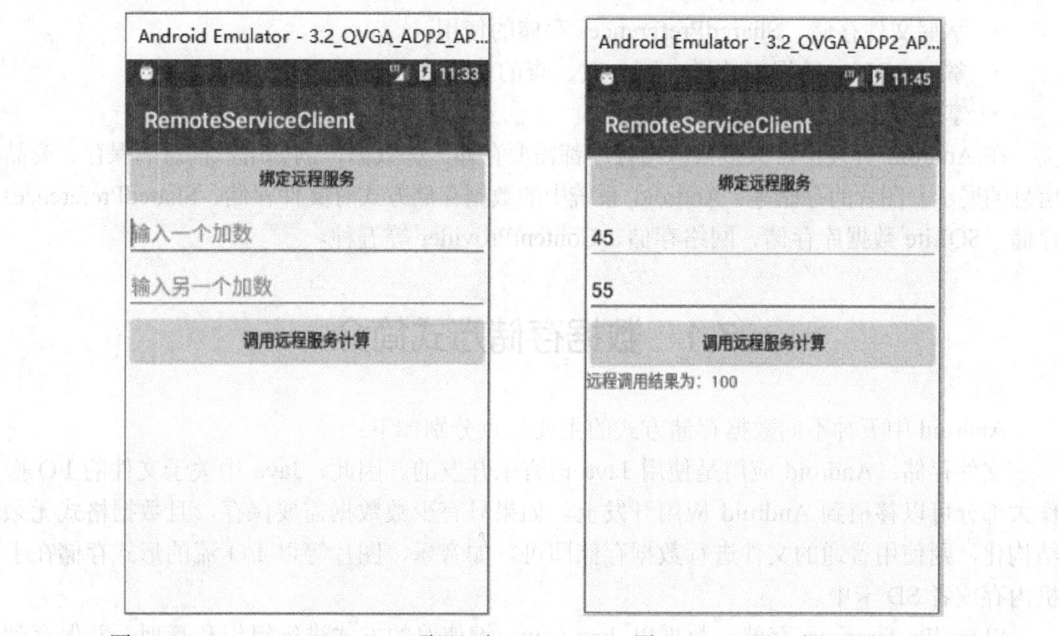

图 6.13　RemoteServiceClient 项目运行　　　　图 6.14　调用远程 Service

第 7 章　Android 数据存储

本章目标：

- 了解数据存储方式的特点；
- 掌握文件存储、SharedPreferences 存储的使用；
- 掌握 SQLite 数据库的增、删、改、查的使用；
- 掌握 LitePal 插件操作数据库。

在 Android 开发中，大多数应用程序都需要存储一些数据，例如用户信息的保存、商品信息的展示、图片的存储等。Android 系统中的数据存储方式有文件存储、SharedPreferences 存储、SQLite 数据库存储、网络存储、ContentProvider 等五种。

7.1　数据存储方式简介

Android 中五种不同数据存储方式的主要特点分别如下：

文件存储：Android 应用是使用 Java 语言来开发的。因此，Java 中关于文件的 I/O 操作大部分可以移植到 Android 应用开发上。如果只有少数数据需要保存，且数据格式无须结构化，则使用普通的文件进行数据存储即可。如音乐、图片等以 I/O 流的形式存储在手机内存或者 SD 卡中。

SharedPreferences 存储：数据以 key-value 键值对的方式进行组织和管理，并保存到 XML 文件中。如果要存储的数据格式很简单，都是普通的字符串、数值等，可以采用 SharedPreferences 方式存储。相对于其他方式，SharedPreferences 是一个轻量级的存储机制，该方式实现比较简单，适合存储少量且数据结构简单的数据。

SQLite 数据库存储：SQLite 数据库是一款轻型的数据库，是遵守 ACID 的关系型数据库管理系统，通常用于存储结构化的数据信息。它实现了自给自足、无服务器、零配置、事务性的 SQL 数据库引擎。Android 系统为访问 SQLite 数据库提供了大量的 API，可以非常方便地进行增、删、改、查等操作。相比 SharedPreferences 存储和文件存储，使用 SQLite 较为复杂，该方法通常应用于数据量较多且需要进行结构化存储的情况下。

网络存储：把数据存储到服务器中，使用的时候可以连接网络，然后从网络上获取信息，这样可以保证信息的安全性。

ContentProvider：ContentProvider(内容提供者)是 Android 中的四大组件之一。主要用于对外共享数据，也就是通过 ContentProvider 把应用中的数据共享给其他应用访问，其他应用可以通过 ContentProvider 对指定应用中的数据进行操作。ContentProvider 分为系统的和自定义的，系统的 ContentProvider 也就是例如联系人、相册等数据。

需要注意的是，如果需要把数据共享给其他的应用程序使用，可以使用文件存储、SharedPreferences 和 ContentProvider 方式，一般使用 ContentProvider 方式更好。

7.2 文件存储

Android 中的文件存储与 Java 中的文件存储类似，都是以 I/O 流的形式把数据存储到文件中。不同点在于 Android 中的文件存储分为外部存储和内部存储两种。下面将对这两种方式进行详细介绍。

1. 外部存储

外部存储是指把文件存储到一些外部设备上，例如 SD 卡、设备内的存储卡等，属于永久性存储方式。使用这种类型存储的文件可以共享给其他的应用程序使用，也可以被删除、修改、查看等，它不是一种安全的存储方式。

由于外部存储方式一般是存放在外部设备里，所以在使用之前要先检查外部设备是否存在。在 Android 系统中，使用 Environment.getExternalStorageState()方法来查看外部设备是否存在。当外部设备存在时，就可以使用 FileInputStream、FileReader、FileOutputStream、FileWriter 对象来读写外部设备中的文件。

向外部设备存储文件的具体代码如下所示：

```
//检查外部设备是否存在
String environment = Environment.getExternalStorageState();
if(Environment.MEDIA_MOUNTED.equals(environment)) {   //获取外部设备的路径
    File sd_path = Environment.getExternalStorageDirectory();
    File file = new File(sd_path,"test.txt");
    String str="Android";
    FileOutputStream fos;
    try{             //写入数据
        fos = new FileOutputStream(file);
        fos.write(str.getBytes());
        fos.close();
    } catch(Exception e){
    e.printStackTrace();
}}
```

上述代码中，实现了向 SD 卡中的 test.txt 文件中存储一个字符串信息。首先使用了 Environment.getExternalStorageState()方法来检查是否存在外部设备，然后使用 Environment .getExternalStorageDirectory()方法获取 SD 卡的路径。由于不同的手机上 SD 卡的路径可能不同，使用这种方式可以避免因路径写死而出现找不到路径的错误。

从外部设备读取文件的代码如下所示：

```
//检查外部设备是否存在
String environment = Environment.getExternalStorageState();
if(Environment.MEDIA_MOUNTED.equals(environment)) {   //外部设备可以进行读写操作
```

```
    File sd_path = Environment.getExternalStorageDirectory();
    File file = new File(sd_path,"test.txt");
    FileInputStream fis;
    try{          //读取文件
        fis = new FileInputStream(file);
        BufferedReader buff_read = new BufferedReader(new InputStreamReader(fis));
        String str = buff_read.readLine();
        buff_read.close();
    }catch(Exception e){
        e.printStackTrace();
}}
```

上述代码中，实现了从 test.txt 文件中读取数据的功能，同样需要先检查外部设备是否存在，然后再进行读取操作。

Android 系统为了保证应用程序的安全性，无论是读取操作还是写入操作，都需要添加权限，否则程序将会出错。在 AndroidManifest.xml 文件中添加读写操作权限代码如下：

```
<!--往 sdcard 中写入数据的权限 -->
<uses-permission android:name = "android.permission. WRITE_EXTERNAL_STORAGE" />
<!—从 sdcard 中读取数据的权限 -->
<uses-permissionandroid:name = "android.permission. READ_EXTERNAL_STORAGE " />
```

2. 内部存储

内部存储是指将应用程序的数据，以文件的形式存储在应用程序的目录下(data/data/<packagename/files/)。这个文件属于该应用程序私有，如果其他应用程序想要操作本应用程序的文件，就需要设置权限。内部存储的文件随着应用程序的卸载而删除，随着应用程序的生成而创建。内部存储方式使用的是 Context 提供的 openFileOutput()方法和 openFileInput()方法。通过这两个方法获取 FileOutputStream 对象和 FileInputStream 对象。例如：

```
FileOutputStream openFileOutput(String name, int mode);
FileInputStream openFileInput(String name);
```

上述代码中，openFileOutput()方法用于打开输出流，将数据存储到文件中；openFileInput()方法用于打开输入流，读取文件数据。参数 name 代表文件名，mode 表示文件的操作权限，它有以下两种取值：

(1) MODE_PRIVATE：默认的操作权限，只能被当前应用程序所读写。

(2) MODE_APPEND：可以添加文件的内容。

内部存储方式存储数据的具体操作代码如下所示：

```
//文件名称
String file_name = "test.txt";
//写入文件的数据
String str = "Android";
FileOutputStream fi_out;
try{   fi_out=openFileOutput (file_name, MODE_PRIVATE);
    fi_out.write(str.getBytes());
```

```
        fi_out.close();
    }
    catch(Exception e){ e.printStackTrace();   }
```

上述代码中，通过创建 FileOutputStream 对象实现了向 test.txt 文件中写入“Android”字符串的功能。

内部存储方式读取数据的具体操作代码如下所示：

```
    //文件名称
    String file_name="test.txt";
    //保存读取的数据
    String str="";
    FileInputStream fi_in;
    try{
        fi_in=openFileInput(file_name);
    //fi_in.available()返回的实际可读字节数
        byte[] buffer=new byte[fi_in.available()];
        fi_in.read(buffer);
        str = new String(buffer);
    }catch(Exception e){   e.printStackTrace();}
```

上述代码中，通过 openFileInput()方法获取文件输入流的对象，然后将存储在缓冲区 buffer 的数据赋值给字符串 str 变量。

【实例 FileMemory】通过一个使用文件存储用户注册信息的案例，演示使用文件存储的过程。

(1) 编写布局文件 activity_main.xml 文件，代码如下所示：

```
    <LinearLayout xmlns:android="http://schemas.android.com/apk/res/android"
        android:layout_width="match_parent"
        android:layout_height="match_parent"
        android:orientation="vertical">
        <EditText
            android:id="@+id/zhanghao"
            android:layout_width="match_parent"
            android:layout_height="wrap_content"
            android:hint="请输入账号"/>
        <EditText
            android:id="@+id/paswd"
            android:layout_width="match_parent"
            android:layout_height="wrap_content"
            android:inputType="numberPassword"
            android:hint="请输入密码"/>
        <Button
            android:id="@+id/save_mes"
            android:layout_width="match_parent"
            android:layout_height="wrap_content"
            android:textSize="16sp"
```

```
            android:text="保存用户信息"/>
        <Button
            android:id="@+id/show_mes"
            android:layout_width="match_parent"
            android:layout_height="wrap_content"
            android:layout_marginTop="15dp"
            android:textSize="16sp"
            android:text="读取用户信息"/>
</LinearLayout>
```

(2) 编写 MainActivity.java 文件，代码如下所示：

```
public class MainActivity extends AppCompatActivity implements View.OnClickListener {
    public EditText username, paswd;
    public Button save, show;
    @Override
    protected void onCreate(Bundle savedInstanceState) {
        super.onCreate(savedInstanceState);
        setContentView(R.layout.activity_main);
        init();
    }
    //组件初始化方法
    public void init() {
        username = findViewById(R.id.zhanghao);
        paswd = findViewById(R.id.paswd);
        save = findViewById(R.id.save_mes);
        show = findViewById(R.id.show_mes);
        //为按钮添加事件
        save.setOnClickListener(this);
        show.setOnClickListener(this);
    }
    @Override
    public void onClick(View view) {
        switch (view.getId()) {
        case R.id.save_mes:
          //获取用户输入的账号和密码
          String user_str = username.getText().toString();
          String paswd_str = paswd.getText().toString();
          String user_mes = "用户名为：" + user_str + "\n" + "密码为：" + paswd_str;
          FileOutputStream fi_out;
          try {      //保存输入的信息
              fi_out = openFileOutput("user_ messsage.txt", MODE_PRIVATE);
              fi_out.write(user_mes.getBytes());
              fi_out.close();
          } catch (Exception e) {
```

```
                e.printStackTrace();
            }
            Toast.makeText(this, "用户信息已保存", Toast.LENGTH_SHORT).show();
            break;
        case R.id.show_mes:
            //读取存储的信息
            String mes = "";
            try {
                FileInputStream fi_input;
                fi_input = openFileInput("user_ message.txt");
                byte[] buffer = new byte[fi_input.available()];
                fi_input.read(buffer);
                mes = new String(buffer);
                fi_input.close();
            } catch (Exception e) {
                e.printStackTrace();
            }
            Toast.makeText(this, mes, Toast.LENGTH_SHORT).show();
            break;
        default:
            break;
        }
    }
}
```

上述代码中，把用户输入的账号和密码保存到 user_messsage.txt 文件中，并且实现了从文件中读取的功能。

(3) 完成了代码的编写以后，运行程序，在运行界面中输入相应的账号和密码，单击“保存用户信息”按钮，就会把用户信息保存到 user_ messsage.txt 文件中，并且提示用户保存成功。单击“读取用户信息”按钮，就会从 user_ messsage.txt 文件中读取保存的信息，然后通过 Toast 的形式显示出来。具体的界面如图 7.1 所示。

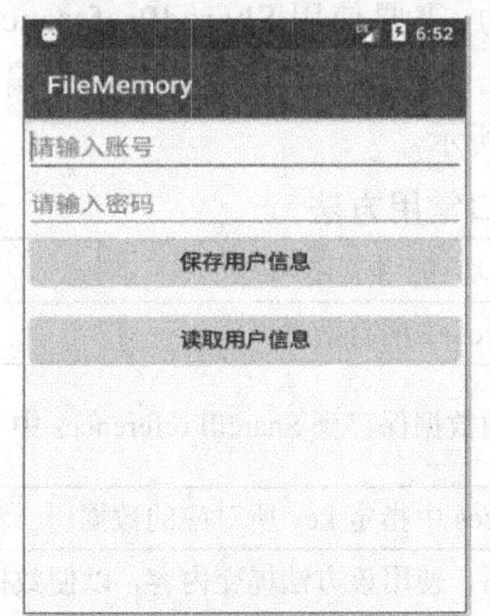

图 7.1　文件存储简单应用

(4) 为了确定上述代码是否生成了 user_ messsage.txt 文件，可以在 data/data 目录下查找。在 Android Studio 中查看文件的操作需要单击“View”→“Tool Windows”→“Device File Explorer”选项，则可以打开设备文件资源管理器。打开 data/data/ com.example.xsc .filememory/files 目录，就可以查找到生成的 user_ messsage.txt 文件。如图 7.2 所示。

∨ com.example.xsc.filememory	drwxr-x--x	2019-01-29 02:57	
> cache	drwxrwx--x	2019-01-29 02:55	
> code_cache	drwxrwx--x	2019-01-29 02:55	
∨ files	drwxrwx--x	2019-01-29 06:49	
user_message.txt	-rw-rw----	2019-01-29 06:54	36 B

图 7.2　查看文件

7.3　SharedPreferences 的使用

SharedPreferences 是一个轻量级的存储类，特别适合用于保存软件配置参数，例如登录时的用户名、密码、性别等参数。SharedPreferences 保存数据，其实质是用 xml 文件存放数据，文件存放在/data/data/<package name>/shared_prefs 目录下。

使用 SharedPreferences 方式存储数据时，需要用到 SharedPreferences 和 SharedPreferences.Editor 接口，这两个接口位于 android.content 包中。其中，SharedPreferences 接口提供了获得数据的方法，其常用的方法如表 7-1 所示。

表 7-1　SharedPreferences 接口常用方法

方　法	功 能 描 述
boolean contains (String key)	判断 SharedPreferences 是否包含指定 key 的数据
SharedPreferences.Editor edit()	返回 SharedPreferences.Editor 编辑对象
Map<String,?> getAll()	获取 SharedPreferences 中所有 key-value 对，返回值的类型为 Map 类型
xxx getXxx(String key, xxx defValue)	返回 SharedPreferences 中指定 key 的数据值，如果 key 不存在，则返回指定的默认 defValue 值；xxx 是返回值的数据类型

SharedPreferences 接口本身没有提供写入数据的能力，需要使用 SharedPreferences .Editor 内部接口来实现。调用 SharedPreferences 的 edit()方法即可获得所对应的 Editor 编辑对象。SharedPreferences.Editor 接口中常用的方法如表 7-2 所示。

表 7-2　SharedPreferences.Editor 接口常用方法

方　法	功 能 描 述
SharedPreferences.Editor　clear()	清除 SharedPreferences 中所有数据
SharedPreferences.Editor putXxx(String key, xxx value)	将指定 key 所对应的数据保存到 SharedPreferences 中
SharedPreferences.Editor remove(String key)	删除 SharedPreferences 中指定 key 所对应的数据
boolean　commit()	当 Editor 编辑完成后，使用该方法提交内容，以便数据保存到 SharedPreferences 中

使用 SharedPreferences 的 getXxx()方法获取数据，以及使用 SharedPreferences.Editor 的 putXxx()方法保存数据时，都需要根据数据的具体数据类型调用相应的方法。例如：获取一个整型数据时，使用 getInt()方法；而保存一个整型数据时，则使用 putInt()方法。

SharedPreferences 本身只是一个接口，不能直接实例化，只能通过 Context 上下文对象所提供的.getSharedPreferences(String name, int mode)方法来获取 SharedPreferences 的实例对象。其中参数 name 用于指定存储数据的文件名，该文件名无须手动添加后缀，系统会自动添加.xml 后缀，并在“/data/data/包名/shared_prefs/”目录中创建该文件。参数 mode 用于设定文件的操作模式，共有两种操作模式，分别为：MODE_APPEND(追加方式存储)和 MODE_PRIVATE(私有方式存储)。

上面讲解了使用 SharedPreferences 中需要用到的方法，接下来，我们将分别通过一段示例代码演示如何使用 SharedPreferences 存储数据、读取数据和删除数据。

1. 使用 SharedPreferences 存储数据

使用 SharedPreferences 存储数据时，首先需要获取 SharedPreferences 对象，然后通过该对象获取到 Editor 对象，最后调用 Editor 对象的相关方法存储数据。具体代码如下所示：

```
SharedPreferences sharedPreferences =
        getSharedPreferences("test", Context.MODE_PRIVATE);        //私有数据
SharedPreferences.Editor editor = sharedPreferences.edit();         //获取编辑器
editor.putString("name", "重庆机电职业技术学院");                   //存入数据
editor.putString("adress ", "重庆璧山");
editor.commit();                                                    //提交数据执行
```

2. 使用 SharedPreferences 读取数据

使用 SharedPreferences 读取数据时，代码写起来相对较少，只需要创建 SharedPreferences 对象，然后使用该对象从对应的 key 取值即可。具体代码如下所示：

```
SharedPreferences sharedPreferences=context.getSharedPreferences();  //获取实例对象
String name= sharedPreferences.getString("name");                    //获取名字
String history= sharedPreferences.getString("adress ");              //获取地址
```

3. 使用 SharedPreferences 删除数据

使用 SharedPreferences 删除数据时，首先需要获取到 Editor 对象，然后调用该对象的 remove()方法或者 clear()方法删除数据，最后提交。具体代码如下所示：

```
SharedPreferences sharedPreferences=context.getSharedPreferences();  //获取实例对象
Editor editor = sharedPreferences.edit();                            //获取编辑器
editor.remove("name");                                               //删除一条数据
editor.clear();                                                      //删除所有数据
editor.commit();                                                     //提交修改执行
```

以上就是使用 SharedPreferences 存储数据、读取数据以及删除数据的基本步骤。总结一下，使用 SharedPreferences 进行数据操作的基本步骤如下：

(1) 使用 getSharedPreferences()方法获取一个 SharedPreferences 实例对象。

(2) 使用 SharedPreferences 实例对象的 edit()方法，获取 SharedPreferences.Editor 编辑对象。

(3) 使用 SharedPreferences.Editor 编辑对象的 putXxx()方法来保存数据。

(4) 使用 SharedPreferences 对象的 getXxx()方法来读取数据。

(5) 使用 SharedPreferences.Editor 编辑对象的 commit()方法将数据提交到 XML 文件中。

【实例 SharedPreferencesMemory】通过一个使用 SharedPreferences 存储用户注册信息的案例，演示使用 SharedPreferences 存储的过程。

(1) 编写布局文件 activity_main.xml 文件，代码如下所示：

```
<?xml version="1.0" encoding="utf-8"?>
<LinearLayout xmlns:android="http://schemas.android.com/apk/res/android"
    android:layout_width="match_parent"
    android:layout_height="match_parent"
    android:orientation="vertical">
    <EditText
        android:id="@+id/username"
        android:layout_width="match_parent"
        android:layout_height="wrap_content"
        android:hint="请输入用户名" />
    <EditText
        android:id="@+id/paswd"
        android:layout_width="match_parent"
        android:layout_height="wrap_content"
        android:hint="请输入密码"
        android:inputType="numberPassword" />
    <Button
        android:id="@+id/register"
        android:layout_width="match_parent"
        android:layout_height="wrap_content"
        android:text="注　　册"
        android:textSize="16sp" />
    <Button
        android:id="@+id/show"
        android:layout_width="match_parent"
        android:layout_height="wrap_content"
        android:text="显示保存的信息"
        android:textSize="16sp" />
</LinearLayout>
```

(2) 编写布局文件 MainActivity.java 文件，代码如下所示：

```
public class MainActivity extends AppCompatActivity implements View.OnClickListener {
    private EditText username, paswd;
    private Button register_btn, show_btn;
    private Context context;
    private SharedPreferences sharedPreferences;
    @Override
```

```
protected void onCreate(Bundle savedInstanceState) {
    super.onCreate(savedInstanceState);
    setContentView(R.layout.activity_main);
    username = findViewById(R.id.username);
    paswd = findViewById(R.id.paswd);
    register_btn = findViewById(R.id.register);
    show_btn = findViewById(R.id.show);
    context=getApplicationContext();
    //按钮添加监听
    register_btn.setOnClickListener(this);
    show_btn.setOnClickListener(this);
}
@Override
public void onClick(View view) {
    switch (view.getId()) {
        case R.id.register:
            //获取输入的用户名和密码
            String name_str = username.getText().toString();
            String paswd_str = paswd.getText().toString();
            //保存用户名和密码，并且生成 user_message.xml 文件
            sharedPreferences = context.getSharedPreferences("user_message",
                        MODE_PRIVATE);
            SharedPreferences.Editor editor = sharedPreferences.edit();
            editor.putString("username", name_str);
            editor.putString("paswd", paswd_str);
            editor.commit();
            Toast.makeText(MainActivity.this, "保存成功",
                        Toast.LENGTH_SHORT).show();
            break;
        case R.id.show:
            //从 user_message.xml 文件中取出用户名和密码
            sharedPreferences = context.getSharedPreferences("user_message",
                        MODE_PRIVATE);
            String username = sharedPreferences.getString("username", null);
            String paswd = sharedPreferences.getString("paswd", null);
            Toast.makeText(MainActivity.this, "用户名为：" + username + "\n" +
                        "密码为：" + paswd, Toast.LENGTH_SHORT).show();
            break;
        default:
            break;
    }
}
}
```

(3) 完成以上的编码以后，第一次运行程序，首先输入用户名和密码，然后单击“注册”按钮，会创建 user_message .xml 文件，将信息保存到文件中，并提示用户“保存成功”；最后单击“显示保存的信息”按钮，会将 user_message .xml 文件中的信息显示出来。运行结果界面如图 7.3 所示。

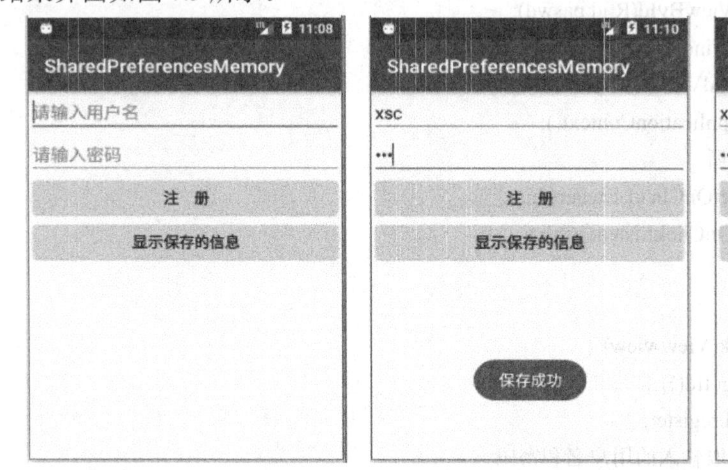

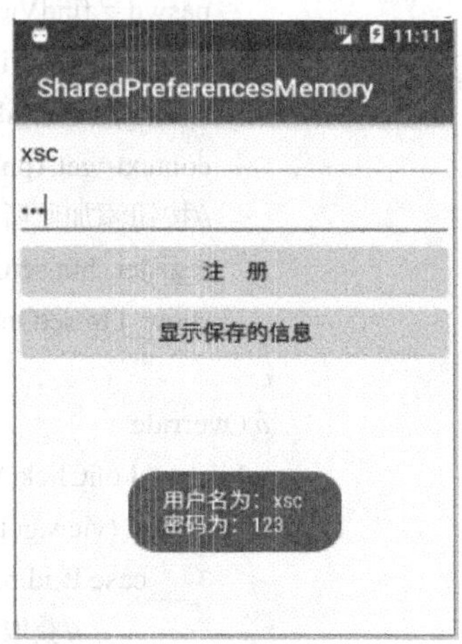

图 7.3　SharedPreferences 存储数据简单应用

(4) 选择菜单“View”→“Tool Windows”→“Device File Explorer”选项，则可以打开设备文件资源管理器。打开“data/data/com.example.xsc.sharedpreferencesmemory/ shared_prefs”目录，就可以查找到生成的 user_ messsage.xml 文件。打开该文件，代码如下所示：

```
<?xml version='1.0' encoding='utf-8' standalone='yes' ?>
<map>
    <string name="username">xsc</string>
    <string name="paswd">123</string>
</map>
```

7.4　SQLite 数据库存储

SQLite 是一个开源的嵌入式关系数据库，由 D.Richard Hipp 在 2000 年发布。自几十年前出现的商业应用程序以来，数据库就成为了应用程序的主要组成部分，同时数据库管理系统也变得非常庞大和复杂，并占用了相当多的系统资源。随着嵌入式应用程序的大量出现，一种新型的轻量级数据库 SQLite 也随之产生。SQLite 数据库比传统的数据库更加适用于嵌入式系统，因为它占用空间非常少，运行高效可靠，可移植性好，并且提供了零配置(zero-configuration)运行模式。

SQLite 数据库的优势在于其可以嵌入到使用它的应用程序中。这样不仅提高了运行效率，而且降低了数据库使用和管理的复杂性，程序仅需要进行最基本的数据操作，其他操作可以交给进程内部的数据库引擎完成。同时因为客户端和服务器在同一进程空间运行，不需要进行网络配置和管理，因此减少了网络调用所造成的额外开销，简化了数据库的管理过程，使应用程序更加易于部署和使用。程序开发人员仅需要把 SQLite 数据库正确编译到应用程序即可。

7.4.1 创建数据库

Android为了能够更加方便地管理数据库，专门提供了一个SQLiteOpenHelper帮助类。该类是一个抽象类，具有onCreate()和onUpgrade()两个抽象方法，这就意味着我们需要创建一个自己的帮助类去继承它，然后分别在这两个方法中去实现创建、升级数据库的逻辑。

SQLiteOpenHelper 帮助类中还有两个非常重要的实例方法：getReadableDatabase()和getWritableDatabase()方法。这两个方法都可以创建或打开一个现有的数据库(如果数据库已存在则直接打开，否则创建一个新的数据库)，并返回一个可对数据库进行读写操作的对象。不同的是，当数据库不可写入的时候(如磁盘空间已满)，getReadableDatabase()方法返回的对象将以只读的方式去打开数据库，而getWritableDatabase()方法则将出现异常。

SQLiteOpenHelper帮助类中还有两个构造方法可供重写，一般使用参数少一点的构造方法即可。这个构造方法中接收4个参数，第一个参数是Context，必须要有它才能对数据库进行操作；第二个参数是数据库名，创建数据库时使用的就是这里指定的名称；第三个参数允许我们在查询数据的时候返回一个自定义的Cursor，一般都是传入null；第四个参数表示当前数据库的版本号，可用于对数据库进行升级操作。

接下来我们还是通过实例来更加直观地体会SQLiteOpenHelper的用法吧。

【实例 SQLite】创建一个名为BookStores.db的数据库，并在这个数据库中新建一张Book表，表中有id(主键)、作者、价格、页数和书名等列。该实例主要步骤如下所示：

(1) 定义一个继承SQLiteOpenHelper抽象类的MySQLiteOpenHelper类，代码如下所示：

```
public class MySQLiteOpenHelper extends SQLiteOpenHelper {
    public static final String CREATE_BOOK = "CREATE TABLE Book (" +
            " id integer primary key autoincrement," +
            "author text," +
            "price real," +
            "pages integer," +
            "name text)";
    private Context mContext;
    public MySQLiteOpenHelper(Context context, String name, SQLiteDatabase.
            CursorFactory factory, int version) {
        super(context, name, factory, version);
        mContext = context;

    }
    @Override
    public void onCreate(SQLiteDatabase db) {
        db.execSQL(CREATE_BOOK);
    }
    @Override
    public void onUpgrade(SQLiteDatabase sqLiteDatabase, int i, int i1) {
    }
}
```

在上面的程序中，我们把建表语句定义成了一个字符串常量，然后在onCreate()方法中又调用了 SQLiteDatabase 的 execSQL()方法去执行这条建表语句，这样我们就可以保证在数据库创建完成的同时还能成功创建 Book 表。

(2) 修改 activity_main.xml 文件中的代码，添加一个“创建数据库”的按钮，代码如下所示：

```
<?xml version="1.0" encoding="utf-8"?>
<LinearLayout xmlns:android="http://schemas.android.com/apk/res/android"
    xmlns:tools="http://schemas.android.com/tools"
    android:layout_width="match_parent"
    android:layout_height="match_parent"
    android:orientation="vertical"
    tools:context=".MainActivity">
    <Button
        android:id="@+id/createDatabase"
        android:layout_width="match_parent"
        android:layout_height="wrap_content"
        android:text="创建数据库" />
</LinearLayout>
```

(3) 最后修改 MainActivity.java 文件中的代码，如下所示：

```
public class MainActivity extends AppCompatActivity {
    private MySQLiteOpenHelper dbHelper;
    @Override
    protected void onCreate(Bundle savedInstanceState) {
        super.onCreate(savedInstanceState);
        setContentView(R.layout.activity_main);
        dbHelper = new MySQLiteOpenHelper(this, "BookStore.db", null, 1);
        Button createBtn = findViewById(R.id.createDatabase);
        createBtn.setOnClickListener(new View.OnClickListener() {
            @Override
            public void onClick(View view) {
                dbHelper.getWritableDatabase();
            }
        });
    }
}
```

在上面的程序中，我们在 onCreate()方法中构建了一个 MySQLiteOpenHelper 对象，并且通过构造函数的参数将数据库名指定为 BookStore.db，版本号指定为 1，然后在“创建数据库”按钮的点击事件中调用了 getWritableDatabase()方法。这样当第一次点击“创建数据库”按钮时，就会检测到当前程序中并没有 BookStore.db 这个数据库，于是会创建该数据库并调用 MySQLiteOpenHelper 类中的 onCreate()方法，这样 Book 表也就得到了创建；当再次点击“创建数据库”按钮时，会发现此时已经存在 BookStore.db 数据库了，因此不会再创建一次。

接下来，我们要用 adb 工具证实前面创建的数据库和表的确创建成功。adb 是 Android

SDK中自带的一个调试工具，使用这个工具可以直接对连接在电脑上的手机或模拟器进行调试操作，它存放在SDK的platform-tools目录下，如果想要在命令行中使用这个工具，就必须先把它的路径配置到环境变量里。可以右击计算机→属性→高级系统设置→环境变量，然后在系统变量里找到Path并点击编辑，将platform-tools目录配置进去。配置好了环境变量之后，就可以使用adb工具了。

打开命令行界面，输入adb shell，就会进入到设备的控制台，然后使用cd命令进入到/data/data/<文件目录>/databases/目录下，并可以使用ls命令查看到该目录里的文件。这个目录下出现了两个数据库文件，一个正是我们创建的BookStores.db，而另一个BookStore.db-journal则是为了让数据库能够支持事务而产生的临时日志文件。

接下来我们就要借助sqlite命令来打开数据库了，只需要键入sqlite3，后面加上数据库名即可。这样就可以打开数据库，对数据库中的表进行管理了。可以键入.table命令，来看一下目前数据库中有哪些表，还可以通过.schema命令来查看它们的建表语句，如图7.4所示。

```
C:\WINDOWS\System32>adb shell
root@generic_x86:/ # cd /data/data/com.example.xsc.sqlite/databases/
root@generic_x86:/data/data/com.example.xsc.sqlite/databases # ls
BookStore.db
BookStore.db-journal
qlite3 BookStore.db
SQLite version 3.8.10.2 2015-05-20 18:17:19
Enter ".help" for usage hints.
sqlite> .table
Book           android_metadata
sqlite>.schema
CREATE TABLE android_metadata (locale TEXT);
CREATE TABLE Book ( id integer primary key autoincrement,author text,price real,pages integer,name text);
sqlite>
```

图7.4 sqlite命令查看表结构

7.4.2 升级数据库

当我们需要对数据库中的表进行删除或增加时，就可以使用SQLiteOpenHelper帮助类中的onUpgrade()方法。例如再添加一张Category表，用于记录图书的分类。该表中有id(主键)、分类名和分类代码这几个列。升级数据库的主要步骤如下：

(1) 在MySQLiteOpenHelper类中添加创建Category表的语句，如下所示：

```
……
public static final String CREATE_CATEGORY="CREATE TABLE Category(" +
        "id integer primary key autoincrement," +
        "category_name text," +
        "category_code integer)";
……
```

(2) 修改MySQLiteOpenHelper类中onCreate()和onUpgrade()方法，代码如下所示：

```
……
    @Override
    public void onCreate(SQLiteDatabase db) {
        db.execSQL(CREATE_BOOK);
        db.execSQL(CREATE_CATEGORY);
```

```
    }
    @Override
    public void onUpgrade(SQLiteDatabase db, int i, int i1) {
        db.execSQL("DROP TABLE if exists Book");
        db.execSQL("DROP TABLE if exists Category");
        onCreate(db);
    }
……
```

可以看到，我们在 onUpgrade()方法中执行了两条 DROP 语句，如果发现数据库中已经存在 Book 表或 Category 表了，就将这两张表删除掉，然后再调用 onCreate()方法重新创建。

(3) 修改 MainActivity.java 文件中实例化 MySQLiteOpenHelper 对象的代码如下：

```
dbHelper = new MySQLiteOpenHelper(this, "BookStore.db", null, 2);
```

为了让 onUpgrade()方法能够执行，我们需要修改 MySQLiteOpenHelper()构造方法里面的第四个参数，只要传入一个比原参数大 1 的数就可以了。这里将数据库版本号指定为 2，表示我们对数据库进行升级了。现在重新运行程序，并点击“创建数据库”按钮，就可以对数据库进行升级了。

7.4.3 添加数据

对数据的操作无非有 4 种，即 CRUD。其中 C 代表添加(Create)，R 代表查询(Retrieve)，U 代表更新(Update)，D 代表删除(Delete)。Android 提供了一系列的辅助性方法，使得在 Android 中即使不去编写 SQL 语句，也能轻松完成所有的 CRUD 操作。

首先学习如何向数据库的表中添加数据。SQLiteDatabase 类中提供了一个 insert()方法，这个方法就是专门用于添加数据的，其返回值是新数据插入的位置，即 ID 值。它接受 3 个参数：第一个参数指定需要添加数据的表名；第二个参数用于在未指定添加数据的情况下给某些可为空的列自动赋值 NULL，直接传入 null 即可；第三个参数是一个 ContentValues 对象，它提供了一系列的 put()方法重载，用于向 ContentValues 中添加数据，只需要将表中的每个列名以及相应的待添加数据传入即可。ContentValues 类是一个数据承载容器，主要用来向数据库表中添加一条数据。

接下来我们在 SQLite 实例中为 Book 表添加两条数据。首先需要在布局文件中新增一个添加数据的按钮，稍后就会在这个按钮的点击事件里编写添加数据的逻辑代码。最后修改 MainActivity.java 类中的代码，如下所示：

```
……
Button addButton=findViewById(R.id.addbutton);
        addButton.setOnClickListener(new View.OnClickListener() {
            @Override
            public void onClick(View view) {
                SQLiteDatabase db=dbHelper.getWritableDatabase();
                ContentValues values=new ContentValues();
                //开始添加第一条数据
                values.put("name","Android 程序设计");
```

```
                    values.put("author","向守超");
                    values.put("pages",400);
                    values.put("price",45.5);
                    db.insert("Book",null,values);
                    values.clear();//清空 values 对象
                    //开始添加第二条数据
                    values.put("name","Java 程序设计");
                    values.put("author","刘军");
                    values.put("pages",300);
                    values.put("price",35.5);
                    db.insert("Book",null,values);
                    values.clear();
            }
        });
    ......
```

在添加数据按钮的点击事件中，我们先获取到了 SQLiteDatabase 对象，然后使用 ContentValues 来对要添加的数据进行组装。最后调用了 insert()方法将数据添加到表中。点击一下添加数据按钮，此时两条数据就应该添加成功了。

7.4.4 更新数据

SQLiteDatabase 类中也提供了一个非常好用的 update()方法，用于对数据进行更新。这个方法接收 4 个参数，第一个参数和 insert()方法一样，也是表名，在这里指定去更新哪张表里的数据；第二个参数是 ContentValues 对象，就是要把更新数据在这里组装进去；第三、第四个参数用于约束更新某一行或某几行中的数据，不指定的话就是默认更新所有行。

接下来我们在 SQLite 实例中来修改 Book 表中的一条数据。首先需要在布局文件中新增一个修改数据的按钮，稍后就会在这个按钮的点击事件里编写修改数据的逻辑代码。最后修改 MainActivity.java 类中的代码，如下所示：

```
    ......
    Button updateButton=findViewById(R.id.updatebutton);
    updateButton.setOnClickListener(new View.OnClickListener() {
        @Override
        public void onClick(View view) {
            SQLiteDatabase db=dbHelper.getWritableDatabase();
            ContentValues values=new ContentValues();
            values.put("price",45);
            db.update("Book",values,"name=?",new String[]{"Java 程序设计"});
        }
    });
    ......
```

我们在更新数据按钮的点击事件里面构建了一个 ContentValues 对象，然后调用了 SQLiteDatabase 的 update()方法去执行具体的更新操作。update()方法第三个参数对应的是

SQL 语句的 where 部分，表示更新所有 name 等于?的行，而?是一个占位符，可以通过第四个参数提供的一个字符串数组为第三个参数中的每个占位符指定相应的内容。点击一下修改数据按钮，此时该条数据就应该修改成功了。

7.4.5　删除数据

SQLiteDatabase 类中也提供了一个非常好用的 delete()方法，用于删除数据。这个方法有 3 个参数，第一个参数仍然是表名，第二、第三个参数是用于约束删除某一行或某几行的数据，不指定的话默认就是删除所有行。

接下来我们在 SQLite 实例中来删除 Book 表中的一条数据。首先需要在布局文件中新增一个删除数据的按钮，稍后就会在这个按钮的点击事件里编写删除数据的逻辑代码。最后修改 MainActivity.java 类中的代码，如下所示：

```
……
Button deleteButton=findViewById(R.id.deletebutton);
deleteButton.setOnClickListener(new View.OnClickListener() {
    @Override
    public void onClick(View view) {
        SQLiteDatabase db=dbHelper.getWritableDatabase();
        db.delete("Book","pages>?",new String[]{"500"});
    }
});
……
```

可以看到，我们在删除按钮的点击事件里指明去删除 Book 表的数据，并且通过第二、第三个参数来指定仅删除那些页数超过 500 页的书。

7.4.6　查询数据

SQLiteDatabase 类中还提供了一个 query()方法用于对数据进行查询。这个方法的参数非常复杂，最短的一个方法重载也需要传入 7 个参数。这 7 个参数的详细说明如表 7-3 所示。

表 7-3　query()方法的参数说明

位置	类型 + 名称	对应 SQL 部分	说　明
1	String table	from table_name	指定查询的表名
2	String[] columns	select column1,column2	指定查询的列名
3	String selection	where column=value	指定 where 的约束条件
4	String[] selectionArgs		为 where 中的占位符提供具体内容
5	String groupBy	group by column	分组方式
6	String having	having column=value	定义组的过滤器
7	String orderBy	order by column	指定查询结果的排序方式

虽然 query()方法的参数非常多，但我们不必为每条查询语句都指定所有的参数，多数情况下只需要传入少数几个参数就可以完成查询操作了，对于不需要指定值的参数传入

null 就可以。调用 query()方法后会返回一个 Cursor 对象，查询到的所有数据都将从这个对象中取出。在 Android 系统中，数据库查询结果的返回值并不是数据集合的完整拷贝，而是返回数据集的指针，这个指针就是 Cursor 类。Cursor 类支持在数据查询的数据集合中的多种移动方式，并能够获取数据集合的属性名称和序号，具体的方法和说明可以参考表 7-4。

表 7-4　Cursor 类的方法和说明

方　法	说　明
moveToFirst()	将指针移动到第一条数据上
moveToNext()	将指针移动到下一条数据上
moveToPrevious()	将指针移动到上一条数据上
getCount()	获取集合的数据数量
getColumnlnIndexOrThrow()	返回指定属性名称的序号，如果属性不存在则产生异常
getColumnName()	返回指定序号的属性名称
getColumnNames()	返回属性名称的字符串数组
getColumnIndex()	根据属性名称返回序号
moveToPosition()	将指针移动到指定的数据上
getPosition()	返回当前指针的位置

从 Cursor 中提取数据使用安全类型的 get<Type>()方法，方法的参数值为属性的序号，为了获取属性的序号，可以使用 getColumnIndex()方法获取指定属性的序号。

接下来我们还是通过 SQLite 实例，来体验一下具体数据的具体方法，修改 activity_main.xml 文件，添加一个查询数据按钮和显示查询信息的文本区控件。然后修改 MainActivity.java 文件中的代码，如下所示：

```
……
final TextView tv = findViewById(R.id.textView);
tv.setText("书名 \t 作者 \t 页数 \t 价格 \n");
Button selectbtn = findViewById(R.id.selectbutton);
selectbtn.setOnClickListener(new View.OnClickListener() {
    @Override
    public void onClick(View view) {
        SQLiteDatabase db = dbHelper.getWritableDatabase();
        Cursor cursor = db.query("Book", null, null, null, null, null, null);
        if (cursor.moveToFirst()) {
            do {
                String name = cursor.getString(cursor.getColumnIndex("name"));
                String author = cursor.getString(cursor.getColumnIndex("author"));
                int pages = cursor.getInt(cursor.getColumnIndex("pages"));
                double price = cursor.getDouble(cursor.getColumnIndex("price"));
                tv.append(name + "    " + author + "    " + pages + "    " + price + "\n");
```

```
                } while (cursor.moveToNext());
            }
            cursor.close();
        }
    });
    ……
```

从上面的代码中可以看到，在查询按钮的点击事件中，首先调用了 SQLiteDatabase 类中的 query()方法去查询数据。这里的 query()方法只是使用了第一个参数指明查询的表名，后面的参数全部是 null，这就表示查询这张表的所有数据。在查询完之后就得到了一个 Cursor 对象，接着调用了 moveToFirst()方法将数据的指针移动到第一行的位置，然后进入一个循环当中，去遍历查询到的每一条数据。

虽然 Android 已经给我们提供了许多非常方便的 API 用于操作数据库，不过总会有些人青睐于直接使用 SQL 语句来操作数据库。Android 同样提供了一系列的方法，使得可以直接通过 SQL 语句来操作数据库。

下面我们就来简略演示一下，如何直接使用 SQL 来完成前面用过的 CRUD 操作。

- 添加数据的方法如下：

```
db.execSQL("insert into Book (name, author, pages, price ) values (?, ?, ?, ?) ",
new   String[] { "Android 程序设计", "向守超", "400", "45.5" });
```

- 更新数据的方法如下：

```
db.execSQL ("update   Book   set   price = ?   where   name= ? ", new   String[]{"45" , "Android
程序设计 "});
```

- 删除数据的方法如下：

```
db.execSQL("delete from Book where pages>?", new String[]{"500"});
```

- 查询数据的方法如下：

```
db.rawQuery("select * from Book", null);
```

可以看到，除了查询数据的时候调用的是 SQLiteDatabase 的 rawQuery()方法，其他的操作都是调用的 execSQL()方法。

7.5　LitePal 操作数据库

LitePal 是一款开源的 Android 数据库框架，它采用了对象关系映射(ORM)的模式，并将我们平时开发最常用到的一些数据库功能进行了封装，使得不用编写一行 SQL 语句就可以完成各种建表和增删改查的操作。

7.5.1　配置 LitePal

LitePal 是一款开源的 Android 数据库框架，采用了对象关系映射的模式。首先需要在 GitHub 上去下载 LitePal 开源库，其下载地址是 https://github.com/LitePalFramework/LitePal，根据自己的需要下载相应版本就可以了。

(1) 创建一个 Android 应用程序，将下载的 jar 文件拷贝到 app/libs 目录里，然后右键点击这个包，在弹出的菜单中选择“Add As Library”选项，在弹出的对话框中点击“确定”按钮即可。打开 app/build.gradle 文件，在 dependencies 闭包中看到自动添加了如下内容：

```
implementation files('libs/litepal-1.6.1.jar')
```

则说明 LitePal 开源库加载成功。其中的 1.6.1 是版本号的意思。

(2) 配置 litepal.xml 文件。右击“app/src/main 目录”→“New”→“Directory”，创建一个 assets 目录，然后在 assets 目录下再新建一个 litepal.xml 文件，并编辑 litepal.xml 文件中的内容如下：

```
<?xml version="1.0" encoding="UTF-8" ?>
<litepal>
    <dbname value="BookStore"></dbname>
    <version value="1"></version>
    <list></list>
</litepal>
```

其中，<dbname>标签用于指定数据库名，<version>标签用于指定数据库版本号，<list>标签用于指定所有的映射模型。

(3) 配置 LitePalApplication，打开 AndroidManifest.xml 文件，在<application>标签内添加如下代码：

```
android:name = "org.litepal.LitePalApplication"
```

这里将项目的 application 配置为 org.litepal.LitePalApplication，这样才能让 LitePal 的所有功能都可以正常工作。

现在 LitePal 的配置工作已经全部结束了，下面我们可以开始正式使用了。

7.5.2 创建数据库和表

在前面的介绍中我们已经讲过，LitePal 采取的是对象关系映射(ORM)模式，那么什么是对象关系映射呢？简单地说，我们使用的编程语言是面向对象语言的，而使用的数据库则是关系型数据库，那么将面向对象语言和关系型数据库之间建立一种映射关系，这就是对象关系映射了。

接下来，我们用一个实例来演示 LitePal 开源库创建数据库和表的过程。

【实例 LitePal】通过 LitePal 开源库创建数据库和表，并实现增删改查等功能。主要步骤如下所示：

(1) 定义一个继承 DataSupport 类的 JavaBean 类，如 Book 类，包含 id、author、price、pages 和 name 这几个字段，并生成相应的 getter 和 setter 方法。这样 Book 类就会对应数据库中的 Book 表，而类中的每一个字段分别对应了表中的每一个列，这就是对象关系模型最直观的体现。其 Book 类的代码如下所示：

```
public class Book    extends DataSupport {
    private int id;
    private String author;
    private double price;
```

```
    private int pages;
    private String name;
    public String getName() {
        return name;
    }
    public void setName(String name) {
        this.name = name;
    }
    public int getPages() {
        return pages;
    }
    public void setPages(int pages) {
        this.pages = pages;
    }
    public String getAuthor() {
        return author;
    }
    public void setAuthor(String author) {
        this. author = author;
    }
    public double getPrice() {
        return price;
    }
    public void setPrice(double price) {
        this.price = price;
    }
    public int getId() {
        return id;
    }
    public void setId(int id) {
        this.id = id;
    }
}
```

(2) 将 Book 类添加到映射模型列表当中，修改 litepal.xml 文件，在<list>标签中添加如下代码：

```
<mapping class="com.example.xsc.litepal.Book"></mapping>
```

其中<mapping>标签用来声明我们要配置的映射模型类，注意一定要使用完整的类名，不管有多少模型类需要映射，都使用同样的方式配置在<list>标签下即可。

(3) 修改 activity_main.xml 布局文件，使其代码如下所示：

```
<?xml version = "1.0" encoding = "utf-8"?>
<LinearLayout xmlns:android = "http://schemas.android.com/apk/res/android"
    xmlns:app = "http://schemas.android.com/apk/res-auto"
    xmlns:tools = "http://schemas.android.com/tools"
    android:layout_width = "match_parent"
    android:layout_height = "match_parent"
    tools:context = ".MainActivity">
    <Button
        android:id = "@+id/button"
        android:layout_width="match_parent"
        android:layout_height="wrap_content"
        android:text="创建数据库和表"  />
</LinearLayout>
```

(4) 修改 MainActivity.java 文件，使其代码如下所示：

```
public class MainActivity extends AppCompatActivity {
    @Override
    protected void onCreate(Bundle savedInstanceState) {
        super.onCreate(savedInstanceState);
        setContentView(R.layout.activity_main);
        Button createDatabase=findViewById(R.id.button);
        createDatabase.setOnClickListener(new View.OnClickListener() {
            @Override
            public void onClick(View view) {
                LitePal.getDatabase();
            }
        });
    }
}
```

其中，调用 LitePal.getDatabase()方法就是一次最简单的数据库操作，只要点击一下“创建数据库和表”按钮，数据库和表就会自动创建完成了。

在现实的项目开发过程中，数据库的升级和表的更新是常见的。比如，我们想要向 Book 表中添加一个 press(出版社)列，直接修改 Book 类中的代码，添加一个 press 字段即可，代码如下所示：

```
private String press;
public String getPress() {
    return press;
}
public void setPress(String press) {
    this.press = press;
```

```
    }
```

与此同时，若还想再添加一张 Category 表，那么只需要新建一个 Category 类就可以了，代码如下所示：

```
public class Category    extends DataSupport {
    private    int id;
    private String categoryName;
    private int categoryCode;
    public int getId() {
        return id;
    }
    public void setId(int id) {
        this.id = id;
    }
    public String getCategoryName() {
        return categoryName;
    }
    public void setCategoryName(String categoryName) {
        this.categoryName = categoryName;
    }
    public int getCategoryCode() {
        return categoryCode;
    }
    public void setCategoryCode(int categoryCode) {
        this.categoryCode = categoryCode;
    }
}
```

当 JavaBean 修改完以后，接下来就需要修改 litepal.xml 文件了，将版本号加 1，然后将新添加的模型类添加到映射模型列表中，修改代码如下：

```
<?xml version="1.0" encoding="UTF-8" ?>
<litepal>
    <dbname value="BookStore"></dbname>
    <version value="2"></version>
    <list>
        <mapping class="com.example.xsc.litepal.Book"></mapping>
        <mapping class="com.example.xsc.litepal.Category"></mapping>
    </list>
</litepal>
```

最后重新运行一下程序，然后点击“创建数据库和表”按钮，这样数据库就得到更新了。

7.5.3　使用 LitePal 添加数据

使用 LitePal 向数据表中添加数据，只需要创建出模型类的实例，再将所有要存储的数据设置好，最后调用一下 save()方法就可以了。

接下来，我们向 LitePal 项目的 Book 表中添加一条数据，首先需要在 activity_main.xml 布局文件中添加一个“添加数据”的按钮，然后添加 MainActivity.java 文件，代码如下：

```
……
Button addData=findViewById(R.id.insertButton);
        addData.setOnClickListener(new View.OnClickListener() {
            @Override
            public void onClick(View view) {
                Book book=new Book();
                book.setName("Android 程序设计");
                book.setPages(400);
                book.setPrice(45.5);
                book.setAuthor("向守超");
                book.save();
            }
        });
…….
```

在添加数据按钮的点击事件里面，首先创建一个 Book 类的实例，然后调用 Book 类中的各种 setter 方法对各个属性进行赋值，最后再调用 book.save()方法就能够完成数据添加操作了。这里的 save()方法是从 DataSupport 类中继承而来的，在 DataSupport 类中，除提供了 save()方法以外，还为操作数据库提供了丰富的 CRUD 方法。

7.5.4　使用 LitePal 更新数据

使用 LitePal 更新数据要比添加数据稍微复杂一点，因为它的 API 接口比较多，这里我们只介绍最常用的两种更新方式。

1. 对已存储的对象重新赋值

对于 LitePal 来说，对象是否已存储可以根据调用 model.isSaved()方法的结果来判断，返回 true 就表示已存储，返回 false 就表示未存储。

实际上只有在两种情况下，model.isSaved()方法的返回值才是 true。一种情况是已经调用过 model.save()方法去添加数据了，此时 model 会被认为是已存储的对象；另一种情况是 model 对象是通过 LitePal 提供的查询 API 查出来的，由于是从数据库中查到的对象，因此也会被认为是已存储的对象。

我们先通过第一种情况来更新数据，添加 MainActivity.java 中的代码，如下所示：

```
……
Button updateData=findViewById(R.id.updateButton);
        updateData.setOnClickListener(new View.OnClickListener() {
```

```
            @Override
            public void onClick(View view) {
                Book book=new Book();
                book.setName("Android 程序设计");
                book.setPages(400);
                book.setPrice(45.5);
                book.setAuthor("向守超");
                book.save();
                book.setPrice(55.5);
                book.save();
            }
        });
……
```

在更新数据按钮的事件里面，首先向数据库添加了一条 Book 数据，然后调用 setPrice()方法将这本书的价格进行了修改，之后再次调用了 save()方法。此时，LitePal 会发现当前的 Book 对象是已存储的，因此不会再向数据库中去添加一条新数据，而是会直接更新当前的数据。

但是这种更新方式只能对已存储的对象进行操作，限制性比较大，接下来我们学习另外一种更加灵巧的更新方式。

2. updateAll()方法

updateAll()方法可以指定一个条件约束，和 SQL 语句的 where 参数有点类似，但更加简洁，如果不指定条件语句的话，就表示更新所有数据。

下面我们修改 MainActivity.java 中的代码，如下所示：

```
……
updateData.setOnClickListener(new View.OnClickListener() {
            @Override
            public void onClick(View view) {
                Book book=new Book();
                book.setPrice(55.5);
                book.setPress("西安电子工业出版社");
                book.updateAll("name=? and author=?","Android 程序设计","向守超");
            }
        });
……
```

从上面的代码中我们可以看到，首先创建出一个 Book 实例，然后直接调用 setPrice()和 setPress()方法来设置要更新的数据，最后再调用 updateAll()方法去执行更新操作。

不过，在使用 updateAll()方法时，当需要把一个字段的值更新成默认值时，是不可以使用上面的 setter 方法。我们都知道，在 Java 中任何一种数据类型的字段都会有默认值，例如 int 类型的默认值是 0，boolean 类型的默认值是 false 等。那么当 new 出一个 Book 对象时，其实所有字段都已经被初始化成默认值了。因此，如果我们想把数据库表中的 pages 列更新成 0，直接调用 book.setPages(0)是不可以的，对于所有想要为数据更新成默认值的操作，LitePal 统一提供了一个 setToDefault()方法，然后传入相应的列名就可以实现了。比如我们需要对 pages 列更新为默认值，可以使用如下代码：

```
Book book=new Book();
book.setToDefault("pages");
book.updateAll();
```

这段代码的意思是，将所有书的页数都更新为 0，因为 updateAll()方法中没有指定约束条件，因此更新操作对所有数据都生效了。

7.5.5　使用 LitePal 删除数据

使用 LitePal 删除数据的方式主要有两种，第一种比较简单，直接调用已存储对象的 delete()方法就可以了，对于已存储对象的概念，我们在上一节中已经接触过了。也就是说，调用过 save()方法的对象，或者是通过 LitePal 提供的查询 API 查出来的对象，都是可以直接使用 delete()方法来删除数据的。这种方式比较简单，我们就不进行代码演示了，下面直接来看另外一种删除数据的方式。

添加 MainActivity.java 文件中的代码，如下所示：

```
Button deleteButton=findViewById(R.id.deleteButton);
deleteButton.setOnClickListener(new View.OnClickListener() {
    @Override
    public void onClick(View view) {
        DataSupport.deleteAll(Book.class,"price<?","40");
    }
});
```

这里调用了 DataSupport.deleteAll()方法来删除数据，其中 deleteAll()方法的第一个参数用于指定删除哪张表中的数据，Book.class 就意味着删除 Book 表中的数据，后面的参数用于指定约束条件。那么这行代码的意思就是删除 Book 表中价格低于 40 元的书。

另外，deleteAll()方法如果不指定约束条件，就意味着要删除表中的所有数据，这一点和 updateAll()方法是比较相似的。

7.5.6　使用 LitePal 查询数据

使用 LitePal 查询数据非常简单，只需要调用 findAll()方法就可以了。如下代码所示：

```
List<Book> books=DataSupport.findAll(Book.class);
```

其中，Book.class 参数指定要查询的表是 Book 表，另外，findAll()方法的返回值是一个 List 类型的集合。

下面通过实例来实践一下，添加 MainActivity.java 文件中的代码，如下所示：

```
    final TextView name=findViewById(R.id.nameText);
    final TextView author=findViewById(R.id.authorText);
    final TextView pages=findViewById(R.id.pagesText);
    final TextView price=findViewById(R.id.priceText);
    Button querybtn=findViewById(R.id.selectButton);
    querybtn.setOnClickListener(new View.OnClickListener() {
        @Override
        public void onClick(View view) {
            List<Book> books= DataSupport.findAll(Book.class);
            for(Book book:books){
                name.setText(book.getName());
                author.setText(book.getAuthor());
                pages.setText(book.getPages()+"");
                price.setText(book.getPrice()+"");
            }
        }
    });
```

除了 findAll()方法之外，LitePal 还提供了很多其他非常有用的查询 API。比如，想要查询 Book 表中的第一条数据就可以这样写：

```
Book firstBook=DataSupport.findFirst(Book.class);
```

查询 Book 表中的最后一条数据就可以这样写：

```
Book lastBook=DataSupport.findLast(Book.class);
```

我们还可以通过连缀查询来定制更多的查询功能。

- select()方法用于指定查询哪几列数据，对应了 SQL 当中的 select 关键字。比如只查 name 和 author 这两列的数据，就可以这样写：

```
List<Book> books=DataSupport.select("name","author").find(Book.class);
```

- where()方法用于指定查询的约束条件，对应了 SQL 当中的 where 关键字。比如只查页数大于 400 的数据，就可以这样写：

```
List<Book> books=DataSupport.where("pages>?","400").find(Book.class);
```

- order()方法用于指定结果的排序方式，对应了 SQL 当中的 order by 关键字。比如将查询结果按照书的价格从高到低排序，就可以这样写：

```
List<Book> books=DataSupport.order("price desc").find(Book.class);
```

其中，desc 表示降序排列，asc 或者不写表示升序排列。

- limit()方法用于指定查询结果的数量，比如只查询表中的前 3 条数据，就可以这样写：

```
List<Book> books=DataSupport.limit(3).find(Book.class);
```

- offset()方法用于指定查询结果的偏移量，比如查询表中的第 2、3、4 条数据，就可以这样写：

```
List<Book> books=DataSupport.limit(3).offset(1).find(Book.class);
```

由于 limit(3)查询到的是前 3 条数据，这里再追加 offset(1)进行一个位置的偏移，就能实现查询第 2、3、4 条数据的功能了。limit()和 offset()方法共同对应了 SQL 当中的 limit 关键字。

当然，你还可以对这 5 个方法进行任意的连缀组合，来完成一个比较复杂的查询操作，例如：

```
List<Book> books=DataSupport.select("name","author","pages")
                            .where("pages>?","400")
                            .order("price")
                            .limit(10)
                            .offset(10)
                            .find(Book.class);
```

这段代码表示，查询 Book 表中第 11～20 条满足页数大于 400 这个条件的 name、author 和 pages 这 3 列数据，并将查询结果按照页数升序排列。

关于 LitePal 的查询 API 差不多就介绍到这里，这些 API 已经足够应对绝大多数场景的查询需求了。当然，如果实在有一些特殊要求，上述的 API 都满足不了的时候，LitePal 仍然支持使用原生的 SQL 来进行查询：

```
Cursor c=DataSupport.findBySQL("select * from Book where pages>? and price<?","400","40");
```

调用 DataSupport.findBySQL()方法进行原生查询，其中第一个参数用于指定 SQL 语句，后面的参数用于指定占位符的值。注意，findBySQL()方法返回的是一个 Cursor 对象，接下来还需要通过之前所学的老方式将数据一一取出才可以。

第 8 章　ContentProvider 数据共享

本章目标：

- 了解 ContentProvider 类和 ContentResolver 类；
- 能够开发 ContentProvider 程序；
- 能够操作系统的 ContentProvider；
- 了解 ContentObserver 类。

Android 官方指出的数据存储方式总共有 5 种，分别是 SharedPreferences、网络存储、文件存储、外部存储和 SQLite。但是一般这些存储都只是在单独的一个应用程序之中实现数据的共享。有些情况下，应用程序需要操作其他应用程序的一些数据，例如获取操作系统里的媒体库、获取用户的手机通讯录、获取发送的验证码等。为了这种数据的共享使用，Android 系统提供了一个组件 ContentProvider(内容提供者)来实现。

8.1　ContentProvider 简介

ContentProvider 是 Android 系统的四大组件之一，是不同应用程序之间进行数据交换的标准 API，也是所有应用程序之间数据存储和检索的一个桥梁，其作用是使各个应用程序之间实现数据共享。它以 Uri 的形式对外提供数据，允许其他应用操作本应用程序的数据，其他应用通过 ContentResolver 来访问共享的数据。

8.1.1　ContentProvider 类

ContentProvider 与 Activity、Service、BroadcastReceiver 类似，都是 Android 应用的四大组件之一，需要在 AndroidManifest.xml 配置文件中进行配置。android.content. Content Provider 类的主要功能是存储和检索数据，并向应用程序提供访问数据的接口，其常用的方法如表 8-1 所示。

表 8-1　ContentProvider 类常用方法

方　法	功 能 描 述
public abstract boolean onCreate()	创建 ContentProvider 后会被调用
public abstract Uri insert(Uri uri, ContentValues values)	根据 Uri 插入 values 对应的数据
public abstract int delete(Uri uri, String selection, String[] selectionArgs)	根据 Uri 删除 selection 条件所匹配的全部记录
public abstract int update(Uri uri, ContentValues values, String selection, String[] selectionArgs)	根据 Uri 修改 selection 条件所匹配的全部记录

续表

方　法	功能描述
public abstract Cursor query(Uri　uri, String[] projection, String selection, String[] selectionArgs, String sortOrder)	根据Uri查询selection条件所匹配的全部记录，其中projection是一个列名列表，表明只选出指定的数据列
public abstract String getType(Uri uri)	获得当前Uri所代表的MIME数据类型
public finalContext getContext()	获得Context对象

ContentProvider类中的insert()、delete()、update()、query()和getType()等方法都是抽象方法，需要通过实例化这些抽象方法来实现对数据的增、删、改、查等操作。

在ContentProvider类的增、删、改、查等操作方法中，都用到类型为Uri的参数，该参数是ContentProvider对外提供的一个自身数据集的唯一标识。当一个ContentProvider管理多个数据集时，该ContentProvider将会为每个数据集分配一个独立且唯一的Uri。Uri的语法格式如下：

```
content://数据路径/标识ID(可选)
```

其中，“content://”是ContentProvider规定的协议，用来标识ContentProvider所管理的scheam，是一个标准的前缀，不能被修改；“数据路径”用于查找所要操作的ContentProvider；“标识ID”是可选的，标识不同数据资源，当访问不同资源时，该ID是动态改变的。

以下是一些示例的Uri：

```
content://media/internal/images/        ——将返回设备上存储的所有图片。
content://contacts/people/              ——将返回设备上所有联系人信息。
content://contacts/people/5             ——返回联系人信息中ID为5的联系人记录。
```

Android提供了Uri工具类来定义Uri，该工具类的静态方法parse()可以将一个字符串转换成Uri对象。例如以下代码示例了Uri.parse()静态方法的应用：

```
Uri uri=Uri.parse("content://media/internal/images/");
Uri uri=Uri.parse("content://contacts/people/5");
```

Android系统提供了UriMatcher工具类对Uri进行匹配判断，该工具类提供了以下两个常用的方法：

(1) void addURI(String authority, String path, int code)：用于注册Uri，其中参数authority和path组合成一个Uri，而参数code代表Uri对应的标识符。

(2) int match(Uri uri)：根据前面注册的Uri判断指定的Uri对应的标识符，如果找不到匹配的标识码，则返回-1。

以下代码示例了UriMatcher工具类的使用：

```
UriMatcher matcher=new UriMatcher(UriMatcher.NO_MATCH);
matcher.addURI("contacts", "people/#", 1);
matcher.match(Uri.parse("content://contacts/people/5"));
```

除了UriMatcher工具类以外，Android还提供了ContentUris工具类，该工具类用于操作Uri字符串，该工具类提供了以下两个常用方法：

(1) withAppendedId(Uri uri, long id)：用于为Uri路径加上ID部分。

(2) parseId(Uri uri)：用于从指定的 Uri 中解析出所包含的 ID 值。

以下代码示例了 ContentUris 工具类的使用：

```
Uri uri=Uri.parse("content://qdu.edu/student");
Uri resultUri=ContentUris. withAppdedIdenId (uri, 3);
//生成后的 Uri 为：content://qdu.edu/student/3
Uri uri=Uri.parse("content://qdu.edu/student/3");
long personid= ContentUris.parseId(uri);
//获取的结果为 3
```

8.1.2　ContentResolver 类

ContentProvider 类中共享的数据不能被 Android 应用程序直接访问，而是通过操作 ContentResolver 类来间接操作 ContentProvider 中的数据。ContentResolver 是内容解析器，提供了对 ContentProvider 数据进行查询、插入、修改和删除等操作方法。通常情况下，ContentProvider 是单实例模式的，当多个应用程序通过 ContentResolver 来操作 ContentProvider 中的数据时，ContentResolver 操作将会委托给同一个 ContentProvider 进行处理。

每个应用程序的上下文都有一个默认的 ContentResolver 实例对象，通过 Context 的 getContextResolver()方法来获取 ContentResolver 实例对象，示例代码如下所示：

```
//获取 Activity 中默认的 ContentResolver 对象
ContentResolver cr=getContextResolver();
```

ContentResolver 类常用的方法如表 8-2 所示。

表 8-2　ContentResolver 类常用方法

方　法	功 能 描 述
insert(Uri uri, ContentValues values)	向 Uri 对应的 ContentResolver 中插入 values 对应的数据
delete(Uri uri, String where, String[] selectionArgs)	删除 Uri 对应的 ContentResolver 中 where 匹配的数据
update(Uri uri, ContentValues values, String where, String[] selectionArgs)	更新 Uri 对应的 ContentResolver 中 where 匹配的数据
query(Uri uri, String[] projection, String selection, String[] selectionArgs, String sortOrder)	查询 Uri 对应的 ContentResolver 中 where 匹配的数据

下述代码示例了使用 ContentResolver 的 query()方法来查询数据并返回一个指向结果集的游标 Cursor：

```
ContentResolver resolver=getContentResolver();    //获取 ContentResolver 对象
Cursor cursor=resolver.query(Contacts.CONTENT_URI, null, null, null, null );
```

其中，常量 CONTENT_URI 用来标识某个特定的 ContentProvider 和数据集。

ContentResolver.insert()方法用于向 ContentProvider 中插入一个新的记录，并返回一个 Uri，该 Uri 的内容是由 ContentProvider 的 Uri 加上新记录的 ID 扩展得到的。下述代码示例了 insert()方法的使用：

```
ContentValues contentValues=new ContentVlaues();
contentValues.put(Contacts._ID, 1);                        //联系人 ID
contentValues.put(Contacts.DISPLAY_NAME, "lisi");          //联系人名
ContentResolver resolver=getContentResolver();
Uri uri=resolver.insert(Contacts.CONTENT_URI, contentValues);
```

使用 ContentResolver.insert()方法向 ContentProvider 中增加记录时，需要先将数据封装到 ContentValues 对象中，然后调用 ContentResolver.insert()方法保存数据。

下述代码示例了 ContentResolver.update()方法实现记录的更新操作：

```
//创建一个新值
ContentValues contentValues=new ContentVlaues();
contentValues.put(Contacts.DISPLAY_NAME, "lisi");
ContentResolver resolver=getContentResolver();
resolver.update(Contacts.CONTENT_URI, contentValues, "_id=5 ", null ); //更新
```

下述代码示例了 ContentResolver.delete()方法实现记录的删除操作：

```
ContentResolver resolver=getContentResolver();
//删除单个记录
resolver.delete(Uri.withAppendedPath(Contacts.CONTENT_URI, 4), null, null );
//删除前 5 条记录
resolver.delete(Contacts.CONTENT_URI, "_id<5 ", null );
```

如果要删除单个记录，可以调用 ContentResolver.delete()方法，通过该方法传递一个特定行的 Uri 对象来实现删除操作。如果要对多行记录执行删除操作，就需要给 delete()方法传递被删除的记录类型的 Uri 和 where 条件字句。

8.2　开发 ContentProvider 程序

开发 ContentProvider 程序的步骤如下：

(1) 创建一个 ContentProvider 子类，并实现 query()、insert()、update()和 delete()等方法。

(2) 在 AndroidManifest.xml 配置文件中注册 ContentProvider，并指定 android:authorities 属性(一般自动注册)。

(3) 使用 ContentProvider、Activity 和 Service 等组件都可以获取 ContentProvider 对象，并调用该对象相应的方法进行操作。

8.2.1　编写 ContentProvider 子类

新建一个 Android 项目，在 Java 源文件夹上右击，选择“New”→“Other”→“Content Provider”选项，弹出如图 8.1 所示的对话框，在 Class Name 文本框中输入 ContentProvider 子类的类名，在 URI Authorities 文本框中输入数据路径。

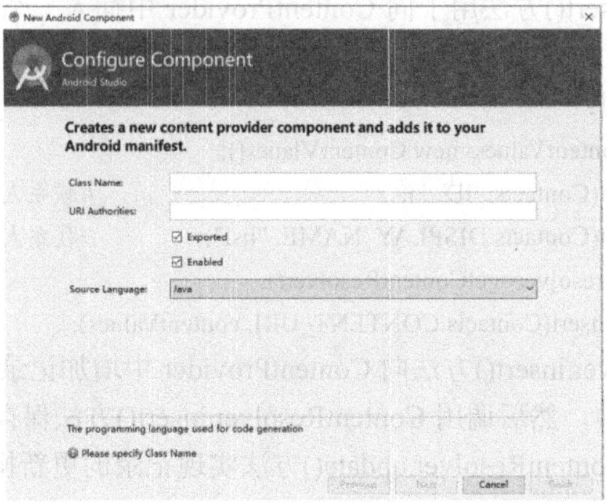

图 8.1　新建 ContentProvider 子类对话框

编写 MyContentProvider.java 类代码，如下所示：

```
public class MyContentProvider extends ContentProvider {
    public MyContentProvider() {
    }
    @Override
    public boolean onCreate() {
        // 第一次创建该 ContentProvider 时调用该方法
        Log.i("MyContentProvider","===onCreate()方法被调用===");
        return false;
    }
    //实现删除方法，该方法应该返回被删除记录的条数
    @Override
    public int delete(Uri uri, String selection, String[] selectionArgs) {
        Log.i("MyContentProvider","===delete()方法被调用===");
        Log.i("MyContentProvider","selection 参数为："+selection);
        return 0;
    }
    //该方法的返回值代表了该 ContentProvider 所提供数据的 MIME 类型
    @Override
    public String getType(Uri uri) {
        throw new UnsupportedOperationException("Not yet implemented");
    }
    //实现插入的方法，该方法应该返回新插入的记录的 Uri
    @Override
    public Uri insert(Uri uri, ContentValues values) {
        Log.i("MyContentProvider","===insert()方法被调用===");
        Log.i("MyContentProvider","values 的参数为："+values);
        return null;
    }
    //实现查询方法，该方法返回查询得到的 Cursor
```

```
    @Override
    public Cursor query(Uri uri, String[] projection, String selection,
                                    String[] selectionArgs, String sortOrder) {
        Log.i("MyContentProvider","===query()方法被调用===");
        Log.i("MyContentProvider","Uri 参数为："+uri+"，selection 参数为:"+selection);
        return null;
    }
    //实现更新方法，该方法应该返回被更新记录的条数
    @Override
    public int update(Uri uri, ContentValues values, String selection,
                                    String[] selectionArgs) {
        Log.i("MyContentProvider","===update()方法被调用===");
        Log.i("MyContentProvider","values 参数为："+
            values+",selection 参数为："+selection);
        return 0;
    }
}
```

8.2.2 注册 ContentProvider

在 AndroidManifest.xml 配置文件中注册 ContentProvider，只需在<application>元素中添加<provider>子元素即可，其示例代码如下：

```
<provider
    android:name=".MyContentProvider"
    android:authorities="com.example.xsc.comtentprovider.myconentprovider"
    android:enabled="true"
    android:exported="true">
</provider>
```

其中：

- name 属性用于指定 ContentProvider 的实现类。
- authorities 属性用于指定该 ContentProvider 对应的 Uri 的数据路径。
- exported 属性用于指定该 ContentProvider 是否允许其他应用调用。
- enabled 属性用于指定该 ContentProvider 是否能够被实例化。

8.2.3 使用 ContentProvider

下面通过 Activity 使用 ContentProvider。

(1) 首先需要修改相应的 XML 布局文件，代码如下所示：

```
<?xml version="1.0" encoding="utf-8"?>
<LinearLayout xmlns:android="http://schemas.android.com/apk/res/android"
    android:layout_width="match_parent"
    android:layout_height="match_parent"
    android:orientation="vertical">
```

```
    <Button
        android:id="@+id/insert"
        android:layout_width="match_parent"
        android:layout_height="wrap_content"
        android:onClick="insert"
        android:text="新增" />
    <Button
        android:id="@+id/update"
        android:layout_width="match_parent"
        android:layout_height="wrap_content"
        android:onClick="update"
        android:text="更新" />
    <Button
        android:id="@+id/delete"
        android:layout_width="match_parent"
        android:layout_height="wrap_content"
        android:onClick="delete"
        android:text="删除" />
    <Button
        android:id="@+id/find"
        android:layout_width="match_parent"
        android:layout_height="wrap_content"
        android:onClick="query"
        android:text="查询" />
</LinearLayout>
```

(2) 修改 MainActivity.java 文件，代码如下所示：

```
public class MainActivity extends AppCompatActivity {
    ContentResolver contentResolver;
    Uri uri = Uri.parse("content://com.example.xsc.comtentprovider.myconentprovider/");
    @Override
    protected void onCreate(Bundle savedInstanceState) {
        super.onCreate(savedInstanceState);
        setContentView(R.layout.activity_main);
        //获取系统的 ContentResolver 对象
        contentResolver = getContentResolver();
    }
    public void query(View sourse) {
        //调用 ContentResolver 的 query()方法
        //实际上返回的是该 Uri 对应的 ContentProvider 的 query()的返回值
        Cursor c = contentResolver.query(uri, null, "query_where", null, null);
        Toast.makeText(MainActivity.this, "远程 ContentProvider 返回的 Cursor 为：" + c,
                Toast.LENGTH_LONG).show();
    }
```

```
public void insert(View sourse) {
    ContentValues values = new ContentValues();
    values.put("name", "xsc");
    //调用 ContentResolver 的 insert()方法
    //实际上返回的是该 Uri 对应的 ContentProvider 的 insert()的返回值
    Uri newUri = contentResolver.insert(uri, values);
    Toast.makeText(MainActivity.this, "远程 ContentProvider 新插入记录的 Uri 为: "
            + newUri, Toast.LENGTH_LONG).show();
}
public void update(View sourse) {
    ContentValues values = new ContentValues();
    values.put("name", "xsc1");
    //调用 ContentResolver 的 update()方法
    //实际上返回的是该 Uri 对应的 ContentProvider 的 update()的返回值
    int count = contentResolver.update(uri, values, "update_where", null);
    Toast.makeText(MainActivity.this, "远程 ContentProvider 更新记录数为: " + count,
            Toast.LENGTH_LONG).show();
}
public void delete(View sourse) {
    //调用 ContentResolver 的 delete()方法
    //实际上返回的是该 Uri 对应的 ContentProvider 的 delete()的返回值
    int count = contentResolver.delete(uri, "delete_where", null);
    Toast.makeText(MainActivity.this, "远程 ContentProvider 删除记录数为: " + count,
            Toast.LENGTH_LONG).show();

}
}
```

上述代码中，通过 getContentResolver()方法获取系统的 contentResolver 对象，在单击按钮时实现 Uri 相对应的 ContentProvider 的增、删、改、查功能。调试项目，运行界面如图 8.2 所示。

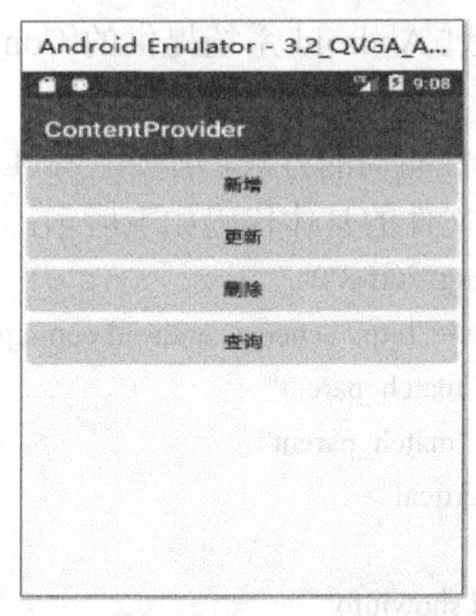

图 8.2　ContentProvider 运行界面

操作界面中的 4 个按钮，并观察在 LogCat 中输出的日志信息，输出结果如图 8.3 所示。

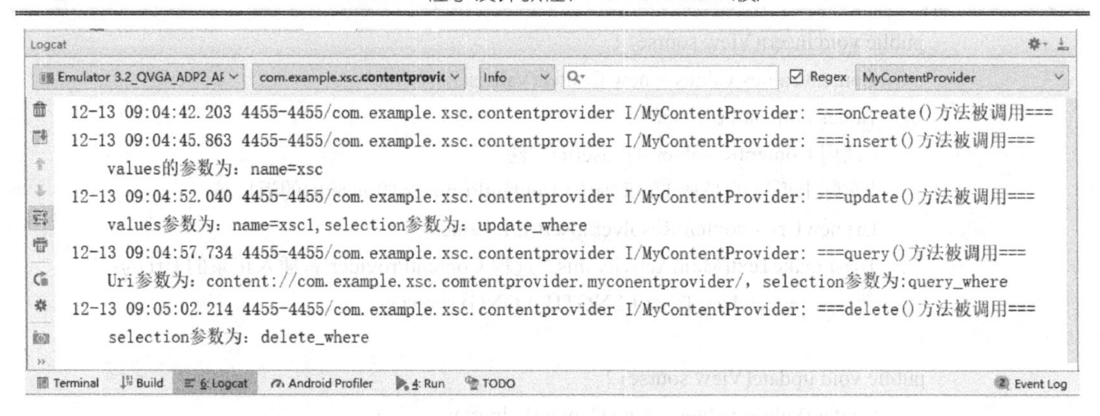

图 8.3　ContentProvider 运行效果

8.3　操作系统的 ContentProvider

Android 系统本身提供了大量的 ContentProvider，例如联系人信息、系统的多媒体信息、系统短信等，程序员在开发 Android 应用程序时，可以通过 ContentResolver 来调用系统 ContentProvider 所提供的 query()、insert()、update()和 delete()方法，如此即可对 Android 内部数据进行操作。

8.3.1　管理联系人

Android 系统用于管理联系人的 ContentProvider 的 Uri 有以下三种：

(1) ContactsContract.Contacts.CONTENT_URI：管理联系人的 Uri。

(2) ContactsContract.CommonDataKinds.Phone.CONTENT_URI：管理联系人的电话 Uri。

(3) ContactsContract.CommonDataKinds.Email.CONTENT_URI：管理联系人的 E-mail 的 Uri。

【实例 MobileAddress】通过 Android 系统提供的 ContentProvider 来获取手机通讯录信息。

(1) 修改布局文件，采用线性布局的方式，添加一个 ListView 用来显示获取到的姓名和手机号码。activity_main.xml 文件的具体代码如下所示：

```
<?xml version="1.0" encoding="utf-8"?>
<LinearLayout xmlns:android="http://schemas.android.com/apk/res/android"
    android:layout_width="match_parent"
    android:layout_height="match_parent"
    android:orientation="vertical">
    <ListView
        android:id="@+id/showinfo"
        android:layout_width="match_parent"
        android:layout_height="wrap_content">
```

```
    </ListView>
</LinearLayout>
```

(2) 修改 MainActivity.java 文件中的代码，首先获取布局文件中定义的 ListView，然后定义获取系统通讯录的 Uri，然后获取电话本开始一项的 Uri，最后逐行读取，把信息存储到 List 数组中。MainActivity.java 文件的具体代码如下所示：

```
public class MainActivity extends AppCompatActivity {
    List<String> list;
    @Override
    protected void onCreate(Bundle savedInstanceState) {
        super.onCreate(savedInstanceState);
        setContentView(R.layout.activity_main);
        //得到 ContentResolver 对象
        ContentResolver cr = getContentResolver();
        //获取电话本中开始一项的光标
        Cursor cursor = cr.query(ContactsContract.Contacts.CONTENT_URI,
                null, null, null, null);
        list = new ArrayList<>();
        //向下移动光标
        while (cursor.moveToNext()) {
            //取得联系人名字
            int nameFieldColumnIndex = cursor.getColumnIndex(
                ContactsContract.PhoneLookup.DISPLAY_NAME);
            String contact = cursor.getString(nameFieldColumnIndex);
            //取得电话号码
            String contactId = cursor.getString(
                cursor.getColumnIndex(ContactsContract.Contacts._ID));
            Cursor phone = cr.query(
                ContactsContract.CommonDataKinds.Phone.CONTENT_URI , null,
                ContactsContract.CommonDataKinds.Phone.CONTACT_ID + " = " +
                contactId, null, null    );
            while (phone.moveToNext()) {
                String phoneNumber = phone.getString(phone.getColumnIndex(
                ContactsContract.CommonDataKinds.Phone.NUMBER));
                list.add(contact + ":" + phoneNumber + "\n");
            }
        }
        cursor.close();
        //获取定义的 ListView 用来显示通讯录信息
        ListView peoaddress = findViewById( R.id.showinfo);
        peoaddress.setAdapter(new ArrayAdapter<String>(MainActivity.this,
                android.R.layout.simple_list_item_1,    list ) );
    }
}
```

(3) 添加权限，需要在 AndroidManifest.xml 清单文件中添加联系人的读写权限，具体的代码如下所示：

```
<uses-permission android:name="android.permission.READ_CONTACTS" />
<uses-permission android:name="android.permission.READ_PHONE_STATE" />
```

(4) 完成了上述编码以后，运行程序，程序会把系统上的手机通讯录信息读取出来，读取的信息包括联系人姓名和手机号，然后通过 ListView 显示出来。具体运行结果如图 8.4 所示。

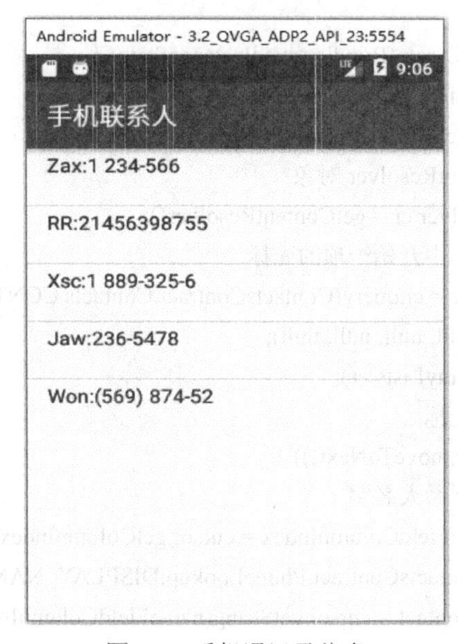

图 8.4　手机通讯录信息

8.3.2　管理多媒体

Android 系统提供了 Camera API 来支持拍照、拍摄视频，用户所拍摄的照片、视频等多媒体内容都存放在固定位置，其他应用程序可以通过 ContentProvider 进行访问。

Android 系统为多媒体提供了相应的 ContentProvider 的 Uri，具体如下所示：

- MediaStore.Audio.Media.EXTERNAL_CONTENT_URI：存储在外部存储(SD 卡)上的音频文件内容的 ContentProvider 的 Uri。
- MediaStore.Audio.Media.INTERNAL_CONTENT_URI：存储在手机内部存储器上的音频文件内容的 ContentProvider 的 Uri。
- MediaStore.Images.Media.EXTERNAL_CONTENT_URI：存储在外部存储器(SD 卡)上的图片文件内容的 ContentProvider 的 Uri。
- MediaStore.Images.Media.INTERNAL_CONTENT_URI：存储在手机内部存储器上的图片文件内容的 ContentProvider 的 Uri。
- MediaStore.Video.Media.EXTERNAL_CONTENT_URI：存储在外部存储器(SD 卡)上的视频文件内容的 ContentProvider 的 Uri。
- MediaStore.Video.Media.INTERNAL_CONTENT_URI：存储在手机内部存储器上的视频文件内容的 ContentProvider 的 Uri。

【实例 Camera】使用 ContentProvider 管理多媒体内容。

(1) 修改 activity_main.xml 文件，代码如下所示：

```
<?xml version="1.0" encoding="utf-8"?>
<LinearLayout xmlns:android="http://schemas.android.com/apk/res/android"
    android:layout_width="match_parent"
    android:layout_height="match_parent"
    android:orientation="vertical">
    <LinearLayout
        android:layout_width="match_parent"
        android:layout_height="wrap_content"
        android:gravity="clip_horizontal"
        android:orientation="horizontal">
        <Button
            android:id="@+id/add"
            android:layout_width="wrap_content"
            android:layout_height="wrap_content"
            android:layout_weight="1"
            android:text="添加" />
        <Button
            android:id="@+id/select"
            android:layout_width="wrap_content"
            android:layout_height="wrap_content"
            android:layout_weight="1"
            android:text="查看" />
    </LinearLayout>
    <LinearLayout
        android:layout_width="match_parent"
        android:layout_height="match_parent"
        android:orientation="horizontal">
        <ListView
            android:id="@+id/show"
            android:layout_width="match_parent"
            android:layout_height="match_parent"
            android:layout_weight="1"></ListView>
    </LinearLayout>
</LinearLayout>
```

(2) 新建布局文件 line.xml 文件，作为查看图片信息 ListView 的子布局格式，代码如下所示：

```
<?xml version="1.0" encoding="utf-8"?>
<LinearLayout xmlns:android="http://schemas.android.com/apk/res/android"
    android:layout_width="match_parent"
    android:layout_height="match_parent">
    <LinearLayout
```

```
            android:layout_width="match_parent"
            android:layout_height="match_parent"
            android:layout_weight="1"
            android:orientation="horizontal">
            <TextView
                android:id="@+id/pic_id"
                android:layout_width="wrap_content"
                android:layout_height="wrap_content"
                android:layout_weight="1"
                android:gravity="center_horizontal"
                android:text="Medium Text" />
            <TextView
                android:id="@+id/name"
                android:layout_width="wrap_content"
                android:layout_height="wrap_content"
                android:layout_weight="1"
                android:gravity="center_horizontal"
                android:text="Medium Text" />
            <TextView
                android:id="@+id/title"
                android:layout_width="wrap_content"
                android:layout_height="wrap_content"
                android:layout_weight="1"
                android:gravity="center_horizontal"
                android:text="Medium Text" />
        </LinearLayout>
    </LinearLayout>
```

(3) 新建布局文件 view.xml 文件，用于显示选择图片内容，代码如下所示：

```
<?xml version="1.0" encoding="utf-8"?>
<LinearLayout xmlns:android="http://schemas.android.com/apk/res/android"
    android:layout_width="match_parent"
    android:layout_height="match_parent">
    <ImageView
        android:id="@+id/image"
        android:layout_width="match_parent"
        android:layout_height="match_parent"
        android:gravity="center_horizontal" />
</LinearLayout>
```

(4) 修改 MainActivity.java 文件，代码如下所示：

```
public class MainActivity extends AppCompatActivity {
```

```
Button add;
Button select;
ListView show;
ArrayList<String> ids = new ArrayList<>();
ArrayList<String> names = new ArrayList<>();
ArrayList<String> fileNames = new ArrayList<>();
ArrayList<String> filePaths = new ArrayList<>();

@Override
protected void onCreate(Bundle savedInstanceState) {
    super.onCreate(savedInstanceState);
    setContentView(R.layout.activity_main);
    add = findViewById(R.id.add);
    select = findViewById(R.id.select);
    show = findViewById(R.id.show);
    //为查看按钮绑定单击事件监听器
    select.setOnClickListener(new View.OnClickListener() {
        @Override
        public void onClick(View view) {
            if (ContextCompat.checkSelfPermission(MainActivity.this,
                    Manifest.permission.READ_EXTERNAL_STORAGE) !=
                    PackageManager.PERMISSION_GRANTED) {
                ActivityCompat.requestPermissions(MainActivity.this,
                  new String[]{Manifest.permission.READ_EXTERNAL_STORAGE}, 1);
            } else {
                selectphoto();
            }
        }
    });
    //为 show ListView 的列表项单击事件添加监听器
    show.setOnItemClickListener(new MyOnItemClickListener());
    //为 add 按钮的单击事件绑定监听器
    add.setOnClickListener(new View.OnClickListener() {
        @Override
        public void onClick(View view) {
            if (ContextCompat.checkSelfPermission(MainActivity.this,
                    Manifest.permission.WRITE_EXTERNAL_STORAGE) !=
                    PackageManager.PERMISSION_GRANTED) {
                ActivityCompat.requestPermissions(MainActivity.this,
                 new String[]{Manifest.permission.WRITE_EXTERNAL_STORAGE}, 2);
            } else {
                addphoto();
            }
```

```
            }
        });
    }

    private void addphoto() {
        //创建 ContentValues 对象，准备插入数据
        ContentValues values = new ContentValues();
        values.put(MediaStore.Images.Media.DISPLAY_NAME, "笔山");
        //设置多媒体类型为 image/jpeg
        values.put(MediaStore.Images.Media.MIME_TYPE, "image/jpeg");
        //插入数据，返回所插入数据对应的 Uri
        Uri uri = getContentResolver()
                .insert(MediaStore.Images.Media.EXTERNAL_CONTENT_URI, values);
        //加载应用程序下的 jinzida 图片
        Bitmap bitmap = BitmapFactory.decodeResource(
                MainActivity.this.getResources(), R.drawable.bishan);
        OutputStream os = null;
        try {
            //获取刚插入的数据的 Uri 对应的输出流
            os = getContentResolver().openOutputStream(uri);
            //将 Bitmap 图片保存到 Uri 对应的数据节点中
            bitmap.compress(Bitmap.CompressFormat.JPEG, 100, os);
            os.close();
        } catch (Exception e) {
        }
    }

    private void selectphoto() {
        //清空 ids、names、fileNames、filePaths 集合里原有的数据
        ids.clear();
        names.clear();
        fileNames.clear();
        filePaths.clear();
        //通过 ContentResolver 查询所有图片信息
        Cursor cursor = getContentResolver()
                .query(MediaStore.Images.Media.EXTERNAL_CONTENT_URI,
                        null, null, null, null);
        while (cursor.moveToNext()) {
            //获取图片的 ID
            String id = cursor.getString(
                cursor.getColumnIndex(MediaStore.Images.Media._ID));
            //获取图片的 DISPLAY_NAME
            String name = cursor.getString(
```

```
                cursor.getColumnIndex(MediaStore.Images.Media.DISPLAY_NAME));
            //获取图片的 TITLE
            String title = cursor.getString(
                cursor.getColumnIndex(MediaStore.Images.Media.TITLE));
            //获取图片的保存位置的数据
            byte[] data = cursor.getBlob(
                cursor.getColumnIndex(MediaStore.Images.Media.DATA));
            //将图片名添加到 ids 集合中
            ids.add(id);
            //将图片 DISPLAY_NAME 添加到 names 集合中
            names.add(name);
            //将图片 TITLE 添加到 fileNames 集合中
            fileNames.add(title);
            //将图片保存路径添加到 filePaths 集合中
            filePaths.add(new String(data, 0, data.length - 1));
        }
        //创建一个 List 集合
        List<Map<String, Object>> listItems = new ArrayList<>();
        //将 ids、names、fileNames 三个集合对象的数据转换到 Map 集合中
        for (int i = 0; i < names.size(); i++) {
            Map<String, Object> listItem = new HashMap<>();
            listItem.put("id", ids.get(i));
            listItem.put("name", names.get(i));
            listItem.put("title", fileNames.get(i) + ".jpg");
            listItems.add(listItem);
        }
        //创建一个 SimpleApadter
        SimpleAdapter simpleAdapter = new SimpleAdapter(
                MainActivity.this, listItems, R.layout.line,
                new String[]{"id", "name", "title"},
                new int[]{R.id.pic_id, R.id.name, R.id.title});
        //为 show ListView 组件设置 Apadter
        show.setAdapter(simpleAdapter);
    }

    private class MyOnItemClickListener
            implements AdapterView.OnItemClickListener {
        @Override
        public void onItemClick(AdapterView<?> adapterView, View view, int i, long l) {
            //加载 view.xml 界面布局代表的视图
            View viewDialog = getLayoutInflater().inflate(R.layout.view, null);
            //获取 viewDialog 中 ID 为 image 的组件
            ImageView image = viewDialog.findViewById(R.id.image);
```

```
                //设置 image 显示指定图片
                image.setImageBitmap(BitmapFactory.decodeFile(filePaths.get(i)));
                //使用对话框显示用户单击的图片
                new AlertDialog.Builder(MainActivity.this)
                        .setView(viewDialog).setPositiveButton("确定", null).show();
            }
        }
        @Override
        public void onRequestPermissionsResult(int requestCode, String[] permissions,
                int[] grantResults )  {
            super.onRequestPermissionsResult(requestCode, permissions, grantResults);
            switch (requestCode) {
                case 1:
                    if (grantResults.length > 0 && grantResults[0] ==
                                PackageManager.PERMISSION_GRANTED) {
                        selectphoto();
                    } else {
                        Toast.makeText(MainActivity.this, "你没有此权限",
                                Toast.LENGTH_LONG).show();
                    }
                    break;
                case 2:
                    if (grantResults.length > 0 && grantResults[0] ==
                                PackageManager.PERMISSION_GRANTED) {
                        addphoto();
                    } else {
                        Toast.makeText(MainActivity.this, "你没有此权限",
                                Toast.LENGTH_LONG).show();
                    }
                    break;
                default:
            }
        }
    }
```

(5) 添加权限，需要在 AndroidManifest.xml 清单文件中添加读写外部存储的权限，具体的代码如下所示：

```
<uses-permission android:name="android.permission.WRITE_EXTERNAL_STORAGE" />
<uses-permission android:name="android.permission.READ_EXTERNAL_STORAGE" />
```

启动程序后，单击“添加”按钮将应用程序中 drawable 目录下的名为 bishan.jpg 的图片保存到手机 MediaStore/Images 目录中，然后单击“查看”按钮，将相册中的图片列表信息显示出来，结果如图 8.5 所示。单击列表视图中的任何一条记录，则会把该条记录所对应的图片显示出来，如图 8.6 所示。

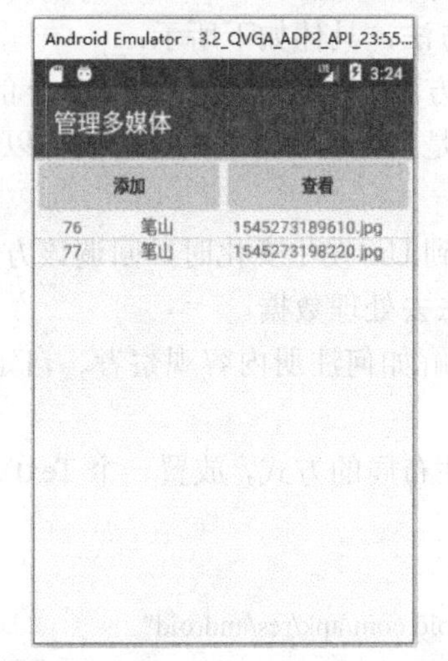

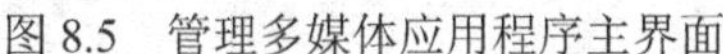
图 8.5　管理多媒体应用程序主界面

图 8.6　查看图片

8.4　ContentObserver

ContentObserver(内容观察者)的目的是观察(捕获)特定 Uri 引起的数据库变化，继而做出一些相应的处理。它类似于数据库技术中的触发器，当 ContentObserver 所观察的 Uri 发生变化时，便会触发 ContentObserver 的 onChange()方法。触发器分为表触发器和行触发器，相应的 ContentObserver 也分为表 ContentObserver 和行 ContentObserver，当然这是与它所监听的 Uri MIME Type 有关。

ContentObserver 的工作原理如图 8.7 所示。

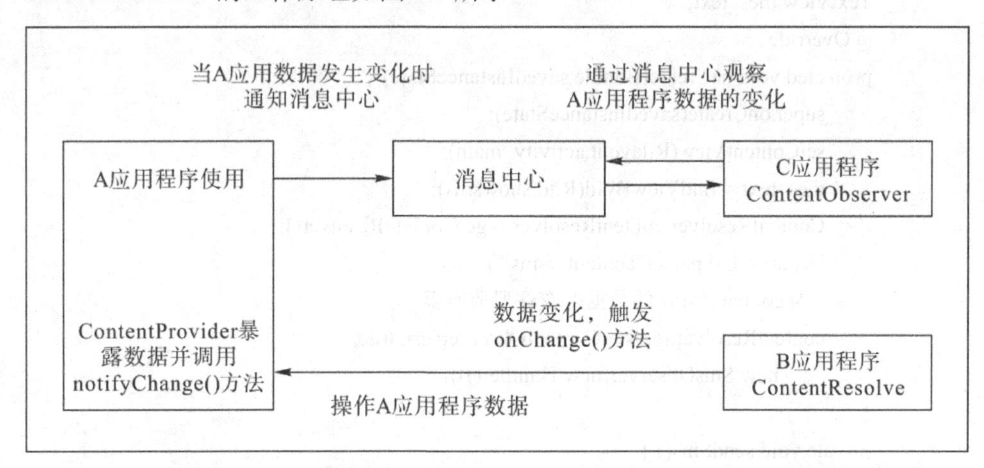

图 8.7　ContentObserver 工作原理图

从图 8.7 中可以看出，A 应用程序通过 ContentProvider 暴露自己的数据，B 应用程序通过 ContentResolver 操作 A 应用程序的数据，当 A 应用程序的数据发生变化时，A 应用程序调用 notifyChange()方法向消息中心发送消息，然后 C 应用程序观察到数据变化时，就会触发 ContentObserver 的 onChange()方法。

接下来解读一下 ContentObserver 的两个常用方法，具体如下所示：

(1) ContentObserver(Handler handler)：构造方法，所有 ContentObserver 的派生类都需要调用该构造方法，参数是 Handler 对象，可以是主线程 Handler(这时候可以更新 UI)，也可以是任何 Handler 对象。

(2) void onChange(boolean selfChange)：观察到 Uri 发生变化时，回调该方法去处理，所有的 ContentObserver 的派生类都需要调用该方法去处理数据。

【实例 SMSListener】通过监控短信发送，理解如何注册内容观察者、自定义观察者以及当数据变化时的处理过程。

(1) 修改 activity_main.xml 文件代码，采用线性布局的方式，放置一个 TextView 组件，用来显示发送消息的内容。具体代码如下所示：

```
<?xml version="1.0" encoding="utf-8"?>
<LinearLayout xmlns:android="http://schemas.android.com/apk/res/android"
    android:layout_width="match_parent"
    android:layout_height="match_parent" >
    <TextView
        android:id="@+id/showsms"
        android:layout_width="wrap_content"
        android:layout_height="wrap_content"
        android:text="显示发送消息的内容"/>
</LinearLayout>
```

(2) 修改 MainActivity.java 文件，在程序中监听发送的消息，并且把消息显示出来。代码如下所示：

```
public class MainActivity extends AppCompatActivity {
    TextView mes_text;
    @Override
    protected void onCreate(Bundle savedInstanceState) {
        super.onCreate(savedInstanceState);
        setContentView(R.layout.activity_main);
        mes_text = findViewById(R.id.showsms);
        ContentResolver contentResolver = getContentResolver();
        Uri uri = Uri.parse("content://sms/");
        //为 content://sms 的数据改变注册监听器
        contentResolver.registerContentObserver(uri, true,
            new SmsObserver(new Handler()));
    }
    private void sendSms() {
        Cursor cursor = getContentResolver().query(Uri.parse("content://sms"),
            null, null, null, null);
        //遍历查询的结果集
        while (cursor.moveToNext()) {
            String address = cursor.getString(cursor.getColumnIndex("address"));
            String body = cursor.getString(cursor.getColumnIndex("body"));
```

```
            String time = cursor.getString(cursor.getColumnIndex("date"));
            mes_text.setText("收件人： " + address + "\n 内容： "
                    + body + "\n 发送时间： " + time);
        }
        cursor.close();
    }
    //自定义的 ContentObserver 监听器类
    private class SmsObserver extends ContentObserver {
        public SmsObserver(Handler handler) {
            super(handler);
        }
        public void onChange(boolean selfChange) {
            if (ContextCompat.checkSelfPermission(MainActivity.this,
                    Manifest.permission.READ_SMS) !=
                    PackageManager.PERMISSION_GRANTED) {
                ActivityCompat.requestPermissions(MainActivity.this,
                        new String[]{Manifest.permission.READ_SMS}, 1);
            } else {
                sendSms();
            }
        }
    }
    @Override
    public void onRequestPermissionsResult(int requestCode, String[] permissions,
                                           int[] grantResults) {
        super.onRequestPermissionsResult(requestCode, permissions, grantResults);
        switch (requestCode) {
            case 1:
                if (grantResults.length > 0 && grantResults[0] ==
                        PackageManager.PERMISSION_GRANTED) {
                    sendSms();
                } else {
                    Toast.makeText(MainActivity.this, "你没有此权限",
                            Toast.LENGTH_LONG).show();
                }
                break;
            default:
        }
    }
}
```

(3) 添加权限，因为需要读取用户的短信数据，所以需要在清单文件中添加权限，具体添加代码如下：

```
<uses-permission android:name="android.permission.READ_SMS" />
```

运行该程序，在不关闭程序的情况下(按 Home 键返回到桌面)，打开系统自带的短信发送程序，发送一条短信，如图 8.8 所示。该程序后台检测到的发送信息的内容如图 8.9 所示。

图 8.8　发送短信界面

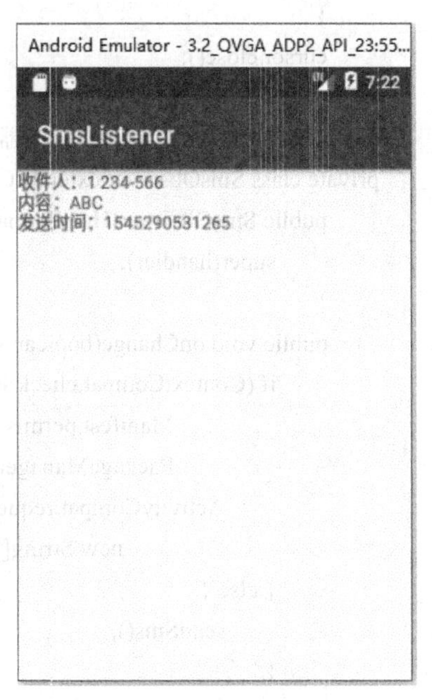

图 8.9　程序运行结果图

第9章 网 络 编 程

本章目标：

- 掌握 Socket 通信的使用；
- 掌握 HttpURLConnection 通信接口的使用；
- 掌握 URLConnection 通信的 GET、POST 两种数据提交方式；
- 了解 WiFi 编程；
- 了解蓝牙数据传输编程；
- 能够使用 WebView 组件浏览网页。

网络的发展，使移动应用开发拥有无限的发展空间。而 Android 系统最大的特色和优势之一，即是对网络的支持。因此，网络编程已成为 Android 程序设计中不可缺少的重要部分。网络编程主要是指通信编程，通信既可以在 Android 设备之间进行，也可以在 Android 设备与 PC 服务器或者 Web 服务器之间进行。通信方式既有适用于无线局域网 TCP/UDP 的套接字通信，也有适用于移动互联网的 HTTP 通信，还有应用于个人微型局域网的蓝牙通信等。

9.1 Socket 编程

Socket 通常称为“套接字”，用于描述 IP 地址和端口，是一个通信链的句柄。应用程序通常通过套接字向网络发出请求或者答应网络请求，它支持 TCP/IP 协议的网络通信的基本单元。它是网络通信过程中端点的抽象表示，包含进行网络通信的 5 种必需信息：连接使用的协议、本地主机的 IP 地址、本地进程的协议端口、远程主机的 IP 地址、远程进程的协议端口。

9.1.1 Socket 类和 ServerSocket 类

使用 Socket 套接字可以方便地在网络上传递数据，从而实现两台计算机之间的通信。通常客户端使用 Socket 的构造方法来连接指定的服务器，常用的 Socket 构造方法有以下两种：

(1) Socket(String host, int port)：创建连接到指定远程主机名、远程端口的 Socket 对象，该构造方法没有指定本地地址和本地端口，默认使用本地主机 IP 地址和系统动态分配的端口。此外，参数 host 也可以使用 InetAddress 类型。

(2) Socket (String host, int port, InetAddress localAddr, int localPort)：创建连接到指定远程主机名、远程端口的 Socket，并指定本地 IP 地址和本地端口，适用于本地主机有多个 IP 地址的情况。此外，参数 host 也可以使用 InetAddress 类型。

例如，创建一个 Socket 对象如下：

```
try{
    Socket s= new Socket("192.168.100.128" , 8888);
    ...//Socket 通信
}catch (IOException e) {
    e.printStackTrace();
}
```

除了构造方法，Socket 类常用的其他方法如表 9-1 所示。

表 9-1　Socket 类常用的其他方法

方　法	功　能
public InetAddress getInetAddress()	返回 Socket 对象连接的远程 IP 地址，如果套接字是未连接的，则返回 null
public InetAddress getLocalAddress()	返回 Socket 对象绑定的本地 IP 地址，如果尚未绑定，则返回 InetAddress.anyLocalAddress()
public InputStream getInputStream()	为当前 Socket 对象创建字节输入流
public OutputStream getOutputStream()	为当前 Socket 对象创建字节输出流
public boolean isClose()	判断当前 Socket 对象是否关闭
public boolean isConnected()	判断当前 Socket 对象是否连接
public void close()	关闭当前 Socket 对象同时关闭它的 InputStream 与 OutputStream 流
public int getPort()	获取创建 Socket 时指定的远程主机端口号
public void setReceiveBufferSize(int size)	设置接收缓冲区大小
public int getReceiveBufferSize()	返回接收缓冲区大小
public void setSendBufferSize(int size)	设置发送缓冲区大小
public int getSendBufferSize()	返回发送缓冲区大小

9.1.2　ServerSocket 类

ServerSocket 是服务器套接字，运行在服务器端，在指定的端口上主动监听来自客户端的 Socket 连接。当客户端发送 Socket 请求并与服务器指定的端口建立连接时，服务器将验证并接收客户端的 Socket，从而建立客户端与服务器之间的网络虚拟链路，一旦两端的实体建立了虚拟链路，则两者之间就可以相互传送数据。ServerSocket 类常用的构造方法如下：

(1) ServerSocket(int port)：创建绑定到指定端口的服务器套接字。参数 port 为指定的端口号，若为零，则表示使用任何空闲端口。

(2) ServerSocket(int port, int backlog)：创建绑定到指定端口的服务器套接字，同时指定可接受的最大连接请求。参数 port 含义同上，参数 backlog 表示连接请求队列长度。如果队列已满，则拒绝再达到的连接请求。

(3) ServerSocket(int port, int backlog, InetAddress localAddr)：创建一个 ServerSocket 对

象，指定端口、连接队列长度和IP地址，当服务器存在多个IP地址时才允许使用localAddr参数将ServerSocket绑定到特定端口。

例如，创建一个ServerSocket对象如下：

```
try {
    ServerSocket server = new ServerSocket(8888);
} catch (IOException e) {
    e.printStackTrace();
}
```

ServerSocket 对象只用于监听和响应客户端的连接，要想提取连接进来的客户端数据，还需要使用 ServerSocket 类中封装的其他方法。表 9-2 中详细介绍了 ServerSocket 类中的其他方法。

表 9-2 ServerSocket 类中的其他方法

方 法	功 能
public Socket accept()	在服务器端的指定端口监听客户端发来的连接请求，并与之建立连接。此方法在连接传入前一直处于阻塞状态
public InetAddress getInetAddress()	返回服务器的 IP 地址。如果套接字是未绑定的，则返回 null
public int getLocalPort()	返回此服务器套接字监听的端口号。如果套接字是未绑定的，则返回-1
public void close()	关闭此套接字。在 accept()中所有当前阻塞线程都将会抛出 SocketException 异常
public boolean isClose()	返回服务器套接字的关闭状态

通常使用ServerSocket类进行网络通信的具体步骤如下：

(1) 根据指定端口实例化一个ServerSocket对象。

(2) 调用ServerSocket对象的accept()方法接收客户端发送的Socket对象。

(3) 调用 Socket 对象的 getInputStream()/getOutputStream()方法建立与客户端进行交互的I/O流。

(4) 服务器与客户端根据一定的协议进行交互，直到关闭连接。

(5) 关闭服务器端的Socket。

(6) 回到步骤(2)，继续监听下一次客户端发送的Socket请求连接。

【实例 ClientSocket】通过 Socket 实现客户端与服务器之间的信息传递。项目过程实现如下：

(1) 由于服务器端的套接字用于相应客户端的连接，因此，服务器端是一个标准的Java应用程序，而不是Android应用程序。所以，服务器端需要运行在Windows系统的JRE中，而不是Android系统中。程序代码如下所示：

```
public class Server {
    private int serverPort = 9999;// 定义端口号
    private ServerSocket serverSocket = null;// 定义服务器套接字
    private Socket socket;// 定义套接字
```

```
private OutputStream outputStream = null;// 定义输出流
private InputStream inputStream = null;// 定义输入流
private PrintWriter printWriter = null;// 定义打印流，用于将数据发送给对方
private BufferedReader reader = null;// 声明缓冲流，用于读取接收的数据
String message="";
public Server() {
    try {
        // 根据指定的端口号，创建服务器套接字
        serverSocket = new ServerSocket(serverPort);
        System.out.println("服务器启动中...");
        // 用 accept()方法等待客户端的连接
        socket = serverSocket.accept();
        System.out.println("客户端已连接...");
    } catch (Exception e) {
        e.printStackTrace();// 打印异常信息
    }
    try {
        // 获取套接字输出流
        outputStream = socket.getOutputStream();
        // 获取套接字输入流
        inputStream = socket.getInputStream();
        // 根据 outputStream 创建 PrintWriter 对象
         printWriter = new PrintWriter(outputStream, true);
        // 根据 inputStream 创建 BufferedReader 对象
        reader = new BufferedReader(new InputStreamReader(inputStream));
        while (true) {
            // 接收客户端的传输信息
              message = reader.readLine();
            // 将接收的信息打印出来
            System.out.println("客户端发送过来的信息为：" + message);
            // 若消息为“exit”或者“退出”，则结束通信
                if (message.equals("exit") || message.equals("退出"))
                break;
            // 向客户端发送信息
            printWriter.println("Thank you!\n");
            printWriter.flush();
        }
        // 释放相应资源
        outputStream.close();
        inputStream.close();
        serverSocket.close();
        socket.close();
        System.out.println("服务器已关闭连接");
```

```
            } catch (IOException e) {
                // TODO Auto-generated catch block
                e.printStackTrace();
            }
        }
    public static void main(String[] args) {
            new Server();
        }
    }
```

(2) 编写客户端 Android 应用程序的布局文件，代码如下所示：

```
<?xml version="1.0" encoding="utf-8"?>
<LinearLayout xmlns:android="http://schemas.android.com/apk/res/android"
    android:layout_width="match_parent"
    android:layout_height="match_parent"
    android:orientation="vertical">
    <EditText
        android:id="@+id/sendMessage"
        android:layout_width="match_parent"
        android:layout_height="wrap_content"
        android:hint="输入发送信息" />
    <Button
        android:id="@+id/sendButton"
        android:layout_width="match_parent"
        android:layout_height="wrap_content"
        android:text="发送" />
    <TextView
        android:id="@+id/showMessage"
        android:layout_width="match_parent"
        android:layout_height="match_parent"
        android:hint="显示发送信息" />
</LinearLayout>
```

(3) 编写客户端 Android 应用程序的 MainActivity.java 文件，代码如下所示：

```
public class MainActivity extends AppCompatActivity {
    EditText sendMessage;
    Button sendButton;
    TextView showMessage;
    //服务器的 IP 地址和端口号
    private final String HOST = "192.168.0.103";
    private final int PORT = 9999;
    private Socket socket;          // 定义套接字，传输数据
    private PrintWriter printWriter = null;
    private BufferedReader reader = null;
    private String msg = "";        //接收服务器返回的信息
```

```
@Override
protected void onCreate(Bundle savedInstanceState) {
    super.onCreate(savedInstanceState);
    setContentView(R.layout.activity_main);
    sendMessage = findViewById(R.id.sendMessage);
    sendButton = findViewById(R.id.sendButton);
    showMessage = findViewById(R.id.showMessage);
    new Thread() {
        public void run() {
            try {
                //指定 IP 地址和端口号并创建套接字
                socket = new Socket(HOST, PORT);
                //使用套接字的输入流构造 BufferedReader 对象
                reader = new BufferedReader(
                    new InputStreamReader(socket.getInputStream()));
                //使用套接字的输出流构造 PriintWriter 对象
                printWriter = new PrintWriter(new BufferedWriter(
                    new OutputStreamWriter(socket.getOutputStream())), true);
            } catch (Exception e) {
                e.printStackTrace();
            }
        }
    }.start();
    /*注册发送按钮的监听事件，并向服务器发送消息*/
    sendButton.setOnClickListener(new View.OnClickListener() {
        @Override
        public void onClick(View view) {
            String message = sendMessage.getText().toString();
            //判断 socket 是否连接
            if (socket.isConnected()) {
                if (!socket.isOutputShutdown()) {
                    //将输入框中的内容发送给服务器
                    printWriter.println(message);
                    printWriter.flush();
                    showMessage.append("发送消息：" + message + "\n");
                    sendMessage.setText("");//清空输入框
                }
            }
        }
    });
    /*创建线程，接收从服务器返回的消息*/
    new Thread() {
        public void run() {
```

```
                    while (true) {
                        //若套接字同服务器的连接存在且输入流也存在，则接收信息
                        if (socket.isConnected()) {
                          if (!socket.isInputShutdown()) {
                            try {
                              msg = reader.readLine();
                              if (!msg.equals("")) {
                                showMessage.append("接收到的信息： " + msg + "\n");
                              }
                            } catch (Exception e) {
                              e.printStackTrace();
                            }
                          }
                        }
                    }
                }
            }.start();
        }
    }
```

(4) 客户端要能够访问服务器，还需要在 AndroidManifest.xml 清单文件中增加网络访问权限，代码添加如下：

```
<uses-permission android:name = "android.permission.INTERNET" />
```

(5) 先启动 Server 服务器，再运行客户端应用程序。在客户端界面的文本框中输入信息，并单击“发送”按钮，信息会发送给服务器，服务器也能返回信息给客户端。服务器端的输出结果如下：

```
服务器启动中...
客户端已连接...
客户端发送过来的信息为：xsc
客户端发送过来的信息为：123
客户端发送过来的信息为：exit
服务器已关闭连接
```

客户端应用程序运行结果如图 9.1 所示。

图 9.1 客户端运行结果

9.2 使用 HttpURLConnection

9.2.1 URL 类和 URLConnection 类

URL(Uniform Resource Locator，统一资源定位器)用于表示互联网上资源的唯一地址。

Java 中的 java.net.URL 类封装了针对 URL 的操作，URL 类常用方法及功能如表 9-3 所示。

表 9-3　URL 类常用方法及功能

方　法	功 能 描 述
public URL(String spec)	构造方法，根据指定的字符串创建一个 URL 对象
public URL(String protocol,String host,int port,String file)	构造方法，根据指定的协议、主机名、端口号和文件资源创建一个 URL 对象
public URL(String protocol, String host, String file)	构造方法，根据指定的协议、主机名和文件资源创建 URL 对象
public String getProtocol()	返回协议名
public String getHost()	返回主机名
public int getPort()	返回端口号，如果没有设置端口，则返回-1
public String getFile()	返回文件名
public String getRef()	返回 URL 的锚点
public String getQuery()	返回 URL 的查询信息
public String getPath()	返回 URL 的路径
public URLConnection openConnection()	返回一个 URLConnection 对象
public final InputStream openStream()	返回一个用于读取该 URL 资源的 InputStream 流

其中，openConnection()方法返回一个 URLConnection 对象，该对象表示应用程序和 URL 之间的通信连接。URLConnection 是一个抽象类，其常用方法及功能如表 9-4 所示。

表 9-4　URLConnection 常用方法及功能

方　　法	功 能 描 述
public String getContentType()	获得文件的类型
public long getDate()	获得文件创建的时间
public long getLastModified()	获得文件最后修改的时间
public InputStream getInputStream()	获得输入流，以便读取文件的数据
public OutputStream getOutputStream()	获得输出流，以便输出数据
public void setRequestProperty(String key, String value)	设置请求属性值
public int getContentLength()	获得文件的长度

【实例 URLConnection】该实例分别用 POST 方法和 GET 方法，向 Web 服务器发送请求，并返回相关数据。

(1) 由于访问网络需要网络访问权限，所以，需要在 AndroidManifest.xml 配置文件中配置相应的权限，代码如下所示：

```
<uses-permission android:name="android.permission.INTERNET" />
```

(2) 编写 activity_main.xml 布局文件，代码如下所示：

```
<?xml version="1.0" encoding="utf-8"?>
<LinearLayout xmlns:android="http://schemas.android.com/apk/res/android"
```

```
    android:layout_width="match_parent"
    android:layout_height="match_parent"
    android:orientation="vertical">
    <TextView
        android:id="@+id/show"
        android:layout_width="match_parent"
        android:layout_height="wrap_content"
        android:hint="显示信息"
        android:textSize="20dp" />
    <Button
        android:id="@+id/postbtn"
        android:layout_width="match_parent"
        android:layout_height="wrap_content"
        android:text="POST 方法" />
    <Button
        android:id="@+id/getbtn"
        android:layout_width="match_parent"
        android:layout_height="wrap_content"
        android:text="GET 方法" />
</LinearLayout>
```

(3) 创建一个 GetPostUtil 工具类，该类提供了发送 GET 请求和发送 POST 请求的方法。代码如下所示：

```
public class GetPostUtil {
    /**
     * 向指定 URL 发送 GET 方法的请求
     * 参数 url 为发送请求的 URL
     * 请求参数 params，其形式为 name1=value1&name2=value2
     * return URL 所代表远程资源的响应
     */
    public static String sendGet(String url, String params) {
        String result = "";
        BufferedReader in = null;
        try {
            String urlName = url + "?" + params;
            URL realUrl = new URL(urlName);
            //打开和 URL 的连接
            URLConnection conn = realUrl.openConnection();
            //设置通用的请求属性
            conn.setRequestProperty("accept", "*/*");
            conn.setRequestProperty("connection", "Keep-Alive");
            conn.setRequestProperty("user-agent",
                    "Mozilla/4.0(compatible;MSIE6.0;Windows NT 5.1;SV1)");
            //建立实际的连接
```

```
            conn.connect();
            //获取所有响应头字段
            Map<String, List<String>> map = conn.getHeaderFields();
            //遍历所有的响应头字段
            for (String key : map.keySet()) {
                System.out.println(key + "------>" + map.get(key));
            }
            //定义 BufferedReader 输入流来读取 URL 的响应
            in = new BufferedReader(new InputStreamReader(conn.getInputStream()));
            String line = "";
            while ((line = in.readLine()) != null)
                result += "\\n" + line;
        } catch (Exception e) {
            System.out.println("发送 GET 请求出现异常！" + e);
            e.printStackTrace();
        }
        //使用 finally 块来关闭输入流
        finally {
            try {
                if (in != null)
                    in.close();
            } catch (IOException e) {
                e.printStackTrace();
            }
        }
        return result;
    }
    /**
     * 向指定 URL 发送 POST 方法的请求
     * 参数 url 为发送请求的 URL
     * 请求参数 params，其形式为 name1=value1&name2=value2
     * return URL 所代表远程资源的响应
     */
    public static String sendPost(String url, String parames) {
        String result = "";
        BufferedReader in = null;
        PrintWriter out = null;
        try {
            URL realUrl = new URL(url);
            //打开和 URL 的连接
            URLConnection conn = realUrl.openConnection();
            //设置通用的请求属性
            conn.setRequestProperty("accept", "*/*");
```

```
            conn.setRequestProperty("connection", "Keep-Alive");
            conn.setRequestProperty("user-agent",
                    "Mozilla/4.0(compatible;MSIE6.0;Windows NT 5.1;SV1)");
            //发送 POST 请求必须设置如下两行
            conn.setDoInput(true);
            conn.setDoOutput(true);
            //获取 URLConnection 对象对应的输出流
            out = new PrintWriter(conn.getOutputStream());
            //发送请求参数
            out.print(parames);
            //flush()输出流的缓冲
            out.flush();
            //定义 BufferedReader 输入流来读取 URL 的响应
            in = new BufferedReader(new InputStreamReader(conn.getInputStream()));
            String line = "";
            while ((line = in.readLine()) != null)
                result += "\\n" + line;
        } catch (Exception e) {
            System.out.println("发送 POST 请求出现异常！" + e);
            e.printStackTrace();
        }
        //使用 finally 块来关闭输入流、输出流
        finally {
            try {
                if (in != null)
                    in.close();
                if (out != null)
                    out.close();
            } catch (IOException e) {
                e.printStackTrace();
            }
        }
        return result;
    }
}
```

(4) 编写 MainActivity.java 类文件，在该类中使用 GetPostUtil 工具类实现向服务器发送请求。代码如下所示：

```
public class MainActivity extends AppCompatActivity {
    Button getbtn, postbtn;
    TextView show;
    //代表服务器响应的字符串
    String responce;
    Handler handler = new Handler() {
```

```
            @Override
            public void handleMessage(Message msg) {
                super.handleMessage(msg);
                if (msg.what == 0x123) {
                    //设置 show 组件显示服务器响应
                    show.setText(responce);
                }
            }
        };
        @Override
        protected void onCreate(Bundle savedInstanceState) {
            super.onCreate(savedInstanceState);
            setContentView(R.layout.activity_main);
            getbtn = findViewById(R.id.getbtn);
            postbtn = findViewById(R.id.postbtn);
            show = findViewById(R.id.show);
            getbtn.setOnClickListener(new View.OnClickListener() {
                @Override
                public void onClick(View view) {
                    new Thread() {
                        @Override
                        public void run() {
                            responce = GetPostUtil.sendGet(
                              "http://10.10.224.151:8080/webjsp/index.jsp", null);
                            //发送消息通知 UI 线程更新 UI 组件
                            handler.sendEmptyMessage(0x123);
                        }
                    }.start();
                }
            });
            postbtn.setOnClickListener(new View.OnClickListener() {
                @Override
                public void onClick(View view) {
                    new Thread() {
                        @Override
                        public void run() {
                            responce = GetPostUtil.sendPost(
                             "http://10.10.224.151:8080/webjsp/login.jsp",
                                     "name=xsc&pass=111");
                        }
                    }.start();
                    //发送消息通知 UI 线程更新 UI 组件
                    handler.sendEmptyMessage(0x123);
```

```
            }
        });
    }
}
```

上述代码分别发送 GET 请求和 POST 请求，分别请求本地局域网 http://10.10.224.151:8080/webjsp 应用下的 index.jsp 和 login.jsp 两个页面。需要注意的是，webjsp 是一个 Web 应用，而不是 Android 应用，需运行在 Tomcat 服务器中。

(5) index.jsp 页面的代码如下：

```
<%@ page language="java" pageEncoding="utf-8"%>
<!DOCTYPE HTML PUBLIC "-//W3C//DTD HTML 4.01 Transitional//EN">
<html>
<head>
<title>My</title>
</head>
<body>
    服务器当前时间<%=new java.util.Date()%>
</body>
</html>
```

(6) login.jsp 页面的代码如下：

```
<%@ page language="java" import="java.util.*" pageEncoding="UTF-8"%>
<!DOCTYPE HTML PUBLIC "-//W3C//DTD HTML 4.01 Transitional//EN">
<html>
<head>
<title>My</title>
</head>
<body>
    <%
        request.setCharacterEncoding("UTF-8");
        String name = request.getParameter("name");
        String pass = request.getParameter("pass");
        out.println("name=" + name + " and pass=" + pass);
        if (name.equals("xsc") && pass.equals("111")) {
            out.println("OK");
            out.flush();
        } else {
            out.println("False");
            out.flush();
        }
    %>
</body>
</html>
```

(7) 先运行 Web 项目，再运行 Android 项目，点击两个按钮，运行结果如图 9.2 所示。

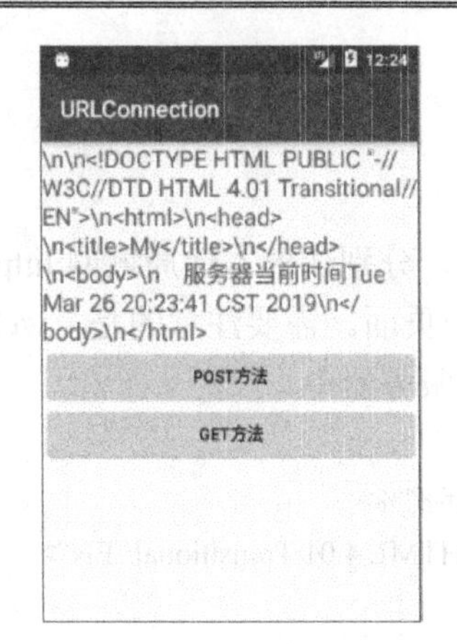

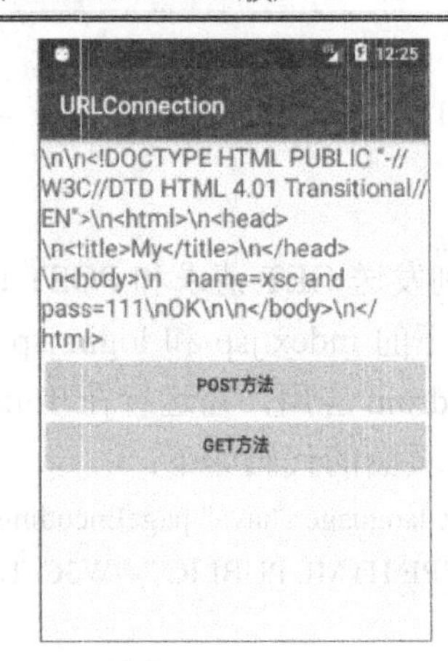

图 9.2　URL Connection 的使用

9.2.2　HttpURLConnection 类

HTTP 是最常见的应用层网络协议，Internet 上的大部分资源都是基于 HTTP 的。Java 提供了 java.net.HttpURLConnection 类专门用于处理 HTTP 的请求和响应。HttpURLConnection 继承自 URLConnection 类，每个 HttpURLConnection 实例都可生成单个请求，以透明的共享方式连接到 HTTP 服务器。HttpURLConnection 类常用的方法及其功能如表 9-5 所示。

表 9-5　HttpURLConnection 类常用方法及功能

方　法	功 能 描 述
InputStream getInputStream()	返回从此处打开的连接读取的输入流
OutputStream getOutputStream()	返回写入到此连接的输出流
String getRequestMethod()	获取请求方法
int getResponseCode()	获取状态码，如 HTTP_OK、HTTP_UNAUTHORIZED
void setRequestMethod(String method)	设置 URL 请求的方法
void setDoInput(boolean doinput)	设置输入流，如果使用 URL 连接进行输入，则将 DoInput 标志设置为 true(默认值)；如果不打算使用，则设置为 false
void setDoOutput(boolean dooutinput)	设置输出流，如果使用 URL 连接进行输出，则将 DoOutput 标志设置为 true(默认值)；如果不打算使用，则设置为 false
void setUseCaches(boolean usecaches)	设置连接是否使用任何可用的缓存
void disconnect()	关闭连接

HttpURLConnection 是一个抽象类，无法直接实例化，使用 URL 的 openConnection() 方法获得 HttpURLConnection 实例，代码如下所示：

```
//创建 URL
URL url=new URL("http://www.google.com/");
//获取 HttpURLConnection 连接
HttpURLConnection urlConn=(HttpURLConnection)url.openConnection();
```

在进行连接操作之前，可以对 HttpURLConnection 的连接属性进行设置，代码如下所示：

```
//设置输出、输入流
urlConn.setDoOutput(true);
urlConn.setDoInput(true);
//设置方式为POST
urlConn.setRequestMethod("POST");
//请求不能使用缓存
urlConn.setUseCaches(false);
```

连接完成之后可以关闭连接，代码如下所示：

```
urlConn.disconnect();
```

【实例 HttpURLConnection】通过一个输入网址查看图片的实例来讲解 HttpURLConnection 类的使用过程。

(1) 修改 activity_main.xml 布局界面的代码，整体采用线性垂直布局的方式，放置一个 ImageView 控件、一个 EditText 控件和一个 Button 控件，分别用来显示图片、输入网址和单击显示图片。布局文件的具体代码如下所示：

```
<?xml version="1.0" encoding="utf-8"?>
<LinearLayout xmlns:android="http://schemas.android.com/apk/res/android"
    android:layout_width="match_parent"
    android:layout_height="match_parent"
    android:orientation="vertical">
    <EditText
        android:id="@+id/address"
        android:layout_width="match_parent"
        android:layout_height="wrap_content"
        android:text=" http://pic.sc.chinaz.com/files/pic/pic9/201903/hpic762.jpg "/>
    <Button
        android:id="@+id/get_show"
        android:layout_width="match_parent"
        android:layout_height="wrap_content"
        android:text="获取并显示图片"/>
    <ImageView
        android:id="@+id/images"
        android:layout_width="wrap_content"
        android:layout_height="wrap_content" />
</LinearLayout>
```

(2) 当界面创建完成以后，需要在 MainActivity 中编写与界面交互的代码，用于实现请求指定的网络图片，并将获取的图片显示在 ImageView 控件上。具体代码如下所示：

```
public class MainActivity extends AppCompatActivity {
    private ImageView iv;
    private Button show_btn;
    private EditText path_edit;
    //定义获取到图片和失败的状态码
    protected static final int SUCCESS=1;
```

```
protected static final int ERROR=2;
//创建消息处理器
private Handler handler=new Handler(){
    public void handleMessage(android.os.Message msg){
        if (msg.what==SUCCESS){
            Bitmap bitmap=(Bitmap)msg.obj;
            iv.setImageBitmap(bitmap);
        }else if (msg.what==ERROR){
            Toast.makeText(MainActivity.this,
            "显示图片错误",Toast.LENGTH_SHORT).show();
        }
    }
};
@Override
protected void onCreate(Bundle savedInstanceState) {
    super.onCreate(savedInstanceState);
    setContentView(R.layout.activity_main);
    init();
}
//组件初始化
private void init(){
    iv=(ImageView)findViewById(R.id.images);
    show_btn=(Button)findViewById(R.id.get_show);
    path_edit=(EditText)findViewById(R.id.address);
    show_btn.setOnClickListener(new View.OnClickListener() {
        @Override
        public void onClick(View view) {
            //获取输入的网络图片地址
            final String path=path_edit.getText().toString().trim();
            if(TextUtils.isEmpty(path)){
                Toast.makeText(MainActivity.this,
                    "图片路径不能为空",Toast.LENGTH_SHORT).show();
            }else {
                //使用子线程访问网络，因为网络请求耗时
                new Thread(){
                    private HttpURLConnection conn;
                    private Bitmap bitmap;
                    public void run(){
                        //连接服务器 get 请求
                        try{
                            URL url=new URL(path);
```

```
                    //根据url发送http的请求
                    conn=(HttpURLConnection)url.openConnection();
                    //设置请求的方式
                    conn.setRequestMethod("GET");
                    //设置超时时间
                    conn.setConnectTimeout(5000);
                    //设置请求头User-Agent浏览器的版本
                    //得到服务器返回的响应码
                    int state=conn.getResponseCode();
                    Log.v("1111111111",state+"");
                    if(state==200){
                        //请求网络成功，获取输入流
                        InputStream in=conn.getInputStream();
                        //将流转换为Bitmap对象
                        bitmap= BitmapFactory.decodeStream(in);
                        //告诉消息处理器显示图片
                        Message msg=new Message();
                        msg.what=SUCCESS;
                        msg.obj=bitmap;
                        handler.sendMessage(msg);
                    }else {
                        //请求网络失败，提示用户
                        Message msg=new Message();
                        msg.what=ERROR;
                        handler.sendMessage(msg);
                    }
                } catch (Exception e) {
                    e.printStackTrace();
                    Message msg=new Message();
                    msg.what=ERROR;
                    handler.sendMessage(msg);
                }
            }
        }.start();
    }
  }
 });
}
}
```

(3) 添加访问网络权限，运行程序，单击“获取并显示图片”按钮，运行界面如图9.3

所示。

图 9.3　HttpURLConnection 的使用

9.3　WiFi 编程

WiFi 是一种高频无线电信号技术，通过它可以将个人电脑、手持设备(如 Pad、手机)等终端以无线方式互相连接。作为一种广泛使用的无线局域网通信技术，WiFi 在移动网络平台的应用中常常被使用。

9.3.1　WifiManager 类

Android 系统提供了一个 WiFiManager 类用于简单的 WiFi 操作，使用 WiFiManager 可以在应用中打开与关闭 WiFi，同时还可以获取 WiFi 当前的状态信息。WifiManager 类提供了 5 种描述 WiFi 当前状态的常量，如表 9-6 所示。

表 9-6　WifiManager 类提供的 WiFi 状态表

常　量	状　态
WifiManager.WIFI_STATE_ENABLING	表示 WiFi 正在打开
WifiManager. WIFI _STATE_ENABLED	表示 WiFi 可用
WifiManager. WIFI _STATE_DISABLED	表示 WiFi 不可用
WifiManager. WIFI _STATE_DISABLING	表示 WiFi 正在关闭
WifiManager. WIFI _STATE_UNKNOWN	表示 WiFi 状态未知

在 Android 应用中控制 WiFi，主要是对 WifiManager 对象进行操作。具体操作分为如下几个步骤：

(1) 在 AndroidManifest.xml 清单文件中为应用程序添加权限：

```
<!--允许应用程序改变网络连接状态-->
```

```
<uses-permission android:name="android.permission.CHANGE_NETWORK_STATE"/>
<!--允许应用程序改变 WiFi 连接状态-->
<uses-permission android:name="android.permission.CHANGE_WIFI_STATE"/>
<!--允许应用程序获取网络的状态信息-->
<uses-permission android:name="android.permission.ACCESS_NETWORK_STATE"/>
<!--允许应用程序获得 WiFi 的状态信息-->
<uses-permission android:name="android.permission.ACCESS_ WIFI_STATE"/>
```

(2) 得到 WifiManager 对象：

```
WifiManager wifiManager=
(WifiManager)Context.getSystemService (Service. WIFI_SERVICE);
```

其中 Context 为当前 Activity 对象，getSystemService 是 Android 中的一个很重要的 API，它是 Activity 的一个方法，根据传入的参数来获取相应的服务对象。

(3) 打开 WiFi 网卡：

```
wifiManager.setWifiEnabled(true);
```

(4) 关闭 WiFi 网卡：

```
wifiManager.setWifiEnabled(false);
```

(5) 获取当前 WiFi 网卡状态：

```
wifiManager.getWifiState();
```

9.3.2 WifiInfo 类

Android 中用于 WiFi 操作的类除了 WifiManager 类外还有 WifiInfo 类。该类主要用于在 WiFi 网卡连通后获取 WiFi 的相关信息，主要包括：Mac 地址、IP 地址、连接速度、网络信号等。WifiInfo 对象的获取主要通过调用 WifiManager 类的 getConnectionInfo()方法得到。具体代码如下：

```
WifiInfo wifiInfo = wifiManager.getConnectionInfo();
```

得到 WifiInfo 对象后，可以通过表 9-7 的方法得到所需信息。

表 9-7 WifiInfo 类的常用方法

方　法	功　能
getBSSID()	获取 BSSID
getHiddenSSID()	获得 SSID 是否被隐藏
getIpAddress()	获取整数形式的 IP 地址
getNetworkId()	获取网络 ID
getLinkSpeed()	获得连接的速度
getSupplicanState()	返回具体客户端状态的信息
getSSID()	获得 SSID

【实例 WiFiDemo】编程实现 Android 手机上的 WiFi 操作，深入了解 WifiManager 类和 WifiInfo 类的使用。

(1) 编写程序的 activity_main.xml 布局文件，内容如下：

```
<LinearLayout xmlns:android=http://schemas.android.com/apk/res/android
    android:layout_width="match_parent"
    android:layout_height="match_parent"
    android:orientation="vertical" >
    <TextView
        android:id="@+id/tvWifiState"
        android:layout_width="match_parent"
        android:layout_height="wrap_content"
        android:text="WiFi 状态：" />
    <LinearLayout
        android:layout_width="match_parent"
        android:layout_height="wrap_content"
        android:orientation="horizontal" >
        <TextView
            android:layout_width="120dp"
            android:layout_height="wrap_content"
            android:text="本机 IP 地址：" />"
        <TextView
            android:id="@+id/tvIPAddress"
            android:layout_width="wrap_content"
            android:layout_height="wrap_content"/>
    </LinearLayout>
    <LinearLayout
        android:layout_width="match_parent"
        android:layout_height="wrap_content"
        android:orientation="horizontal" >
        <TextView
            android:layout_width="120dp"
            android:layout_height="wrap_content"
            android:text="SSID：" />
        <TextView
            android:id="@+id/tvSSID"
            android:layout_width="wrap_content"
            android:layout_height="wrap_content"/>
    </LinearLayout>
    <LinearLayout
        android:layout_width="match_parent"
        android:layout_height="wrap_content"
        android:orientation="horizontal">
        <TextView
```

```
            android:layout_width="120dp"
            android:layout_height="wrap_content"
            android:text="连接速度：" />
        <TextView
            android:id="@+id/tvLinkSpeed"
            android:layout_width="wrap_content"
            android:layout_height="wrap_content"/>
    </LinearLayout>
    <Button
        android:id="@+id/btnEnableWiFi"
        android:layout_width="match_parent"
        android:layout_height="wrap_content"
        android:text="开启 WiFi 网卡" />
    <Button
        android:id="@+id/btnDisableWiFi"
        android:layout_width="match_parent"
        android:layout_height="wrap_content"
        android:text="关闭 WiFi 网卡" />
</LinearLayout>
```

(2) 定义一个 Java 类，用于记录 WiFi 下的设备 IP 地址、连接速度、网络信号等信息：

```
public class MyWifiInfo {
    public int WifiState;
    public String IPAddress;
    public String SSID;
    public int LinkSpeed;
}
```

(3) 编写主程序的 MainActivity.java 文件，代码如下：

```
public class MainActivity extends AppCompatActivity {
    private static TextView tvWifiState;                    //显示 WiFi 状态
    private static TextView tvIPAddress;                    //显示 IP 地址
    private static TextView tvSSID;                         //显示网络 SSID
    private static TextView tvLinkSpeed;                    //显示连接速度
    private Button btnEnableWiFi, btnDisableWiFi;           //打开、关闭 WiFi 按钮
    private WifiManager wifiManager = null;                 //WiFi 管理对象
    private static MyWifiInfo myWiFi = null;                //记录 WiFi 信息的对象
    private Thread myWifiInfoThread = null;                 //查询 WiFi 状态信息的线程
    //用于将状态信息更新到界面 UI 线程中
    private static Handler handler = new Handler();
    @Override
    protected void onCreate(Bundle savedInstanceState) {
```

```
        super.onCreate(savedInstanceState);
        setContentView(R.layout.activity_main);
        tvWifiState = findViewById(R.id.tvWifiState);
        tvIPAddress = findViewById(R.id.tvIPAddress);
        tvSSID = findViewById(R.id.tvSSID);
        tvLinkSpeed = findViewById(R.id.tvLinkSpeed);
        btnEnableWiFi = findViewById(R.id.btnEnableWiFi);
        btnDisableWiFi = findViewById(R.id.btnDisableWiFi);
        btnEnableWiFi.setOnClickListener(buttonListener);
        btnDisableWiFi.setOnClickListener(buttonListener);
        //创建查询 WiFi 状态的线程
        myWifiInfoThread = new Thread(null, inquireWork, "InquireWiFiThread");
    }
    @Override
    protected void onDestroy() {
        super.onDestroy();
        //终止线程
        myWifiInfoThread.interrupt();
    }
    @Override
    protected void onStart() {
        super.onStart();
        //启动线程
        if (!myWifiInfoThread.isAlive()) {
            myWifiInfoThread.start();
        }
    }
    Button.OnClickListener buttonListener = new Button.OnClickListener() {
        @Override
        public void onClick(View v) {
            switch (v.getId()) {
                case R.id.btnEnableWiFi:
                    wifiManager = (WifiManager) MainActivity.this
                        .getApplicationContext()
                        .getSystemService(Context.WiFi_SERVICE);
                    wifiManager.setWifiEnabled(true);
                    break;
                case R.id.btnDisableWiFi:
                    wifiManager = (WifiManager) MainActivity.this
                        .getApplicationContext()
```

```
                        .getSystemService(Context.WiFi_SERVICE);
                    wifiManager.setWifiEnabled(false);
                    break;
            }
        }
    };
    //查询 WiFi 状态的线程
    private Runnable inquireWork = new Runnable() {
        @Override
        public void run() {
            try {
                while (!Thread.interrupted()) {
                    //查询 WiFi 状态及信息
                    MyWifiInfo theWFInfo = getMyWifiInfo(MainActivity.this);
                    //将查询后的 WiFi 状态更新到主界面控件
                    MainActivity.UpdateWifiInfo(theWFInfo);
                    //休眠 1 秒
                    Thread.sleep(1000);
                }
            } catch (InterruptedException e) {
                e.printStackTrace();
            }
        }
    };
    public static void UpdateWifiInfo(MyWifiInfo object) {
        myWiFi = object;
        handler.post(RefreshWiFiInfoCtrl);
    }
    //对主线程中的控件进行更新的线程
    private static Runnable RefreshWiFiInfoCtrl = new Runnable() {
        @Override
        public void run() {
            if (myWiFi.WifiState == 0) //WiFi_STATE_DISABLING
                tvWifiState.setText("WiFi 状态：正在关闭...");
            else if (myWiFi.WifiState == 1) //WiFi_STATE_DISABLED
                tvWifiState.setText("WiFi 状态：关闭");
            else if (myWiFi.WifiState == 2) //WiFi_STATE_ENABLING
                tvWifiState.setText("WiFi 状态：正在打开...");
            else if (myWiFi.WifiState == 3) //WiFi_STATE_ENABLED
                tvWifiState.setText("WiFi 状态：打开");
```

```
                else //WiFi_STATE_UNKNOWN
                    tvWifiState.setText("WiFi 状态：未知");
                if (myWiFi.WifiState == 3) {
                    tvIPAddress.setText(myWiFi.IPAddress);
                    tvSSID.setText(myWiFi.SSID);
                    tvLinkSpeed.setText(Integer.toString(myWiFi.LinkSpeed) + "Mbps");
                } else {
                    tvIPAddress.setText("");
                    tvSSID.setText("");
                    tvLinkSpeed.setText("");
                }
            }
        };
        //获取 WiFi 信息
        public MyWifiInfo getMyWifiInfo(Context context) {
            MyWifiInfo myWfInfo = new MyWifiInfo();
            //获得 WiFi 管理对象
            WifiManager wifi =
                        (WifiManager) context.getSystemService(Context.WiFi_SERVICE);
            //获得 WiFi 连接状态
            myWfInfo.WifiState = wifi.getWifiState();
            if (myWfInfo.WifiState == 3) //WiFi_STATE_ENABLED
            {
                //获得 WiFi 信息对象
                WifiInfo info = wifi.getConnectionInfo();
                myWfInfo.SSID = info.getSSID();//获得 SSID
                int ipAddress = info.getIpAddress();//获得本地 IP 地址
                myWfInfo.IPAddress = intToIp(ipAddress);
                myWfInfo.LinkSpeed = info.getLinkSpeed();//获得网络速度
            }
            return myWfInfo;
        }
        //将整数的 IP 地址转换为点分十进制表示的 IP 地址
        public String intToIp(int i) {
            return (i & 0xFF) + "." + ((i >> 8) & 0xFF) + "." + ((i >> 16) & 0xFF) +
                        "." + ((i >> 24) & 0xFF);
        }
    }
```

(4) 在 AndroidManifest.xml 清单文件中声明使用 WiFi 的相关权限，添加代码如下：

```
<uses-permission android:name="android.permission.CHANGE_NETWORK_STATE"/>
```

```
<uses-permission android:name="android.permission.CHANGE_WiFi_STATE"/>
<uses-permission android:name="android.permission.ACCESS_NETWORK_STATE"/>
<uses-permission android:name="android.permission.ACCESS_WiFi_STATE"/>
```

(5) 由于虚拟机不提供 WiFi 功能，所以本实例需要在真机上运行。其运行效果如图 9.4 所示。

图 9.4 WiFiDemo 运行效果图

9.4 蓝牙传输编程

蓝牙作为一种支持设备短距离(一般在 10 m 以内)通信的无线数据通信技术，能在包括移动电话、PDA、无线耳机、笔记本电脑、相关外设等众多设备间进行无线信息传输。蓝牙技术最初由瑞典爱立信公司于 1994 年创制，目前由蓝牙技术联盟(Bluetooth Special Interest Group)管理。蓝牙技术采用分散式网络结构以及跳频和短包技术，支持点对点和点对多点通信，工作在全球通用 2.4 GHz ISM(工业、科学、医学)频段，数据速率为 1 Mb/s，采用时分双工传输方案实现全双工传输。

Android 2.0 以上版本的 SDK 包含了对蓝牙网络协议栈的支持，使得蓝牙设备能够无线连接其他蓝牙设备交换数据。

Android 应用程序框架提供了访问蓝牙功能的 API，这些 API 能够让应用程序无线连接其他蓝牙设备，实现点对点或点对多点的信息交换功能。具体功能有：

(1) 扫描其他蓝牙设备。

(2) 查询本地蓝牙适配器用于配对蓝牙设备。

(3) 建立 RFCOMM 信道。

(4) 通过服务发现连接其他设备。

(5) 数据通信。

(6) 管理多个连接。

9.4.1 Android 蓝牙 API 介绍

Android 支持的蓝牙开发类在 android.bluetooth 包中。编程主要涉及的类有 Bluetooth Adapter 类与 BluetoothDevice 类，这两个类用于蓝牙设备的管理。还有 BluetoothServerSocket

类和 BluetoothSocket 类，这两个类用于蓝牙通信。

1. BluetoothAdapter 类

该类代表本地蓝牙适配器，是所有蓝牙交互的入口点。利用它可以发现其他蓝牙设备和查询绑定的设备。使用已知的 MAC 地址实例化一个蓝牙设备和建立一个 BluetoothServerSocket(作为服务器)来监听来自其他设备的连接。该类提供的主要方法如表 9-8 所示。

表 9-8　BluetoothAdapter 类中主要的方法

方　法	含　义
cancelDiscovery()	取消当前设备的搜索
checkBluetoothAddress(String address)	检查蓝牙地址字符串的有效性，字母必须大写
disable()/enable()	关闭/打开本地蓝牙适配器
getAddress()	获取本地蓝牙硬件地址
getDefaultAdapter()	获取默认 BluetoothAdapter
getName()	获取本地蓝牙名称
getRemoteDevice(String address) getRemoteDevice(byte[] address)	根据指定的蓝牙地址获取远程蓝牙设备
getState()	获取本地蓝牙适配器当前状态
isDiscovering()	判断当前是否正在查找设备
isEnabled()	判断蓝牙是否打开
listenUsingRfcommWithServiceRecord (String name, UUID uuid)	根据名称和 UUID(通用唯一识别码)创建并返回 BluetoothServerSocket
startDiscovery()	开始搜索

2. BluetoothDevice 类

该类代表了一个远端蓝牙设备，使用它请求远端蓝牙设备连接，或者获取远端蓝牙设备的名称、地址、种类和绑定状态(其信息封装在 BluetoothSocket 中)。该类提供的主要方法如表 9-9 所示。

表 9-9　BluetoothDevice 类中主要的方法

方　法	含　义
createRfcommSocketToServiceRecord(UUID uuid)	根据 UUID 创建并返回一个 BluetoothSocket
getAddress()	返回蓝牙设备的物理地址
getBondState()	返回远端设备的绑定状态
getName()	返回远端设备的蓝牙名称
getUuids()	返回远端设备的 UUID
toString()	返回代表该蓝牙设备的字符串

3. BluetoothServerSocket 类

该类用于监听可能到来的连接请求，属于服务器端。为了连接两个蓝牙设备，必须有一个设备作为服务器打开一个服务套接字。当远端设备发起连接请求并取得连接时，该类会得到连接的 BluetoothSocket(客户端)。该类提供的主要方法如表 9-10 所示。

表 9-10　BluetoothServerSocke 类中主要方法

方　法	含　义
accept()	接收连接进来的客户端，当没有客户端连接时，该方法会一直阻塞
close()	关闭 BluetoothServerSocket，释放所有相关资源

4. BluetoothSocket 类

该类为客户端类，跟 BluetoothServerSocket 相对。代表了一个蓝牙套接字接口，是应用程序输入、输出流和其他蓝牙设备通信的连接点。该类提供的主要方法如表 9-11 所示。

表 9-11　BluetoothSocket 类中主要方法

方　法	含　义
close()	关闭 BluetoothSocket，释放所有相关资源
connect()	允许连接远端设备
getInputStream()	获得输入流
getOutputStream()	获得输出流
getRemoteDevice()	获取跟这个 Socket 相连的远程设备
isConnected()	获得 Socket 连接状态，判断是否连接

9.4.2　Android 蓝牙基本应用编程

使用蓝牙设备进行数据传输前首先要开启己方蓝牙，然后搜索对方蓝牙设备，完成配对工作，之后才能进行传输。

【实例 BluetoothDemo】编写蓝牙设备管理与搜索程序，完成蓝牙启动与配对任务。该实例实现了蓝牙设备管理的三个基本功能，分别是启动蓝牙，开启可见性(使自己能被对方蓝牙设备搜索到)和搜索附近蓝牙设备。

(1) 为了在应用中使用蓝牙功能，要在 AndroidManifest.xml 清单文件中声明蓝牙应用权限。代码如下所示：

```
<!-- 声明蓝牙使用及管理权限 -->
<uses-permission android:name="android.permission.BLUETOOTH"/>
<uses-permission android:name="android.permission.BLUETOOTH_ADMIN"/>
```

其中，BLUETOOTH 权限用于请求连接、接收连接和传送数据；BLUETOOTH_ADMIN 权限用于启动设备、发现和进行蓝牙设置，如果要拥有该权限，必须先拥有 BLUETOOTH 权限。

(2) 编写程序的 activity_main.xml 布局文件，内容如下：

```
<?xml version="1.0" encoding="utf-8"?>
<LinearLayout xmlns:android="http://schemas.android.com/apk/res/android"
    android:layout_width="match_parent"
    android:layout_height="match_parent"
    android:orientation="vertical">
    <TextView
        android:id="@+id/tvBtState"
        android:layout_width="match_parent"
        android:layout_height="wrap_content"
        android:text="" />
    <Button
        android:id="@+id/btnStartBt"
        android:layout_width="match_parent"
        android:layout_height="wrap_content"
        android:text="启动蓝牙" />"
    <Button
        android:id="@+id/btnEnableBt"
        android:layout_width="match_parent"
        android:layout_height="wrap_content"
        android:text="开启可见性" />
    <Button
        android:id="@+id/btnSearchOtherBt"
        android:layout_width="match_parent"
        android:layout_height="wrap_content"
        android:text="搜索附近蓝牙设备" />
    <TextView
        android:id="@+id/tvSearchResult"
        android:layout_width="match_parent"
        android:layout_height="wrap_content"
        android:text="" />
</LinearLayout>
```

(3) 编写主程序的 MainActivity.java 文件，代码如下：

```
public class MainActivity extends AppCompatActivity {
    private TextView tvBluetoothState, tvSearchResult;
    private final static int REQUEST_ENABLE_BT = 1;
    private BluetoothAdapter mBluetoothAdapter = null;
    //蓝牙广播信息的 receiver
    private BluetoothReceiver mBluetoothReceiver = null;
    private String foundDeviceInfo = "发现蓝牙设备:\n";
    @Override
    protected void onCreate(Bundle savedInstanceState) {
        super.onCreate(savedInstanceState);
        setContentView(R.layout.activity_main);
```

```
        tvBluetoothState = findViewById(R.id.tvBtState);
        tvSearchResult = findViewById(R.id.tvSearchResult);
        Button btnStartBluetooth = findViewById(R.id.btnStartBt);
        Button btnEnableBluetooth = findViewById(R.id.btnEnableBt);
        Button btnSearchBluetooth = findViewById(R.id.btnSearchOtherBt);
        //启动蓝牙按钮事件
        btnStartBluetooth.setOnClickListener(new View.OnClickListener() {
            @Override
            public void onClick(View v) {
                //获得 BluetoothAdapter 对象，该 API 是 android 2.0 开始支持的
                mBluetoothAdapter = BluetoothAdapter.getDefaultAdapter();
                //adapter 不等于 null，说明本机有蓝牙设备
                if (mBluetoothAdapter != null) {
                    tvBluetoothState.setText("本机有蓝牙设备！");
                    //如果蓝牙设备未开启
                    if (!mBluetoothAdapter.isEnabled()) //蓝牙未开启，则开启蓝牙
                    {
                        Intent enableIntent =
                          new Intent(BluetoothAdapter.ACTION_REQUEST_ENABLE);
                        //请求开启蓝牙设备
                        startActivityForResult(enableIntent, REQUEST_ENABLE_BT);
                    }
                    //获得已配对的远程蓝牙设备的集合
                    Set<BluetoothDevice> pairedDevices =
                          mBluetoothAdapter.getBondedDevices();
                    if (pairedDevices.size() > 0) {
                        String pairedInfo = "已配对的蓝牙设备:\n";
                        for (Iterator<BluetoothDevice> it = pairedDevices.iterator();
                                it.hasNext(); ) {
                            BluetoothDevice pairedDevice =
                                    (BluetoothDevice) it.next();
                            //显示出远程蓝牙设备的名字和物理地址
                            pairedInfo += pairedDevice.getName() + "    " +
                                  pairedDevice.getAddress() + "\n";
                        }
                        tvSearchResult.setText(pairedInfo);
                    } else {
                        tvSearchResult.setText("还没有已配对的远程蓝牙设备！");
                    }
                } else {
                    tvBluetoothState.setText("本机没有蓝牙设备！");
                }
            }
```

```
        });
        //开启蓝牙可见性按钮事件
        btnEnableBluetooth.setOnClickListener(new View.OnClickListener() {
            @Override
            public void onClick(View v) {
                if (mBluetoothAdapter == null || !mBluetoothAdapter.isEnabled()) {
                    tvBluetoothState.setText("请先开启本机蓝牙！");
                    return;
                }
                //不在可被搜索状态
                if (mBluetoothAdapter.getScanMode() !=
                    BluetoothAdapter.SCAN_MODE_CONNECTABLE_DISCOVERABLE) {
                    Intent discoverableIntent = new Intent
                            (BluetoothAdapter.ACTION_REQUEST_DISCOVERABLE);
                    // 使本机蓝牙在 300 秒内可被搜索，
                    //Android 规定最大值只能设置为 300 秒
                    discoverableIntent.putExtra(
                        BluetoothAdapter.EXTRA_DISCOVERABLE_DURATION, 300);
                    startActivity(discoverableIntent);
                } else {
                    tvBluetoothState.setText("本机蓝牙已在可被搜索状态！");
                }
            }
        });
        //搜索附近蓝牙设备按钮事件
        btnSearchBluetooth.setOnClickListener(new View.OnClickListener() {
            @Override
            public void onClick(View v) {
                if (mBluetoothAdapter == null || !mBluetoothAdapter.isEnabled()) {
                    tvBluetoothState.setText("请先开启本机蓝牙！");
                    return;
                }
                //将搜索结果字符串恢复成初始值
                foundDeviceInfo = "发现蓝牙设备:\n";
                //开始扫描周围蓝牙设备，该方法是异步调用并以广播的机制返回，
                //所以需要创建一个 BroadcastReceiver 来获取信息
                mBluetoothAdapter.startDiscovery();
            }
        });
        //创建蓝牙广播信息的 receiver
        mBluetoothReceiver = new BluetoothReceiver();
        //设定广播接收的 filter
        IntentFilter intentFilter = new IntentFilter(BluetoothDevice.ACTION_FOUND);
```

```
        //注册广播接收器，当一个设备被发现时调用该广播的 onReceive 函数
        registerReceiver(mBluetoothReceiver, intentFilter);
        //设定另一个事件广播的 filter
        intentFilter = new IntentFilter(BluetoothAdapter.ACTION_DISCOVERY_FINISHED);
        //注册广播接收器，当搜索结束后调用该广播的 onReceive 函数
        registerReceiver(mBluetoothReceiver, intentFilter);
    }
    @Override
    protected void onActivityResult(int requestCode, int resultCode, Intent data) {
        // TODO Auto-generated method stub
        super.onActivityResult(requestCode, resultCode, data);
        if (requestCode == REQUEST_ENABLE_BT) {
            if (resultCode == Activity.RESULT_OK) {
                tvBluetoothState.setText("蓝牙设备启动！");
            } else if (resultCode == Activity.RESULT_CANCELED) {
                tvBluetoothState.setText("蓝牙设备启动取消！");
            }
        }
    }
    class BluetoothReceiver extends BroadcastReceiver {
        @Override
        public void onReceive(Context context, Intent intent) {
            String action = intent.getAction();
            if (BluetoothDevice.ACTION_FOUND.equals(action)) {
                //获得扫描到的远程蓝牙设备
                BluetoothDevice device =
                    intent.getParcelableExtra(BluetoothDevice.EXTRA_DEVICE);
                foundDeviceInfo += device.getName() + "    "
                    + device.getAddress() + "\n";
            }
            //搜索结束
            else if (BluetoothAdapter.ACTION_DISCOVERY_FINISHED.equals(action)) {
                if (foundDeviceInfo.equals("发现蓝牙设备:\n")) {
                    tvSearchResult.setText("没有搜索到蓝牙设备！");
                } else {
                    //显示搜索结果
                    tvSearchResult.setText(foundDeviceInfo);
                }
            }
        }
    }
}
```

在上述代码中，通过调用 BluetoothAdapter 类的 getDefaultAdapter()静态方法，返回一

个 BluetoothAdapter 对象，如果返回 null，则表示该设备不支持蓝牙功能；通过调用 BluetoothAdapter 对象的 isEnabled()方法来检查蓝牙当前状态，如果方法返回 false，则蓝牙未启动；为了启动蓝牙，要以 BluetoothAdapter.ACTION_REQUEST_ENABLE 动作为参数调用 startActivityForResult()方法来提交启动蓝牙的申请，如果启动成功，startActivityForResult()方法的 resultCode 参数值将为 Activity.RESULT_OK，否则为 Activity.RESULT_CANCELED；启动蓝牙后，调用 BluetoothAdapter 对象的 getBondedDevices()方法查询配对设备集，该方法返回一个已配对的 BluetoothDevice 集合。

Android 设备默认是不能被搜索的。如果想让自己被其他设备搜索到，即开启蓝牙可见性，可以用 BluetoothAdapter.ACTION_REQUEST_DISCOVERABLE 动作为参数，调用 startActivity()方法。该方法提交一个开启蓝牙可见性的请求，默认情况下，设备在 120 s 内可被搜索，但通过 EXTRA_DISCOVERABLE_DURATION 参数值可以自定义一个间隔时间，Android 规定最大值为 300 s，0 表示设备总可以被搜索。

(4) 由于 Android 模拟器不支持蓝牙，运行程序至少需要两部手机。程序运行结果如图 9.5 所示。

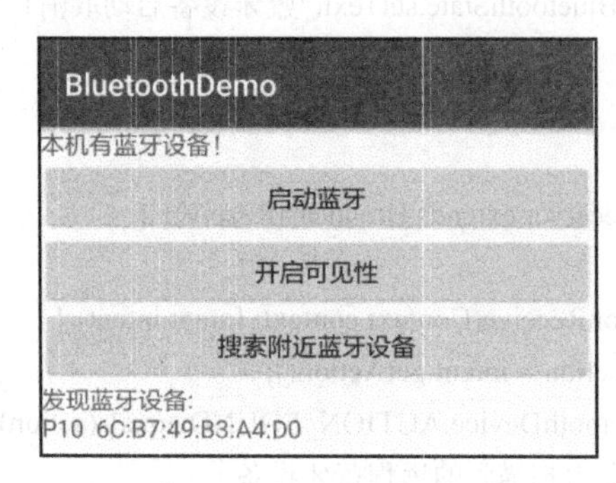

图 9.5　蓝牙设备管理运行界面

9.4.3　蓝牙连接与数据传输

蓝牙设备之间的数据传输采用和 TCP 传输类似的服务器/客户端机制，一个设备作为服务器打开 Server Socket，而另一个设备使用服务器设备的 MAC 地址发起连接。当服务器端和客户端在同一个 RFCOMM 信道上都有一个 BluetoothSocket 时，两端设备就建立了连接。此时，每个设备都能获得一个输入输出流，从而进行数据传输。

1. 蓝牙连接

有两种方法实现蓝牙连接，一种是每一个设备都自动准备作为一个服务器，拥有一个服务器 Socket 并监听连接，然后每个设备也都能作为客户端建立一个到远程设备的连接。另一种是一个设备作为服务器 Socket，另外一个设备仅作为客户端建立与服务器的连接。如果两个设备在建立连接之前没有配对，则在建立连接过程中 Android 系统会自动显示一个请求配对的对话框。因此，在尝试连接设备时，应用程序无需确保设备间是否已经配对。RFCOMM 连接将会在用户确认配对之后继续进行，或者因用户拒绝、超时等而失败。

作为服务器端用来接收连接使用 BluetoothServerSocket，它的作用是监听进来的连接，且在一个连接被接收时返回一个 BluetoothSocket 对象，用它来和客户端进行数据通信。下面是建立服务器 Socket 和接收连接的基本步骤：

(1) 通过调用 listenUsingRfcommWithServiceRecord(String, UUID) 方法得到一个 BluetoothServerSocket 对象。String 参数为服务的标识名称，可以使用任意名字。当客户端试图连接本设备时，它将携带一个 UUID 用来唯一标识它要连接的服务，UUID 必须匹配，连接才会接收。

(2) 通过调用 BluetoothServerSocket 对象的 accept()方法监听连接请求。该方法为阻塞方法，直到接收一个连接或异常时才会返回。当客户端携带的 UUID 与监听它的 Socket 注册的 UUID 匹配时，连接才会被接收，这时 accept()方法将返回一个 BluetoothSocket 对象。

(3) 使用 BluetoothServerSocket 对象的 close()方法释放服务器 Socket 及其资源，该方法不会关闭 accept()方法返回的 BluetoothSocket 对象。与 TCP/IP 不同，RFCOMM 同一时刻一个信道只允许一个客户端连接，因此大多数情况下意味着 BluetoothServerSocket 对象接收一个连接请求后应立即调用 close()方法。

作为服务器的监听操作不应该在主 Activity 的 UI 线程中进行，因为它拥有阻塞方法，会妨碍应用中其他的交互。因此，通常在一个新线程中进行监听操作，下面是示例线程代码：

```
//作为服务器的接收连接的线程
private    class AcceptThread extends Thread
{
    //创建 BluetoothServerSocket 类
    public final String NAME_SECURE = "MY_SECURE";
    private final BluetoothServerSocket mmServerSocket;
    ReceiveMsgThread comThread = null; //数据传输线程
    public AcceptThread()
    {
        BluetoothServerSocket tmp = null;
        try {
            //MY_UUID 是应用的 UUID 标识
            tmp = mBluetoothAdapter.listenUsingRfcommWithServiceRecord
                (NAME_SECURE, MY_UUID);
        }
        catch (IOException e) {   }
        mmServerSocket = tmp;
    }
    //线程启动时候运行
    public void run() {
        BluetoothSocket revSocket = null; //连接进来的客户端
        //保持侦听
        while (true)
        {
            try {
                //接受连接
                revSocket = mmServerSocket.accept();
```

```
                } catch (IOException e) {
                    break;
                }
                //连接被接受
                if (revSocket != null)
                {
                //启动数据传输线程
                comThread = new ReceiveMsgThread(revSocket);
                comThread.start();//启动线程
            //关闭连接，由于每个 RFCOMM 通道一次只允许连接一个客户端，
            //而 mmServerSocket 获得连接后已与 RFCOMM 通道绑定
            //故而大多数情况下在接收到一个连接套接字后将 mmServerSocket 关闭
                    cancel();
                    break;
                }
            }
        }
        //关闭连接
        public void cancel() {
            try {
        //关闭 BluetoothServerSocket，该操作不会关闭被连接的已有 accept()方法
        //所返回的 BluetoothSocket 对象
                mmServerSocket.close();
            } catch (IOException e) { }
        }
        public void destroy() {
            //关闭连接
            cancel();
            super.destroy();
        }
    }
```

作为客户端为了连接到服务器端，必须首先获得一个代表远程设备 BluetoothDevice 的对象，然后使用该对象来获取一个 BluetoothSocket 以实现连接。下面是建立客户端 Socket 连接到服务器的基本步骤：

(1) 使用 BluetoothDevice 调用方法 createRfcommSocketToServiceRecord(UUID)获取一个 BluetoothSocket 对象。

(2) 调用该 BluetoothSocket 对象的 connect()方法建立连接。当调用这个方法时，系统会在远程设备上完成一个 SDP 协议的查找来匹配 UUID。如果查找成功并且远程设备接收连接，就共享 RFCOMM 信道，connect()方法会返回。该方法也是一个阻塞调用，如果连接失败或者超时(12 s)都会抛出异常。

下面是发起蓝牙连接的示例代码：

```
    //蓝牙设备上的标准串行
```

```
private static final UUID MY_UUID =
        UUID.fromString("00011101-0000-1000-807-00805F9B34FB");
private BluetoothAdapter mBluetoothAdapter = null; //己方的蓝牙适配器
private BluetoothDevice mSendtoDevice = null; //己方聊天消息到达的对方蓝牙设备
private BluetoothSocket mSendSocket = null; //用于发送信息的蓝牙套接字
//连接到远程设备
private boolean ConnectRemoteDevice()        {
    if (mBluetoothAdapter != null && mBluetoothAdapter.isEnabled()
            && mSendtoDevice != null) {
        BluetoothSocket tmp = null;
        try {
            //根据 UUID(全球唯一标识符)创建并返回一个 BluetoothSocket
            tmp = mSendtoDevice.createRfcommSocketToServiceRecord(MY_UUID);
        }catch (IOException e) {
            return false;
        }
        //赋值给 BluetoothSocket
        mSendSocket = tmp;
        // 取消搜索设备，确保连接成功
        mBluetoothAdapter.cancelDiscovery();
        try {
            //连接到设备
            mSendSocket.connect();
        }
        catch (IOException e) {
            try {
                mSendSocket.close();
                return false;
            } catch (IOException closeException) {
                return false;
            }
        }
        return true;
    }
    return false;
}
```

注意：如果在调用 connect()方法时同时还在做设备搜索，会造成连接尝试显著变慢，容易导致连接失败。因此，在调用 connect()前不管搜索有没有进行，都使用 cancelDiscovery()方法取消搜索。

2. 数据传输

如果两个设备成功建立连接，各自都会有一个 BluetoothSocket 对象，此时就可以在设备间共享数据了。使用 BluetoothSocket 传输数据的通常方法如下：

- 分别使用 getInputStream()和 getOutputStream()获取输入输出流来处理传输。
- 调用 read(byte[])和 write(byte[])来实现数据流的读和写。

(1) 作为客户端发送数据到远程设备的示例代码如下：

```
//发送数据到远程设备
public void WritetoRemoteDevice(String sendMsg) {
        if (mSendSocket != null) {
                byte[] sendBytes = sendMsg.getBytes(Charset.forName("UTF-8"));
                try {
                        OutputStream outStream = mSendSocket.getOutputStream();
                        //写数据到输出流中
                        outStream.write(sendBytes);
                }
                catch (IOException e) {
                return false;
                }
        }
}
```

(2) 作为服务器接收远程设备的数据，用线程的方式示例代码如下：

```
private class ReceiveMsgThread extends Thread        {
        private boolean mIsStop = false;
        //BluetoothSocket 对象
        private final BluetoothSocket mmSocket;
        //输入流对象
        private final InputStream mmInStream;
        public ReceiveMsgThread(BluetoothSocket socket)    {
                //为 BluetoothSocket 赋初始值
                mmSocket = socket;
                //输入流赋值为 null
                InputStream tmpIn = null;
                try {
                        //从 BluetoothSocket 中获取输入流
                        tmpIn = socket.getInputStream();
                } catch (IOException e) { }
                //为输入流赋值
                mmInStream = tmpIn;
        }

        public void run()
        {
                //保持运行以便随时读取
                while (!mIsStop)
                {
                        try {
```

```
                //从输入流中读取数据
                int count = 0;
                while (count == 0)
                    count = mmInStream.available();
                byte[] buffer = new byte[count]; //流的缓冲大小
                int temp = mmInStream.read(buffer, 0, buffer.length);
                if (temp == -1) continue;
                //将接收的字节流编码为字符串
                String revMsg = new String(buffer, Charset.forName("UTF-8"));
                //发送数据到界面
                MainActivity.UpdateRevMsg(revMsg);
                //当对方发送"Over"字符串时结束该通信线程,即 mIsStop=true
                if (revMsg.equals("Over"))
                {
                    MainActivity.UpdateRevMsg("通话结束!");
                    mIsStop = true;
                }
            }
            catch (IOException e) {
                break;
            }
        }
    }
    //取消
    public void cancel() {
        try {
            //关闭连接
            mmSocket.close();
        }
        catch (IOException e){}
    }
```

注意：线程的 cancel()方法很重要，以便连接可以在任何时候通过关闭 BluetoothSocket 来终止，它总是在处理完 Bluetooth 连接后被调用。

9.5 WebView 组件

WebView 组件是 Android 系统中一种特殊的 View，专门用来浏览网页的视图组件，通常在 APP 中显示网页或开发用户自己的浏览器。WebView 控件功能强大，除了具有一般 View 的属性和方法外，还提供了一系列的网页浏览、用户交互接口，如对 URL 请求、网页加载功能，以及页面的前进、后退、放大、缩小和搜索等功能。前端开发者还可以使用 Web 检查器来调试 HTML、CSS 和 JavaScript 代码。

WebView 作为浏览器网络资源的视图组件，具有以下几个优点：

(1) 功能强大，支持 HTML、CSS 和 JavaScript，并很好地融入布局，使页面更加美观；

(2) 能够对浏览器控件进行详细的设置，例如字体、背景颜色和滚动条样式等；

(3) 能够捕获到所有浏览器的操作，例如单击、打开或关闭 URL。

WebView 提供了一些浏览器方法，如表 9-12 所示。

表 9-12　WebView 常用的方法及功能

方　法	功 能 描 述
loadUrl(String url)	打开一个指定的 Web 资源页面
loadData(String data, StringmimeType,String encoding)	显示 HTML 格式的网页内容
getSettings()	获取 WebView 的设置对象
addJavascriptInterface()	将一个对象添加到 JavaScript 的全局对象 Window 中，这样可以通过 Window.XXX 进行调用，与 JavaScript 进行交互
clearCache()	清除缓存
destory()	销毁 WebView

使用 WebView 组件的基本步骤如下：

(1) 在 AndroidManifest.xml 清单文件中配置访问网络权限。

(2) 在布局文件中创建 WebView 元素。

(3) 在代码中加载网页。

【实例 WebView】以加载百度首页为例，演示 WebView 组件使用的步骤与实现。

(1) 由于访问网络需要网络访问权限，所以，需要在 AndroidManifest.xml 配置文件中配置相应的权限，代码如下所示：

```
<uses-permission android:name="android.permission.INTERNET" />
```

(2) 修改 activity_main.xml 布局文件，代码如下所示：

```
<?xml version="1.0" encoding="utf-8"?>
<LinearLayout xmlns:android="http://schemas.android.com/apk/res/android"
    android:layout_width="match_parent"
    android:layout_height="match_parent"
    android:orientation="vertical">
    <WebView
        android:id="@+id/webview"
        android:layout_width="match_parent"
        android:layout_height="wrap_content">
    </WebView>
</LinearLayout>
```

上述代码比较简单，在 LinearLayout 布局中添加了一个 WebView 控件，通过该控件对网页进行加载。

(3) 编写 MainActivity.java 类文件，代码如下所示：

```
public class MainActivity extends AppCompatActivity {
```

```
    WebView webview;
    @Override
    protected void onCreate(Bundle savedInstanceState) {
        super.onCreate(savedInstanceState);
        setContentView(R.layout.activity_main);
      //获取 WebView 对象，并加载百度首页
        webview = findViewById(R.id.webview);
        webview.loadUrl("http://www.baidu.com");
    }
}
```

上述代码中，通过 WebView 对象的 loadUrl()方法加载百度首页。运行上述代码效果如图 9.6 所示。

图 9.6 WebView 视图

在加载网页内容时，除了使用 WebView 的 loadUrl()方法进行加载外，还可以使用 loadData()或 loadDataWithBaseURL()方法将 HTML 代码片段或本地存储的 HTML 页面显示出来。

WebView 控件提供的 loadData()方法用于加载 HTML 片段，该方法的语法格式如下所示：

```
public void loadData(String data, String mimeType, .String encoding) {
  /* compiled code */
}
```

其中，参数 data 是 HTML 内容；参数 mimeType 是 MIME 类型，如 text/html 指明文本类型是 HTML 格式；参数 encoding 是编码字符集。例如：

```
String html = "<html>" +
                "<body>" +
                "<a href='http://www.baidu.com'>百度</a>" +
                "</body>" +
                "</html>";
webview.loadData(html, "text/html", "utf-8");
```

WebView 控件提供的 loadDataWithBaseURL()方法用于将指定的数据加载到 WebView

中，由于本身机制的原因，该方法不能加载来自网络的内容。loadDataWithBaseURL()方法语法格式如下所示：

```
public void loadDataWithBaseURL(String baseUrl, String data,
        String mimeType, String encoding, String historyUrl)
{      /* compiled code */
}
```

其中，baseUrl 为基础目录，data 中的文件路径可以是相对于 baseUrl 的相对目录，如果为空，则作用和“about: blank”相同；data 是被加载的内容，通常为 HTML 代码片段；mimeType 用于指定资源的媒体类型，可以取值 text/html、image/jpeg 等；encoding 用于设置网页的编码格式，可以取值 utf-8、gbk 等；historyUrl 用作历史记录的字段，可以设置为 null。

例如：

```
webview = findViewById(R.id.webview);
StringBuffer htmlBuffer=new StringBuffer();
htmlBuffer.append("<html");
htmlBuffer.append("<body><a href='http://www.baidu.com'>百度</a></body>");
htmlBuffer.append("</html");
webview.loadDataWithBaseURL("",htmlBuffer.toString(),"text/html","UTF-8",null);
```

上述代码中使用了 loadDataWithBaseURL()方法来加载 HTML 代码片段并显示。界面效果如图 9.7 所示。

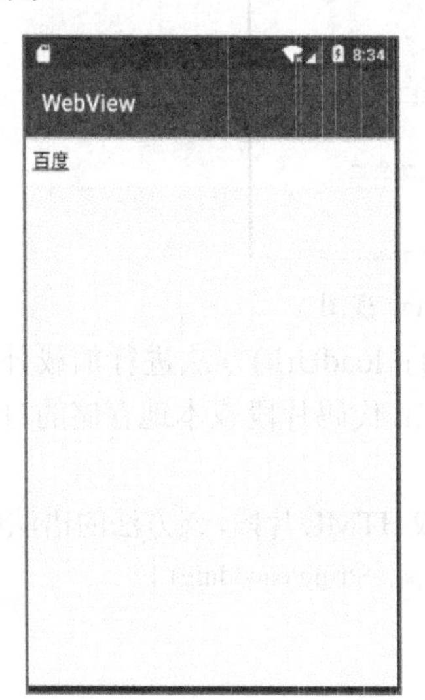

图 9.7　自定义视图

第 10 章　GPS 与百度地图应用

本章目标：

- 了解百度地图的位置服务；
- 掌握百度地图的显示；
- 掌握百度地图定位；
- 掌握百度地图检索。

百度地图由百度公司提供了包括国内 400 多个大中城市、数千个区县的网络地图搜索服务。在百度地图里，用户可以找到离其最近的餐馆、学校、银行等地理位置，同时还提供了丰富的公交换乘、驾车导航查询、路径规划等功能。百度地图 API 是百度公司为各行各业开发者免费提供的一套基于百度地图服务的应用接口。使用其 API 可以实现基本地图展现、搜索、定位、路线规划、LBS 云存储与检索等；其 API 也适合于各种设备，同时没有操作系统的限制，满足 PC 端、移动端等多种设备下操作系统的地图应用开发。

10.1　位置服务

位置服务(Location Based Services，LBS)又称定位服务或基于位置的服务，融合了 GPS 定位、移动通信、导航等多种技术，提供了与空间位置相关的综合应用服务。位置服务首先在日本得到商业化的应用。2001 年 7 月，日本的电信公司发布了第一款具有三角定位功能的手持设备，2001 年 12 月，KDDI(一家在日本市场经营时间较长的电信运营商)发布第一款具有 GPS 功能的手机。近些年来，基于位置的服务发展更加迅速，涉及到商务、医疗、工作和生活等各个方面，为用户提供定位、追踪和敏感区域警告等一系列服务。

10.1.1　申请 API Key

要想在自己开发的应用程序里使用百度的 LBS 功能，首先必须申请一个 API Key。申请的前提是必须拥有一个百度账号，有了百度账号之后，我们就可以申请成为一名百度开发者了。

首先，登录百度账号，并打开网址 http://developer.baidu.com/user/reg，在如图 10.1 所示的界面中，填写一些注册信息即可。只需填写一些带有“*”号的部分内容就够了，接下来点击“提交”，会显示如图 10.2 所示的界面，接着点击“去我的邮箱”，将会进入到填写的邮箱当中，点击百度发送的验证邮件链接，就可以完成注册了。这样就已经成为一名百度开发者了。

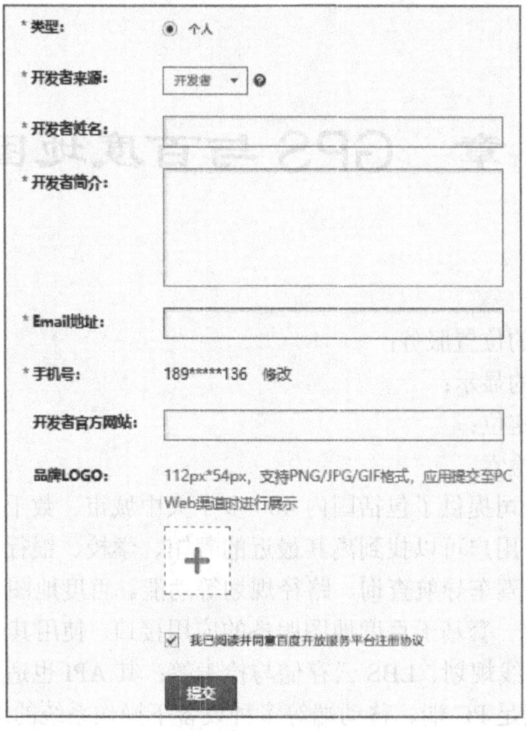

* 类型:
个人
* 开发者来源:
开发者
* 开发者姓名:
* 开发者简介:
* Email地址:
* 手机号:
189*****136　修改
开发者官方网站:
品牌LOGO:
112px*54px，支持PNG/JPG/GIF格式，应用提交至PC Web渠道时进行展示
我已阅读并同意百度开放服务平台注册协议
提交

图 10.1　注册信息页面

填写开发者信息
验证邮箱
提交应用 / 使用开放云服务
验证邮件已经发送至您的邮箱　31******0@qq.com
请点击邮件中的激活链接完成验证，即可使用百度强大的应用分发渠道和丰富的开放云服务。
去我的邮箱 >>

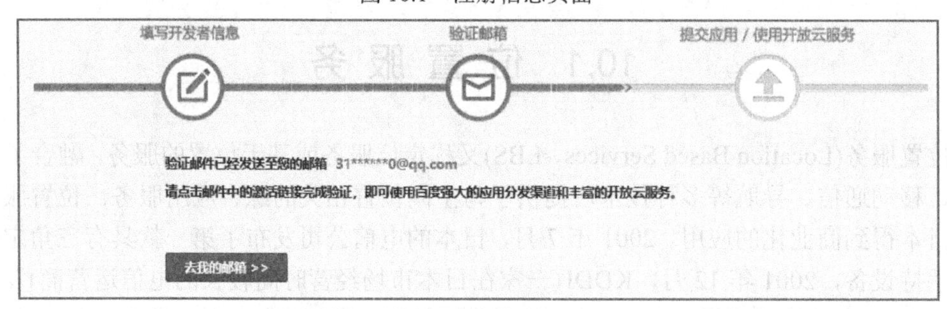

图 10.2　邮箱验证

接下来，访问 http://lbsyun.baidu.com/apiconsole/key 这个地址，同意百度开发者协议，会进入如图 10.3 所示的百度 LBS 开放平台主界面。由于这是一个刚刚注册的账号，所以目前的应用列表是空的，然后点击“创建应用”就可以去申请 API Key 了，如图 10.4 所示。应用名称可以按照定义标识符规则填写，应用类型选择 Android SDK，启用服务保持默认即可。

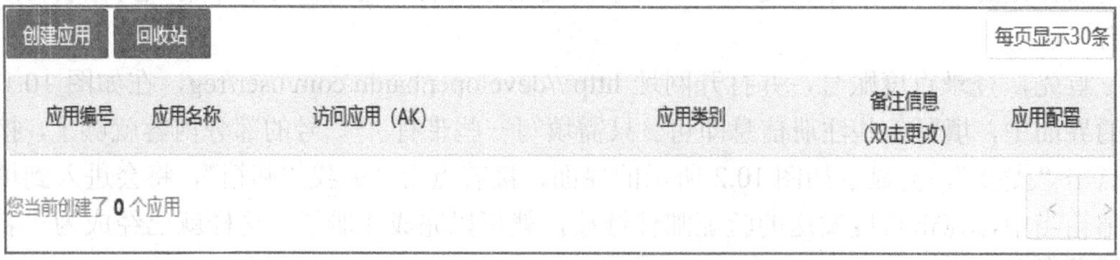

创建应用
回收站
每页显示30条
应用编号
应用名称
访问应用（AK）
应用类别
备注信息
(双击更改)
应用配置
您当前创建了 0 个应用

图 10.3　百度 LBS 开放平台主界面

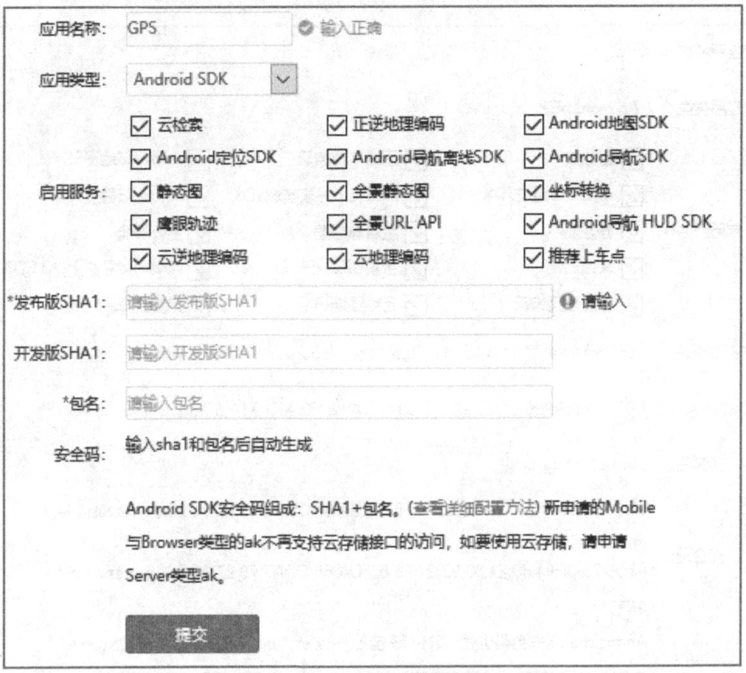

应用名称：GPS　输入正确

应用类型：Android SDK

启用服务：☑云检索　☑正逆地理编码　☑Android地图SDK　☑Android定位SDK　☑Android导航离线SDK　☑Android导航SDK　☑静态图　☑全景静态图　☑坐标转换　☑鹰眼轨迹　☑全景URL API　☑Android导航 HUD SDK　☑云逆地理编码　☑云地理编码　☑推荐上车点

*发布版SHA1：请输入发布版SHA1　请输入

开发版SHA1：请输入开发版SHA1

*包名：请输入包名

安全码：输入sha1和包名后自动生成

Android SDK安全码组成：SHA1+包名。(查看详细配置方法) 新申请的Mobile与Browser类型的ak不再支持云存储接口的访问，如要使用云存储，请申请Server类型ak。

提交

图 10.4　创建应用界面

这个发布版的 SHAI 和开发版的 SHAI 是我们申请 API Key 所必须填写的一个字段，它指的是打包程序时所用签名文件的 SHAI 指纹，可以通过 Android Studio 查看到。打开 Android Studio 中的任意一个项目，点击右侧工具栏的“Gradle”→“项目名”→“:app”→“Tasks”→“android”，如图 10.5 所示。这里展示了一个 Android Studio 项目中所有内置的 Gradle Tasks，其中 signingReport 这个 Task 就可以用来查看签名文件信息。双击 signingReport，结果显示如图 10.6 所示。

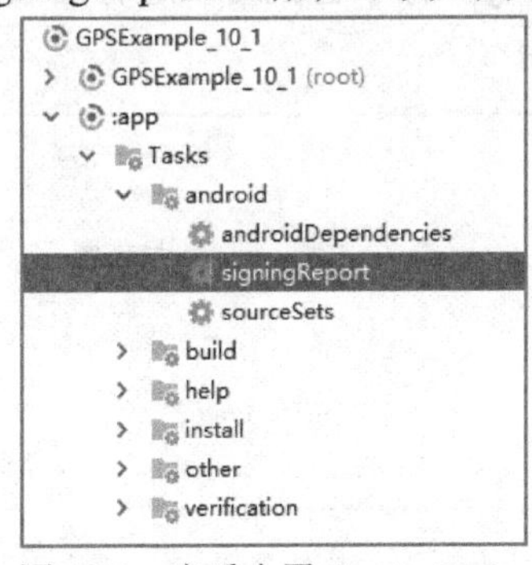

图 10.5　查看内置 Gradle Tasks

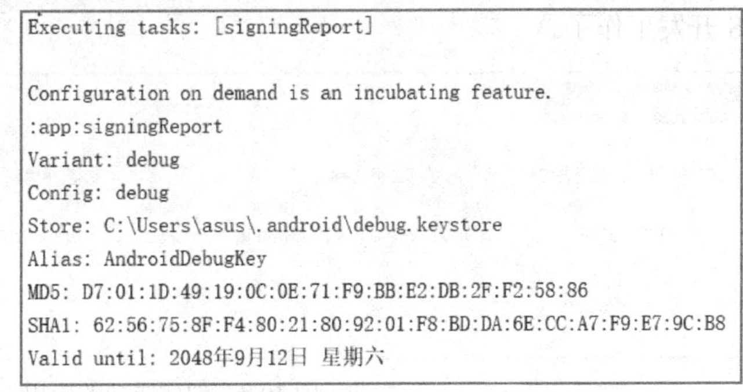

图 10.6　signingReport Task 的执行结果

其中，62:56:75:8F:F4:80:21:80:92:01:F8:BD:DA:6E:CC:A7:F9:E7:9C:B8 就是我们所需的 SHAI 指纹了，当然每一个用户的 Android Studio 所显示的指纹都是不一样的。现在得到的这个 SHAI 指纹实际上是一个开发版的 SHAI 指纹，不过因为暂时还没有一个发布版的 SHAI 指纹，因此两个值都填成一样就可以了。这样还剩下一个包名选项，虽然目前我们的应用程序还不存在，但可以先将包名预定下来，这样所有的内容就都填完整了，如图 10.7 所示。

图 10.7　填写完整信息的创建应用界面

最后，点击“提交”，应用就应该创建成功了，如图 10.8 所示。其中，rBFYfYseQkXGhiWdr4NnEieonKB3Iyza 就是申请到的 API Key，有了它就可以进行后续的 LBS 开发工作了。

创建应用　回收站　　　　每页显示30条

应用编号	应用名称	访问应用（AK）	应用类别	备注信息（双击更改）	应用配置
14414977	GPS	rBFYfYseQkXGhiWdr4NnEieonKB ...	Android端		设置 删除

您当前创建了 1 个应用　　　　< 1 >

图 10.8　创建成功的应用

10.1.2　GPS 定位

在开始编码之前，我们还需要先将百度 LBS 开放平台的 SDK 准备好，下载地址是：http://lbsyun.baidu.com/index.php?title=sdk/download&action#selected=mapsdk_basicmap,mapsdk_searchfunction,mapsdk_lbscloudsearch,mapsdk_calculationtool,mapsdk_radar，如图 10.9 所示。将我们要用到的相应功能的开发包勾选上，然后点击“开发包”下载按钮即可。

图 10.9　下载 SDK 界面

下载完成后解压该压缩包，其中会有一个 libs 目录，这里面的内容就是我们所需要的，如图 10.10 所示。libs 目录下的内容分为两部分，BaiduLBS_Android.jar 这个文件是 Java 层要使用到的，其他子目录下的 so 文件是 Native 层要用到的。so 文件是用 C/C++语言进行编写，然后再用 NDK 编译出来的，已经是百度封装好了的，我们将 libs 目录下的每一个文件都放置到正确的位置即可。

arm64-v8a	2018/10/12 14:30	文件夹
armeabi	2018/10/12 14:30	文件夹
armeabi-v7a	2018/10/12 14:30	文件夹
x86	2018/10/12 14:30	文件夹
x86_64	2018/10/12 14:30	文件夹
BaiduLBS_Android	2018/10/12 14:30	Executable Jar File

图 10.10　压缩包 libs 目录下的内容

在接下来的实例中，我们将演示在 Android 设备中实现百度定位功能的示例。

【实例 GPS】通过 GPS 或网络等通信方式实现百度定位功能，具体实现流程如下所示：

(1) 通过 Android Studio 创建一个 GPS 为名称的应用项目，打开其项目结构，发现 app 模块下面有一个 libs 目录，这里就是用来存放所有的 jar 包的，我们将 BaiduLBS_Android.jar 复制到这里，如图 10.11 所示。

(2) 展开 src/main 目录，右击该目录并点击“New”→“Directory”，再创建一个名为 jniLibs 的目录，这里是专门用来存放 so 文件的，然后把压缩包里的所有目录直接复制到这里，如图 10.12 所示。由于我们是直接将 jar 包复制到 libs 目录下的，并没有修改 gradle 文件，因此不会弹出我们平时熟悉的 Sync Now 提示，这个时候必须手动点击一下 Android Studio 顶部工具栏中的 Sync 按钮，不然项目将无法引用到 jar 包中提供的任何接口。点击 Sync 按钮之后，libs 目录下的 jar 文件就会多出一个向右的箭头，这就表示项目能够引用到这些 jar 包了。

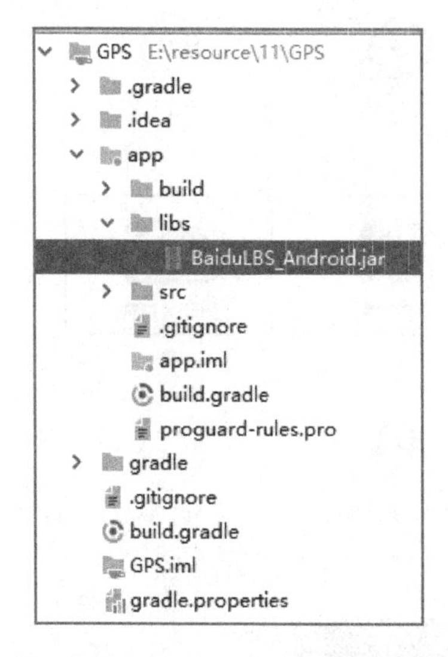

图 10.11　将 jar 包放在 libs 目录下

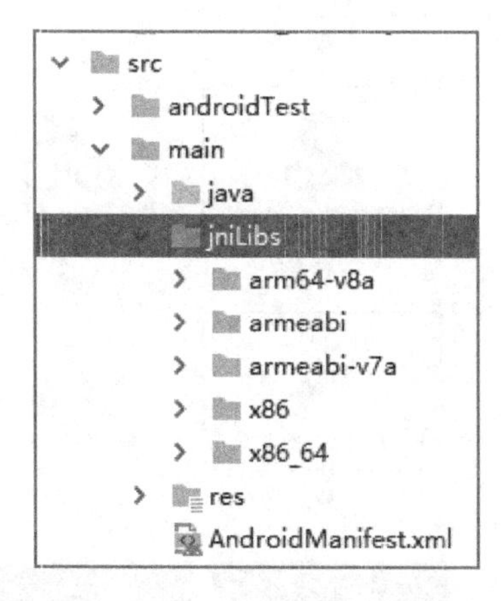

图 10.12　将 so 文件放置在 jniLibs 的目录下

(3) 修改 activity_main.xml 文件中的代码，如下所示：

```
<?xml version="1.0" encoding="utf-8"?>
<LinearLayout xmlns:android="http://schemas.android.com/apk/res/android"
    android:layout_width="match_parent"
    android:layout_height="match_parent">
    <TextView
        android:id="@+id/infotext"
        android:layout_width="wrap_content"
        android:layout_height="wrap_content"
     />
</LinearLayout>
```

布局文件中的内容非常简单，只是一个 TextView 控件，用于显示当前位置的具体信息。

(4) 修改 AndroidManifest.xml 文件中的代码，如下所示：

```
<?xml version="1.0" encoding="utf-8"?>
<manifest xmlns:android="http://schemas.android.com/apk/res/android"
    package="com.example.xsc.gps">
    <application
        android:allowBackup="true"
        android:icon="@mipmap/ic_launcher"
        android:label="@string/app_name"
        android:roundIcon="@mipmap/ic_launcher_round"
        android:supportsRtl="true"
        android:theme="@style/AppTheme">
        <meta-data
            android:name="com.baidu.lbsapi.API_KEY"
```

```
            android:value="rBFYfYseQkXGhiWdr4NnEieonKB3Iyza" />
        <activity android:name=".MainActivity">
            <intent-filter>
                <action android:name="android.intent.action.MAIN" />
                <category android:name="android.intent.category.LAUNCHER" />
            </intent-filter>
        </activity>
        <service
            android:name="com.baidu.location.f"
            android:enabled="true"
            android:process=":remote" />
    </application>
    <uses-permission android:name="android.permission.ACCESS_COARSE_LOCATION" />
    <uses-permission android:name="android.permission.ACCESS_FINE_LOCATION" />
    <uses-permission android:name="android.permission.ACCESS_WiFi_STATE" />
    <uses-permission android:name="android.permission.ACCESS_NETWORK_STATE" />
    <uses-permission android:name="android.permission.CHANGE_WiFi_STATE" />
    <uses-permission android:name="android.permission.READ_PHONE_STATE" />
    <uses-permission android:name="android.permission.WRITE_EXTERNAL_STORAGE" />
    <uses-permission android:name="android.permission.INTERNET" />
    <uses-permission android:name="android.permission.WAKE_LOCK" />
</manifest>
```

AndroidManifest.xml 文件改动比较多，首先添加了很多权限声明，每一个权限都是百度 LBS SDK 内部要用到的；其次在<application>标签内部添加了一个<meta-data>标签，这个标签的 android:name 部分是固定的，android:value 部分则应填入我们申请到的 API Key；最后，还需要再注册一个 LBS SDK 中的服务，内容是固定的。

(5) 编写 MainActivity.java 中的代码，如下所示：

```
package com.example.xsc.gps;
import android.Manifest;
import android.content.pm.PackageManager;
import android.support.v4.app.ActivityCompat;
import android.support.v4.content.ContextCompat;
import android.support.v7.app.AppCompatActivity;
import android.os.Bundle;
import android.widget.TextView;
import android.widget.Toast;
import com.baidu.location.*;
import java.util.*;
public class MainActivity extends AppCompatActivity {
    public LocationClient mLocationClient=null;
    private TextView positionText=null;
    @Override
```

```
protected void onCreate(Bundle savedInstanceState) {
    super.onCreate(savedInstanceState);
    setContentView(R.layout.activity_main);
    positionText = findViewById(R.id.infotext);
    //创建一个 LocationClient 类的实例，调用 getApplicationContext()方法
    //来获取一个全局的 Context 参数并传入
    mLocationClient = new LocationClient(getApplicationContext());
    //调用 registerLocationListener()方法来注册一个定位监听器，
    //当获取到位置信息的时候，就会回调这个定位监听器
    mLocationClient.registerLocationListener(new BDLocationListener() {
        @Override
        public void onReceiveLocation(BDLocation bdLocation) {
            StringBuffer currentPosition = new StringBuffer();
            //获取当前纬度
            currentPosition.append("纬度：" + bdLocation.getLatitude() + "\n");
            //获取当前经度
            currentPosition.append("经度：" + bdLocation.getLongitude() + "\n");
            currentPosition.append("国家：" + bdLocation.getCountry() + "\n");
            currentPosition.append("省：" + bdLocation.getProvince() + "\n");
            currentPosition.append("市：" + bdLocation.getCity() + "\n");
            currentPosition.append("区：" + bdLocation.getDistrict()+ "\n");
            currentPosition.append("街道：" + bdLocation.getStreet() + "\n");
            currentPosition.append("定位方式：");
            //获取当前的定位方式
            if (bdLocation.getLocType() == BDLocation.TypeGpsLocation) {
                currentPosition.append("GPS");
            } else if (bdLocation.getLocType() == BDLocation.TypeNetWorkLocation) {
                currentPosition.append("网络");
            }
            positionText.setText(currentPosition);
        }
    });
    List<String> permissionList = new ArrayList<>();
    //判断相关权限是否被授权，如果没有被授权则添加到 List 集合中
    if (ContextCompat.checkSelfPermission(MainActivity.this,
            Manifest.permission.ACCESS_FINE_LOCATION) !=
                    PackageManager.PERMISSION_GRANTED) {
        permissionList.add(Manifest.permission.ACCESS_FINE_LOCATION);
    }
    if (ContextCompat.checkSelfPermission(MainActivity.this,
            Manifest.permission.READ_PHONE_STATE) !=
                    PackageManager.PERMISSION_GRANTED) {
        permissionList.add(Manifest.permission.READ_PHONE_STATE);
```

```
        }
        if (ContextCompat.checkSelfPermission(MainActivity.this,
                Manifest.permission.WRITE_EXTERNAL_STORAGE) !=
                        PackageManager.PERMISSION_GRANTED) {
            permissionList.add(Manifest.permission.WRITE_EXTERNAL_STORAGE);
        }
    //将 List 转换为数组，再调用 ActivityCompat.requestPermissions()方法一次性申请
        if (!permissionList.isEmpty()) {
            String[] permissions =
                    permissionList.toArray(new String[permissionList.size()]);
            ActivityCompat.requestPermissions(MainActivity.this, permissions, 1);
        } else {
            //开始地址定位
            initLocation();
            mLocationClient.start();
        }
    }
    //位置实时更新方法
    private void initLocation() {
        LocationClientOption option = new LocationClientOption();
        //强制指定只使用 GPS 定位
        option.setLocationMode(LocationClientOption.LocationMode.Device_Sensors);
        //每 3 秒更新一次地址
        option.setScanSpan(3000);
        option.setIsNeedAddress(true);//获取当前位置详细的地址信息
        mLocationClient.setLocOption(option);
    }
    //活动被销毁时，停止定位
    protected void onDestroy() {
        super.onDestroy();
        mLocationClient.stop();
    }
    public void onRequestPermissionsResult(int requestCode, String[] permissions,
          int[] grantResults) {
        switch (requestCode) {
            case 1:
                if (grantResults.length > 0) {
                    //通过循环将申请的每个权限都进行了判断，
                    //如果有任何一个权限被拒绝，则直接关闭当前程序
                    for (int result : grantResults) {
                        if (result != PackageManager.PERMISSION_GRANTED) {
                            Toast.makeText(this, "同意所有权限才能使用本程序",
                                    Toast.LENGTH_LONG).show();
```

```
                    finish();
                    return;
                }
            }
            mLocationClient.start();
        } else {
            Toast.makeText(this, "发生未知错误", Toast.LENGTH_LONG).show();
            finish();
        }
        break;
    }
  }
}
```

(6) 在真机上运行该程序，效果如图 10.13 所示。

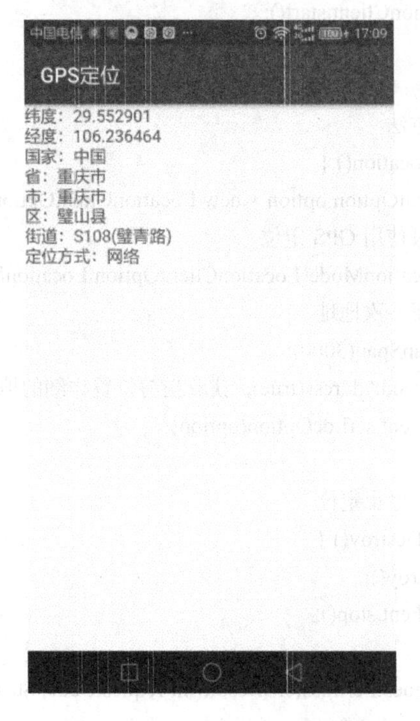

图 10.13　GPS 定位效果图

10.2　显示百度地图

在前面的章节中，我们学习了如何获取 API KEY，并利用 API KEY 实现了百度定位功能。下面我们继续通过实例学习在 Android 系统中显示百度地图。

【实例 ShowMap】通过 MapView 控件显示百度地图到 Android 系统中，项目的主要开发过程如下。

(1) 获取 API KEY。打开 http://lbsyun.baidu.com/apiconsole/key 网址，创建一个新的应用 ShowMap，并获取其 API KEY。

(2) 新建 ShowMap 工程，在 libs 目录下，配置 BaiduLBS_Android.jar 包，再创建一个名为 jniLibs 的目录，复制相关的文件到该目录下。

(3) 修改 AndroidManifest.xml 文件中的代码，如下所示：

```
<?xml version="1.0" encoding="utf-8"?>
<manifest xmlns:android="http://schemas.android.com/apk/res/android"
    package="com.example.xsc.showmap">
    <application
        android:allowBackup="true"
        android:icon="@mipmap/ic_launcher"
        android:label="@string/app_name"
        android:roundIcon="@mipmap/ic_launcher_round"
        android:supportsRtl="true"
        android:theme="@style/AppTheme">
        <meta-data
            android:name="com.baidu.lbsapi.API_KEY"
            android:value="7bfvjWUoaRsZakDkZXzMzTFEAb6dRuYn"></meta-data>
        <activity android:name=".MainActivity">
            <intent-filter>
                <action android:name="android.intent.action.MAIN" />
                <category android:name="android.intent.category.LAUNCHER" />
            </intent-filter>
        </activity>
        <service
            android:name="com.baidu.location.f"
            android:enabled="true"
            android:process=":remote" />
    </application>
    <uses-permission android:name="android.permission.ACCESS_COARSE_LOCATION" />
    <uses-permission android:name="android.permission.ACCESS_FINE_LOCATION" />
    <uses-permission android:name="android.permission.ACCESS_WiFi_STATE" />
    <uses-permission android:name="android.permission.ACCESS_NETWORK_STATE" />
    <uses-permission android:name="android.permission.CHANGE_WiFi_STATE" />
    <uses-permission android:name="android.permission.READ_PHONE_STATE" />
    <uses-permission android:name="android.permission.WRITE_EXTERNAL_STORAGE" />
    <uses-permission android:name="android.permission.INTERNET" />
    <uses-permission android:name="android.permission.WAKE_LOCK" />
</manifest>
```

该项目的 API KEY 为“7bfvjWUoaRsZakDkZXzMzTFEAb6dRuYn”，与前面的 GPS 项目的 API KEY 不一样。

(4) 修改 activity_main.xml 文件中的代码，如下所示：

```
<?xml version="1.0" encoding="utf-8"?>
<LinearLayout xmlns:android="http://schemas.android.com/apk/res/android"
    xmlns:tools="http://schemas.android.com/tools"
    android:layout_width="match_parent"
    android:layout_height="match_parent"
    android:orientation="vertical"
    tools:context=".MainActivity">
    <com.baidu.mapapi.map.MapView
        android:id="@+id/mapview"
        android:layout_width="match_parent"
        android:layout_height="match_parent"
        android:clickable="true" />
</LinearLayout>
```

这里的布局文件中新放置了一个 MapView 控件，并让它填充满整个屏幕。这个 MapView 是由百度提供的自定义控件，所以在使用它的时候需要将完整的包名加上。

(5) 编写 MainActivity.java 中的代码，如下所示：

```
public class MainActivity extends AppCompatActivity {
private MapView mapView;
private BaiduMap mBaiduMap;
    @Override
    protected void onCreate(Bundle savedInstanceState) {
        super.onCreate(savedInstanceState);
        SDKInitializer.initialize(getApplicationContext());
        setContentView(R.layout.activity_main);
        mapView=findViewById(R.id.mapview);
        mBaiduMap = mapView.getMap();
        //普通地图(默认状态)
        mBaiduMap.setMapType(BaiduMap.MAP_TYPE_NORMAL);
        //显示卫星图层
        // mBaiduMap.setMapType(BaiduMap.MAP_TYPE_SATELLITE);
        //空白地图
        // mBaiduMap.setMapType(BaiduMap.MAP_TYPE_NONE);
        //开启交通图
        //mBaiduMap.setTrafficEnabled(true);
        //开启城市热力图
        //mBaiduMap.setBaiduHeatMapEnabled(true);      }
    @Override
    protected void onDestroy() {
        super.onDestroy();
        mapView.onDestroy();
    }
    @Override
    protected void onPause() {
```

```
            super.onPause();
            mapView.onPause();
        }
        @Override
        protected void onResume() {
            super.onResume();
            mapView.onResume();
        }
    }
```

首先需要调用 SDKInitializer 类的 initialize()方法来进行初始化操作。Initialize()方法接收一个 Context 参数，这里我们调用 getApplicationContext()方法来获取一个全局的 Context 参数并传入。但是需要注意的是，这个初始化操作一定要放在 setContentView()方法之前调用，否则会报错。另外还需要重写 onResume()、onDestroy()和 onPause() 方法，对 MapView 进行管理，以保证资源能够及时地得到释放。

(6) 运行该项目，在手机或模拟器上可以看到以北京为中心的默认位置地图，如图 10.14 所示。通过改变地图显示不同的模式，可以翻看不同形式的地图。

图 10.14　普通模式百度地图

10.3　百度地图定位

百度地图 Android 定位 SDK 是为 Android 移动端应用提供的一套简单易用的定位服务接口，专注于为广大开发者提供最好的综合定位服务。通过使用百度定位 SDK，开发者可以轻松为应用程序实现智能、精准、高效的定位功能。

百度LBS SDK的API中提供了一个BaiduMap类，它是地图的总控制器，调用MapView的getMap()方法就能获取到BaiduMap的实例，例如：

```
BaiduMap   BaiduMap = mapView.getMap( );
```

有了BaiduMap类后，我们就可以对地图进行各种各样的操作了，比如设置地图的缩放级别以及将地图移动到某一个经纬度上。百度地图将缩放级别的取值范围限定在3到19之间，其中小数点位的值也是可以取的，值越大，地图显示的信息就越精细。比如，我们将地图的缩放级别设置成12，就可以写成：

```
MapStatusUpdate   update=MapStatusUpdateFactory.zoomTo(12f);
baiduMap.animateMapStatus(update);
```

其中，MapStatusUpdateFactory类的zoomTo()方法接收一个float型的参数，就是用于设置缩放级别的。zoomTo()方法返回一个MapStatusUpdate对象，我们把这个对象传入BaiduMap类的animateMapStatus()方法当中，即可完成缩放功能。

那么怎样才能让地图移动到某一个经纬度上呢？这就需要借助LatLng类了，LatLng主要就是用于存放经纬度值的，它的构造方法会接收两个参数，第一个参数是经度值，第二个参数是纬度值。之后调用MapStatusUpdateFactory类的newLatLng()方法将LatLng对象传入BaiduMap类的animateMapStatus()方法当中，就可以将地图移动到指定的经纬度上了，写法如下：

```
LatLng   ll=new LatLng(29.553,106.236);
MapStatusUpdate update= MapStatusUpdateFactory.newLatLng(ll);
baiduMap.animateMapStatus(update);
```

【实例UseMap】将地图移动到自己指定经纬度的位置。项目的主要开发过程如下：

(1) 获取API KEY。打开http://lbsyun.baidu.com/apiconsole/key网址，创建一个新的应用UseMap，并获取其API KEY。

(2) 新建ShowMap工程，在libs目录下，配置BaiduLBS_Android.jar包，再创建一个名为jniLibs的目录，复制相关的文件到该目录下。

(3) 修改AndroidManifest.xml文件中的代码，将API KEY值添加到<meta-data>标签内，AndroidManifest.xml文件中的其他内容按前面项目一样设置。代码如下所示：

```
<meta-data
    android:name="com.baidu.lbsapi.API_KEY"
    android:value="7IQUoDCPNzcdoDTQpHn2KiAr4kYz1OiB">
</meta-data>
```

(4) 修改activity_main.xml文件中的代码，如下所示：

```
<?xml version="1.0" encoding="utf-8"?>
<LinearLayout xmlns:android="http://schemas.android.com/apk/res/android"
    xmlns:app="http://schemas.android.com/apk/res-auto"
    xmlns:tools="http://schemas.android.com/tools"
    android:layout_width="match_parent"
    android:layout_height="match_parent"
    android:orientation="vertical"
```

```
    tools:context=".MainActivity">
    <com.baidu.mapapi.map.MapView
        android:id="@+id/mapview"
        android:layout_width="wrap_content"
        android:layout_height="wrap_content"
        android:clickable="true"
        />
</LinearLayout>
```

(5) 编写 MainActivity.java 中的代码，主体如下所示：

```
public class MainActivity extends AppCompatActivity {
private MapView mapview;
private BaiduMap baiduMap;
private boolean isFirstLocate=true;
public LocationClient mLocationClient;
    @Override
    protected void onCreate(Bundle savedInstanceState) {
        super.onCreate(savedInstanceState);
        mLocationClient=new LocationClient(getApplicationContext());
        mLocationClient.registerLocationListener(new MyLocationListener());
        SDKInitializer.initialize(getApplicationContext());
        setContentView(R.layout.activity_main);
        mapview=findViewById(R.id.mapview);
        baiduMap=mapview.getMap();
    }
    public class MyLocationListener implements BDLocationListener{
        @Override
        public void onReceiveLocation(BDLocation bdLocation) {
            if(bdLocation.getLocType()==BDLocation.TypeGpsLocation
                    ||bdLocation.getLocType()==BDLocation.TypeNetWorkLocation){
                navigateTo(bdLocation);
            }
            navigateTo(bdLocation);
        }
    }
    private void navigateTo(BDLocation bdLocation){
     if(isFirstLocate){
            LatLng ll=new LatLng(bdLocation.getLatitude(),bdLocation.getLongitude());
          // LatLng ll=new LatLng(29.553,106.236);
            MapStatusUpdate update= MapStatusUpdateFactory.newLatLng(ll);
            baiduMap.animateMapStatus(update);
```

```
                update=MapStatusUpdateFactory.zoomTo(12f);
                baiduMap.animateMapStatus(update);
                isFirstLocate=false;
            }
        }
    }
```

在上面的代码中，添加了一个自定义的 navigateTo()方法。该方法先是将 BDLocation 对象中的地理位置信息取出并封装到 LatLng 对象中，然后调用 MapStatusUpdateFactory 类的 newLatLng()方法将 LatLng 对象传入，接着将返回的 MapStatusUpdate 对象作为参数传入到 BaiduMap 类的 animateMapStatus()方法当中，从而实现显示指定位置的地图。为了让地图信息可以显示得更加丰富一些，将缩放级别设置成 12。另外需要注意的是，isFirstLocate 变量的作用是为了防止多次调用 animateMapStatus()方法，因为将地图移动到我们指定的当前位置只需要在程序第一次定位的时候调用一次就可以了。

写好了 navigateTo()方法之后，我们在监听类的 onReceiveLocation()方法中直接把 BDLocation 对象传给 navigateTo()方法，这样就能够让地图移动到设备所在的位置了。

运行程序，结果如图 10.15 所示。

图 10.15　显示到指定位置

10.4　百度地图检索

开发者通过百度地图 SDK 不仅可以实现地图展示，还可以实现多种 POI(Point of Interest)检索的功能。通过对应的检索接口，开发者可以轻松地访问百度地图的 POI 数据，丰富自己的地图应用。

百度地图SDK提供了三种类型的POI检索：周边检索、区域检索和城市内检索。检索功能需要用到的主要类与接口如表10-1所示。

表10-1 检索功能主要类与接口

类　名	功　能
PoiSearch	POI检索接口
PoiResult	POI检索结果
PoiDetailResult	POI详情检索结果
PoiNearbySearchOption	POI附近检索参数
PoiBoundSearchOption	POI范围检索参数
PoiCitySearchOption	POI城市检索参数
OnGetPoiSearchResultListener	POI检索回调监听

PoiSearch类是检索的接口，该类是一个静态类，构造方法被私有化处理，只能通过newInstance()获得实例。其类常用的方法如表10-2所示。

表10-2 PoiSearch类常用方法

方　法	功　能
newInstance()	创建PoiSearch对象
destroy()	释放对象
setOnGetPoiSearchResultListener(OnGetPoiSearchResultListener listener)	设置POI检索监听
searchInBound(PoiBoundSearchOption option)	发起范围检索
searchInCity(PoiCitySearchOption option)	发起城市检索
searchInNearby(PoiNearbySearchOption option)	发起功能检索

【实例Localization】展示百度地图检索功能。项目的主要开发过程如下：

(1) 配置工程以及添加Key和权限等与前面实例相同，在此略过。

(2) 修改activity_main.xml文件中的代码，如下所示：

```
<?xml version="1.0" encoding="utf-8"?>
<LinearLayout xmlns:android="http://schemas.android.com/apk/res/android"
    android:layout_width="match_parent"
    android:layout_height="match_parent"
    android:orientation="vertical">
    <LinearLayout
        android:layout_width="match_parent"
        android:layout_height="wrap_content"
        android:orientation="horizontal">
        <EditText
            android:id="@+id/searchtext"
            android:layout_width="wrap_content"
```

```
            android:layout_height="wrap_content"
            android:layout_weight="3"
            android:hint="输入搜索信息" />
        <Button
            android:id="@+id/searchbtn"
            android:layout_width="wrap_content"
            android:layout_height="wrap_content"
            android:layout_weight="1"
            android:text="搜索" />
    </LinearLayout>
    <com.baidu.mapapi.map.MapView
        android:id="@+id/mapview"
        android:layout_width="wrap_content"
        android:layout_height="wrap_content"
        android:clickable="true" />
</LinearLayout>
```

(3) 新建一个 Activity，名称为 POIActivity.java，其布局文件名称为 activity_poi.xml，其布局文件代码如下：

```
<?xml version="1.0" encoding="utf-8"?>
<LinearLayout xmlns:android="http://schemas.android.com/apk/res/android"
    android:layout_width="match_parent"
    android:layout_height="match_parent"
    android:orientation="vertical">
    <ListView
        android:id="@+id/poilistview"
        android:layout_width="match_parent"
        android:layout_height="wrap_content"></ListView>
</LinearLayout>
```

(4) 编写 POIActivity.java 文件，代码如下：

```
public class POIActivity extends AppCompatActivity {
    PoiSearch mPoiSearch = null;
    ListView mlistview = null;
    @Override
    protected void onCreate(Bundle savedInstanceState) {
        super.onCreate(savedInstanceState);
        setContentView(R.layout.activity_poi);
        mlistview = findViewById(R.id.poilistview);
        //创建 POI 对象
        mPoiSearch = PoiSearch.newInstance();
        //设置 POI 检索监听者
```

```
        mPoiSearch.setOnGetPoiSearchResultListener(poiListener);
        //获取父 Activity 传递给子 Activity 的 Intent 对象
        Intent intent1 = this.getIntent();
        //通过 intent 对象获取父 Activity 传递给子 Activity 的参数
        String strPoiMsg = intent1.getStringExtra("poimsg");
        //发起检索请求
        mPoiSearch.searchInCity((new PoiCitySearchOption())
                .city("重庆")
                .keyword(strPoiMsg)
                .pageNum(5));
        //添加单击 ListView 控件选项的事件监听器
        mlistview.setOnItemClickListener(new AdapterView.OnItemClickListener() {
            @Override
            public void onItemClick(AdapterView<?> adapterView, View view, int i, long l) {
                //从选择项字符串中分离出名称、经度和纬度
                String[] strSel = ((TextView) view).getText().toString().split(":");
                String strName = strSel[0];//地标具体名称
                String strLat = strSel[2].split(",")[0];//纬度
                String strLng = strSel[3];
                //创建 Intent 对象，关联子 Activity 和父 Activity
                Intent intent2 = new Intent(POIActivity.this, MainActivity.class);
                intent2.putExtra("name", strName);
                intent2.putExtra("Latitude", strLat);
                intent2.putExtra("Longitude", strLng);
                //设置结果码，携带封装了返回信息的 intent2
                setResult(RESULT_OK, intent2);
                finish();
            }
        });
    }
    OnGetPoiSearchResultListener poiListener = new OnGetPoiSearchResultListener() {
        @Override
        public void onGetPoiResult(PoiResult poiResult) {
            //获取 POI 检索结果
            if (poiResult == null || poiResult.error != SearchResult.ERRORNO.NO_ERROR)
            {
                Toast.makeText(POIActivity.this, "检索失败", Toast.LENGTH_LONG).show();
                return;
            }
            List<String> list = new ArrayList<>();
```

```
            //列出所有检索到的相关 POI
            for (PoiInfo poi : poiResult.getAllPoi()) {
                list.add(poi.name + ":" + poi.location.toString());
            }
            //使用 ArrayAdapter 数组适配器将界面控件和底层数据绑定到一起
            ArrayAdapter<String> adapter = new ArrayAdapter<>(POIActivity.this,
                    android.R.layout.simple_expandable_list_item_1, list);
            mlistview.setAdapter(adapter);
        }
        @Override
        public void onGetPoiDetailResult(PoiDetailResult poiDetailResult) {
        }
        @Override
        public void onGetPoiDetailResult(PoiDetailSearchResult poiDetailSearchResult) {
        }
        @Override
        public void onGetPoiIndoorResult(PoiIndoorResult poiIndoorResult) {
        }
    };
    @Override
    protected void onDestroy() {
        super.onDestroy();
        //释放 POI 检索对象
        mPoiSearch.destroy();
    }
}
```

(5) 编写 MainActivity.java 类，代码如下：

```
public class MainActivity extends AppCompatActivity {
    final int POIACTIVITY = 1;
    EditText medtPoi = null;
    Button serachBtn = null;
    boolean isFirstLoc = true;//是否首次定位
    private MapView mapview;//地图控件
    private BaiduMap baiduMap;
    public LocationClient mLocationClient = null;
    public BDLocationListener myListener = new MyLocationListener();
    @Override
    protected void onCreate(Bundle savedInstanceState) {
        super.onCreate(savedInstanceState);
        SDKInitializer.initialize(getApplicationContext());
```

```
        setContentView(R.layout.activity_main);
        mapview = findViewById(R.id.mapview);
        medtPoi = findViewById(R.id.searchtext);
        serachBtn = findViewById(R.id.searchbtn);
        baiduMap = mapview.getMap();
        //实例化 LocationClient 对象
        mLocationClient = new LocationClient(getApplicationContext());
        //注册定位监听函数
        mLocationClient.registerLocationListener(myListener);
        //设置定位参数
        LocationClientOption option = new LocationClientOption();
        option.setOpenGps(true);//打开 GPS
        //返回的定位结果是百度经纬度，默认值 gcj02
        option.setCoorType("bd0911");
        option.setScanSpan(1000);
        mLocationClient.setLocOption(option);
        mLocationClient.start();
        //搜索按钮添加监听事件
        serachBtn.setOnClickListener(new View.OnClickListener() {
            @Override
            public void onClick(View view) {
                if (!(medtPoi.getText().toString().equals(""))) {
                    //创建 Intent 对象，关联父 Activity 和子 Activity
                    Intent intent = new Intent(MainActivity.this, POIActivity.class);
                    //用 intent.putExtra()方法封装传递的检索信息
                    intent.putExtra("poimsg", medtPoi.getText().toString());
                    //启动子 Activity
                    startActivityForResult(intent, POIACTIVITY);
                }
            }
        });
    }
  //重写 onActivityResult()方法，获取 POIActivity 返回的数据
    @Override
    protected void onActivityResult(int requestCode, int resultCode, Intent data) {
        super.onActivityResult(requestCode, resultCode, data);
        switch (requestCode){
            case POIACTIVITY:
                if(resultCode==RESULT_OK){
                    //获取具体地标名称
                    String strPOIName=data.getStringExtra("name");
                    //获取经度
                    String strPOILat=data.getStringExtra("Latitude");
```

```
                //获取纬度
                String strPOILng=data.getStringExtra("Longitude");
                medtPoi.setText(strPOIName);
                //在地图上标志检索到的具体地标
                //定义地标点
                LatLng point=new LatLng(Double.parseDouble(strPOILat),
                        Double.parseDouble(strPOILng));
                BitmapDescriptor bitmap=
                  BitmapDescriptorFactory.fromResource(R.drawable.icon_marka);
                //构建 MarkerOptions，用于在地图上添加该地标
                OverlayOptions option=
                  new MarkerOptions().position(point).icon(bitmap);
                //在地图上添加该地标，并显示
                baiduMap.addOverlay(option);
                //创建地图状态构造器
                MapStatus.Builder builder=new MapStatus.Builder();
                //设置地图的中心位置为地标点位置，并将缩放级别设为 18 级
                builder.target(point).zoom(18f);
                //以动画方式更新地图
                baiduMap.animateMapStatus(
                  MapStatusUpdateFactory.newMapStatus(builder.build()));
            }
            break;
            default: break;
        }
    }
public class MyLocationListener implements BDLocationListener {
    @Override
    public void onReceiveLocation(BDLocation bdLocation) {
        //定位失败或 MapView 销毁后
        if (bdLocation == null || mapview == null) return;
        //开启定位图层
        baiduMap.setMyLocationEnabled(true);
        //构造定位数据
        MyLocationData locData = new MyLocationData.Builder()
                //此处设置开发者获取到的方向信息，取值范围为顺时针 0～360
                .direction(100)
                .latitude(bdLocation.getLatitude())
                .longitude(bdLocation.getLongitude())
                .build();
        //设置定位数据
        baiduMap.setMyLocationData(locData);
        //判断是否第一次定位
```

```
                if (isFirstLoc) {
                    isFirstLoc = false;
                    //将地图移动到定位的位置
                    float f = baiduMap.getMaxZoomLevel();//19.0 最大比例尺
                    // float m=baiduMap.getMinZoomLevel();//3.0 最大比例尺
                    LatLng ll =
                        new LatLng(bdLocation.getLatitude(), bdLocation.getLongitude());
                    //设置缩放比例
                    baiduMap.animateMapStatus(u);//移动地图
                }
            }
        }
        @Override
        protected void onDestroy() {
            super.onDestroy();
            //退出时销毁定位
            mLocationClient.stop();
            //关闭定位图层
            baiduMap.setMyLocationEnabled(false);
            mapview.onDestroy();
            mapview = null;
        }
    }
```

(6) 运行程序，效果如图 10.16 所示。

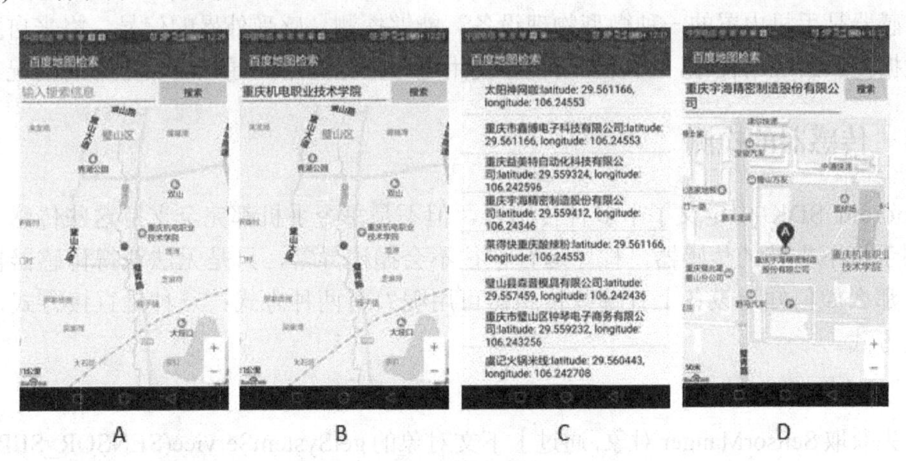

图 10.16　地图检索功能运行结果

第 11 章 Android 传感器应用开发

本章目标：

- 掌握传感器使用的基本步骤；
- 掌握光线传感器的使用；
- 掌握加速度传感器的使用；
- 掌握陀螺仪传感器的使用；
- 掌握磁场传感器的使用。

传感器近年来随着物联网这一概念的流行而被广泛使用，目前已经成为智能手机的标配。比较常见的传感器有：方向传感器、磁场传感器、温度传感器、光传感器、压力传感器、加速度传感器、重力传感器、陀螺仪传感器等。本章将详细讲解开发 Android 传感器应用程序的基本知识，为读者以后相关开发打下基础。

11.1 传感器简介

传感器是手机内置的一种微型物理设备，能够探测、感受外界的信号，将来自真实世界的数据提供给应用程序，然后应用程序使用这些数据向用户通知真实世界的情况。

11.1.1 传感器的检测

Android SDK 中定义了十多种传感器，但不是每个手机都完全支持这些传感器。如果遇到手机不支持的传感器，程序运行往往不会抛出异常，只是无法获得传感器传回的数据。那么如何知道设备上有哪些传感器可用呢？有两种方式：一种是直接方式，一种是间接方式。

1. 直接方式

首先获取 SensorManger 对象，通过上下文对象的 getSystemService(SENSOR_SERVICE) 方法就可以获取到系统的传感器管理服务。然后调用 SensorManger 对象的 getSensorList() 方法获取传感器集合，遍历获取到的集合就能得到传感器信息。

在接下来的实例中，我们将演示在 Android 设备中检测当前设备所支持传感器类型的流程和方法。

【实例 SensorType】通过直接的方式检测设备中的传感器类型，具体实现流程如下：

(1) 布局文件 activity_main.xml 的具体实现代码如下：

```
<?xml version="1.0" encoding="utf-8"?>
<LinearLayout xmlns:android="http://schemas.android.com/apk/res/android "
    xmlns:tools="http://schemas.android.com/tools"
    android:layout_width="match_parent"
    android:layout_height="match_parent"
    android:orientation="vertical"
    tools:context=".MainActivity">
    <ListView
        android:id="@+id/listView_main_show"
        android:layout_width="match_parent"
        android:layout_height="wrap_content" />
</ LinearLayout>
```

(2) 布局文件 item_listview.xml 的具体实现代码如下：

```
<?xml version="1.0" encoding="utf-8"?>
<LinearLayout xmlns:android="http://schemas.android.com/apk/res/android"
    android:layout_width="match_parent"
    android:layout_height="wrap_content"
    android:orientation="vertical">
    <TextView
        android:id="@+id/textView_item_name"
        android:layout_width="match_parent"
        android:layout_height="wrap_content" />
    <TextView
        android:id="@+id/textView_item_type"
        android:layout_width="match_parent"
        android:layout_height="wrap_content" />
    <TextView
        android:id="@+id/textView_item_vendor"
        android:layout_width="match_parent"
        android:layout_height="wrap_content" />
</LinearLayout>
```

(3) 主程序文件 MainActivity.java 的主要实现代码如下：

```
package com.example.xsc.sensortype_12_1;
import android.hardware.Sensor;
import android.hardware.SensorManager;
import android.support.v7.app.AppCompatActivity;
import android.os.Bundle;
import android.widget.ListView;
import android.widget.SimpleAdapter;
```

```
import java.util.*;

public class MainActivity extends AppCompatActivity {
    private ListView listView_main_show = null;
    @Override
    protected void onCreate(Bundle savedInstanceState) {
        super.onCreate(savedInstanceState);
        setContentView(R.layout.activity_main);
        listView_main_show = (ListView)
                findViewById(R.id.listView_main_show);
        //获取系统传感器管理服务
        SensorManager sensorManager = (SensorManager)
            getSystemService(SENSOR_SERVICE);
        //获取所有传感器的信息集合
        List<Sensor> list_sensor =
            sensorManager.getSensorList(Sensor.TYPE_ALL);
        //定义一个 List<Map>集合，作为 ListView 的数据源
        List<Map<String, Object>> list_data =
            new ArrayList<Map<String, Object>>();
        //遍历传感器信息集合，将所有传感器的信息放到 ListView 数据源集合中
        for (int i = 0; i < list_sensor.size(); i++) {
            Map<String, Object> map = new HashMap<String, Object>();
            map.put("name", list_sensor.get(i).getName());
            map.put("type", list_sensor.get(i).getType());
            map.put("vendor", list_sensor.get(i).getVendor());
            list_data.add(map);
        }
        //定义适配器
        SimpleAdapter adapter = new SimpleAdapter
            (MainActivity.this, list_data, R.layout.item_listview,
                new String[]{"name", "type", "vendor"},
                new int[]{R.id.textView_item_name, R.id.textView_item_type,
                        R.id.textView_item_vendor});
        //给 ListView 设置适配器
        listView_main_show.setAdapter(adapter);
        }
    }
```

上述实例代码需要在真机上运行，执行后将会显示当前设备所支持的传感器类型，如图 11.1 所示为华为手机的运行结果，每个 item 有三行文本：第一行为传感器名称，第二行

为传感器类型，第三行为传感器的提供商。当然，对于不同厂商不同版本的设备，运行效果也不尽相同。设备中常用的传感器类型如表 11-1 所示。

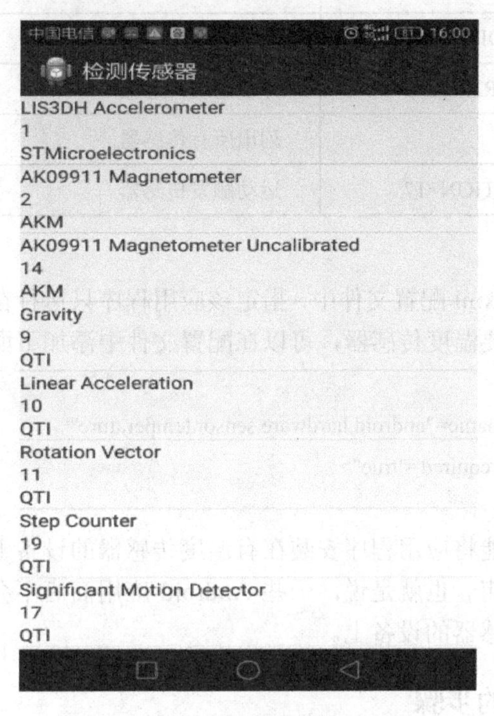

图 11.1　设备中传感器检测效果

表 11-1　常用传感器类型

传 感 器 类 型	说　　明
TYPE_ACCELEROMETER=1	三轴加速度传感器(返回三个坐标轴的加速度，单位为 m/s^2)
TYPE_MAGNETIC_FIELD=2	磁场传感器(返回三个坐标轴的数值，单位为 uT)
TYPE_ORIENTATION=3	方向传感器(已过时，用 SensorManager.getOrientation()代替)
TYPE_GYROSCOPE=4	陀螺仪传感器(可判断方向，返回三个坐标轴上的角度)
TYPE_LIGHT=5	光传感器(单位为 lux)
TYPE_PRESSURE=6	压力传感器(单位 kPa)
TYPE_TEMPERATURE=7	温度传感器(单位为℃，已过时，用环境温度传感器代替)
TYPE_PROXIMITY=8	距离传感器
TYPE_GRAVITY=9	重力传感器
TYPE_LINEAR_ACCELERATION=10	线性加速度传感器
TYPE_ROTATION_VECTOR=11	旋转矢量传感器

续表

传感器类型	说　明
TYPE_RELATIVE_HUMIDITY=12	相对湿度传感器
TYPE_AMBIENT_TEMPERATURE=13	环境温度传感器
TYPE_ALL=-1	列出所有传感器
TYPE_SIGNIFICANT_MOTION=17	运动触发传感器

2. 间接方式

在 AndroidManifest.xml 配置文件中，指定该应用程序只运行在具有哪些硬件功能的设备上。如果应用程序需要温度传感器，可以在配置文件中添加下面一行代码：

```
<uses-feature
        android:name="android.hardware.sensor.temperature"
        android:required="true">
    </uses-feature>
```

Android Market 只能将应用程序安装在有温度传感器的设备上。但是该规则并不适用于其他 Android 应用商店。也就是说，一些 Android 应用商店不会执行检测以确保将应用程序安装在支持指定传感器的设备上。

11.1.2　使用传感器的步骤

如何使用传感器呢？一般使用传感器都有以下五个步骤：

(1) 调用 Context 的 getSystemService(Context.SENSOR_SERVICE)方法获取 Sensor Manager 对象。

(2) 调用 SensorManager 的 getDefaultSensor(int type)方法获取指定类型的传感器。

(3) 在 onCreate()生命周期方法中调用 SensorManager 的 registerListener()方法为指定传感器注册监听。

(4) 实例化 SensorEventListener 接口，作为 registerListener()方法的第一个参数。重写 SensorEventListener 接口中的 onSensorChanged()方法。

(5) 在 onDestroy()生命周期方法中调用 SensorManager 的 unregisterListener()方法释放资源。

SensorManager 的 registerListener()方法的用法如下：

```
public boolean registerListener (SensorEventListener listener , Sensor sensor , int rate)
```

其中：

- listener：监听传感器事件的监听器，该监听器需要实现 SensorEventListener 接口。
- sensor：通过 SensorManager 的 getDefaultSensor(int type)方法获取到的传感器对象。
- rate：获取传感器数据的频率。该参数由 SensorManager 中的以下几个常量来定义。

(1) int SENSOR_DELAY_FASTEST=0：以最快的速度获得传感器数据。只有特别依赖传感器数据的应用才推荐采用这种频率，这种模式会造成手机大量耗电。

(2) int SENSOR_DELAY_GAME=1：适合游戏的频率，在一般实时性要求的应用上适用这种频率。

(3) int SENSOR_DELAY_UI=2：适合普通用户界面的频率，这种模式比较省电，系统开销也小，但是延迟较长。

(4) int SENSOR_DELAY_NORMAL=3：正常频率，一般实时性要求不是特别高的应用采用这种频率。

11.2 光线传感器

在现实应用中，光线传感器能够根据手机所处环境的光线来调节手机屏幕的亮度和键盘灯。例如，在光线充足的地方屏幕会很亮，键盘灯就会关闭。相反如果在暗处，键盘灯就会亮，屏幕较暗，这样既保护了眼睛又节省了电能。

光线传感器的类型常量为 Sensor.TYPE_LIGHT(数值为 5)。Values 数组只有第一个元素 values[0]有意义，表示光线的强度。

Android SDK 中将光线强度分为不同等级，每一个等级的最大值由一个常量表示，这些常量定义在 SensorManager 类中，最大值为 120000.0f。以下为常见的光线强度的常量：

- public static final float LIGHT_SUNLIGHT_MAX=120000.0f;//最强光线强度
- public static final float LIGHT_SUNLIGHT=110000.0f;//万里无云阳光直射的光线强度
- public static final float LIGHT_SHADE=20000.0f;//阳光被云遮挡后的光线强度
- public static final float LIGHT_OVERCAST=10000.0f;//多云时的光线强度
- public static final float LIGHT_SUNRISE=400.0f;//刚日出时的光线强度
- public static final float LIGHT_CLOUDY=100.0f;//阴天无太阳时的光线强度
- public static final float LIGHT_FULLMOON=0.25f;//夜晚满月时的光线强度
- public static final float LIGHT_NO_MOON=0.001f;//夜晚无月亮时的光线强度

在接下来的实例中，我们将演示在 Android 设备中使用光线传感器的示例。

【实例 LightSensor】利用光线传感器感受光线强度的变化，将光线的强度数值显示在页面中的文本框中。主体代码如下：

```
public class MainActivity extends AppCompatActivity {
    private TextView textView_main_info = null;
    private SensorManager sensorManager = null;
    private Sensor sensor = null;
    private SensorEventListener sensorEventListener = new SensorEventListener()
    {
    @Override
    public void onSensorChanged(SensorEvent sensorEvent) {
  //当传感器检测到的数据发生变化时调用该方法
  //光线传感器中 values 数组只有第一个元素有意义，表示光线的强度
        textView_main_info.setText(sensorEvent.values[0] + "LUX");
```

```
        }
        @Override
        public void onAccuracyChanged(Sensor sensor, int i) {
        }
    };

    @Override
    protected void    onCreate (Bundle savedInstanceState) {
        super.onCreate(savedInstanceState);
        setContentView(R.layout.activity_main);
        textView_main_info = (TextView) findViewById(R.id.textView_main_info);
        //获取 SensonManager 对象
        sensorManager = (SensorManager)
                getSystemService(Context.SENSOR_SERVICE);
        //获取光线传感器
        sensor = sensorManager.getDefaultSensor(Sensor.TYPE_LIGHT);
        //为光线传感器注册监听
        sensorManager.registerListener(sensorEventListener, sensor,
            sensorManager.SENSOR_DELAY_NORMAL);
    }

    protected void onDestroy() {
        super.onDestroy();
        //调用 unregisterListener()方法释放资源
        sensorManager.unregisterListener(sensorEventListener, sensor);
    }
}
```

该程序需要在真机上运行，效果如图 11.2 所示。

图 11.2　光线传感器效果图

11.3　加速度传感器

在 Android 系统中，加速度传感器的类型常量是 Sensor.TYPE_ACCELEROMETER(数值为 1)，单位为 m/s^2，能够测量应用设备在 X、Y、Z 轴上的加速度，又叫作 G-sensor。

在开发过程中，通过 Android 的加速度传感器可以取得 X、Y、Z 三个轴的加速度，器值存放在 values 数组中。values 数组的三个元素含义如下：

- values[0]：沿 X 轴方向的加速度(手机水平放置，横向左右移动)。
- values[1]：沿 Y 轴方向的加速度(手机水平放置，前后移动)。
- values[2]：沿 Z 轴方向的加速度(手机竖向上下移动)。

在接下来的实例中，我们将演示在 Android 设备中使用加速度传感器的示例。

【实例 AccelerometerSensor】利用加速度传感器，获取手机三个方向上加速度的变化，将数值显示在页面中的文本框中。主体代码如下：

```
public class MainActivity extends AppCompatActivity {
    TextView infoX = null;
    TextView infoY = null;
    TextView infoZ = null;
    Sensor sensor = null;
    //两次检测的时间间隔
    private static final int UPTATE_INTERVAL_TIME = 70;
    //上次检测时间
    private long lastUpdateTime = 0;
    private SensorManager sensorManager;
    private SensorEventListener listener = new SensorEventListener() {
    @Override
    public void onSensorChanged(SensorEvent    sensorEvent) {
        //开始检测时间
        long currentUpdateTime = System.currentTimeMillis();
        //两次检测的时间间隔
        long timeInterval = currentUpdateTime - lastUpdateTime;
        //判断是否达到了检测时间间隔
        if (timeInterval < UPTATE_INTERVAL_TIME) return;
        //现在的时间变为 last 时间
        lastUpdateTime = currentUpdateTime;
        //获取 X、Y、Z 轴三个方向上的加速度
        float valueX = Math.abs(sensorEvent.values[0]);
        float valueY = Math.abs(sensorEvent.values[1]);
        float valueZ = Math.abs(sensorEvent.values[2]);
        infoX.setText(valueX + "");
        infoY.setText(valueY + "");
        infoZ.setText(valueZ + "");
    }
    @Override
    public void onAccuracyChanged(Sensor sensor, int i) {
```

```
            }
        };
        @Override
        protected void onCreate(Bundle savedInstanceState) {
            super.onCreate(savedInstanceState);
            setContentView(R.layout.activity_main);
            infoX = findViewById(R.id.textX);
            infoY = findViewById(R.id.textY);
            infoZ = findViewById(R.id.textZ);
           //获取 sensorManager 管理器
            sensorManager = (SensorManager)
                    getSystemService(Context.SENSOR_SERVICE);
           //获取加速度传感器
            sensor =   sensorManager.
                    getDefaultSensor(Sensor.TYPE_ACCELEROMETER);
           //为加速度传感器注册监听
            sensorManager.registerListener(listener, sensor,
                      sensorManager.SENSOR_DELAY_GAME);
        }

        @Override
        protected void onDestroy() {
            super.onDestroy();
            sensorManager.unregisterListener(listener, sensor);
        }
    }
```

程序运行效果如图 11.3 所示。

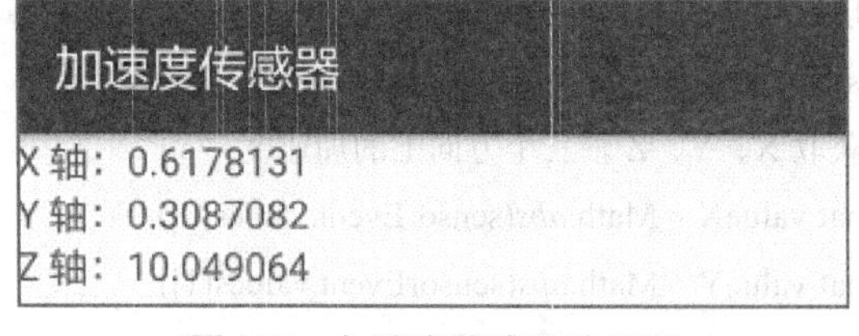

图 11.3　加速度传感器效果图

11.4　陀螺仪传感器

陀螺仪传感器是一个基于自由空间移动和手势的定位和控制系统，已经广泛运用于手机、平板电脑等移动便携设备上，在将来的设备中也会经常使用。

在 Android 系统中，陀螺仪传感器的类型是 Sensor.TYPE_GYROSCOPE，能够测量设备 X、Y、Z 三轴的角加速度数据，单位是 rad/s。Android 中的陀螺仪传感器又名 Gyro-sensor 角速度器，利用内部振动机械结构侦测物体转动所产生的角速度，进而计算出物体移动的角度。

在接下来的实例中，我们将演示在 Android 设备中使用陀螺仪传感器。

【实例 GyroscopeSensor】利用陀螺仪传感器，获取手机三个方向上角度的变化，将数值显示在页面的文本框中。主体代码如下：

```
public class MainActivity extends AppCompatActivity {
  TextView infoX = null;
  TextView infoY = null;
  TextView infoZ = null;
  Sensor sensor = null;
  // 将纳秒转化为秒
  private static final float NS2S = 1.0f / 1000000000.0f;
  private float timestamp=0;
  private float angle[] = new float[3];
  private SensorManager sensorManager;
  private SensorEventListener listener = new SensorEventListener() {
    @Override
    public void onSensorChanged(SensorEvent sensorEvent) {
    //从 X、Y、Z 轴的正向位置观看处于原始方位的设备，
    //如果设备逆时针旋转，将会收到正值；否则，为负值
        if (timestamp != 0) {
    //得到两次检测到手机旋转的时间差(纳秒)，并将其转化为秒
            final float dT = (sensorEvent.timestamp - timestamp) * NS2S;
    //将手机在各个轴上的旋转角度相加，
    //即可得到当前位置相对于初始位置的旋转弧度
            angle[0] += sensorEvent.values[0] * dT;
            angle[1] += sensorEvent.values[1] * dT;
            angle[2] += sensorEvent.values[2] * dT;
            // 将弧度转化为角度
            float anglex = (float) Math.toDegrees(angle[0]);
            float angley = (float) Math.toDegrees(angle[1]);
            float anglez = (float) Math.toDegrees(angle[2]);
            infoX.setText(anglex+ "");
            infoY.setText(angley + "");
            infoZ.setText(anglez + "");
        }
        //将当前时间赋值给 timestamp
```

```
            timestamp = sensorEvent.timestamp;
        }
        @Override
        public void onAccuracyChanged(Sensor sensor, int i) {
        }
    };
    @Override
    protected void onCreate(Bundle savedInstanceState) {
        super.onCreate(savedInstanceState);
        setContentView(R.layout.activity_main);
        infoX = findViewById(R.id.textX);
        infoY = findViewById(R.id.textY);
        infoZ = findViewById(R.id.textZ);
        //获取 sensorManager 管理器
        sensorManager = (SensorManager)
                getSystemService(Context.SENSOR_SERVICE);
        //获取陀螺仪传感器
        sensor = sensorManager.
                getDefaultSensor(Sensor.TYPE_GYROSCOPE);
        //为陀螺仪传感器注册监听
        sensorManager.registerListener(listener, sensor,
                sensorManager.SENSOR_DELAY_NORMAL);
    }
    @Override
    protected void onDestroy() {
        super.onDestroy();
        sensorManager.unregisterListener(listener, sensor);
    }
}
```

程序运行效果如图 11.4 所示。

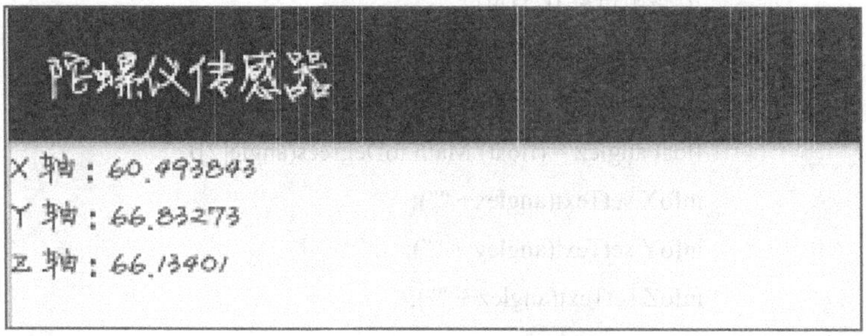

图 11.4　陀螺仪传感器效果图

11.5 磁场传感器

磁场传感器是可以将各种磁场及其变化的量转变成电信号输出的装置，被广泛用于探测、采集、存储、转换、复现和监控各种磁场和磁场中承载的各种信息的任务。

在 Android 系统中，磁场传感器的类型常量为 Sensor.TYPE_MAGNETIC_FIELD(数值为 2)，能够测量设备周围 3 个物理轴(X、Y、Z)的磁场，单位是 μT(微特斯拉)。在 Android 设备中，磁场传感器主要用于感应周围的磁感应强度，在注册监听器后主要用于捕获如下 3 个参数：

- values[0]：沿 X 轴方向的磁场分量。
- values[1]：沿 Y 轴方向的磁场分量。
- values[2]：沿 Z 轴方向的磁场分量。

在 Android 系统中，磁场传感器主要包含了如下所示的公共方法：

- int getFifoMaxEventCount()：返回该传感器可以处理事件的最大值。如果该值为 0，表示当前模式不支持此传感器。
- int getFifoReservedEventCount()：保留此传感器中分批处理方式的 FIFO 的事件数，给出了对可批处理事件的最小数量的保证。
- float getMaximumRange()：传感器单元的最大范围。
- int getMinDelay()：最小延迟。
- String getName()：获取传感器的名称。
- float getPower()：获取传感器电量。
- float getResolution()：获取传感器的分辨率。
- int getType()：获取传感器的类型。
- String getVendor()：获取传感器的供应商字符串。
- int getVersion()：获取该传感器模块版本。
- String toString()：返回一个对当前传感器的字符串描述。

接下来我们利用磁场传感器和加速度传感器来制作指南针，以此示例磁场传感器的应用。制作指南针的步骤如下：

(1) 分别获取加速度传感器和磁场传感器实例，并分别注册监听器。传感器输出信息的更新速率要高一些，使用 SENSOR_DELAY_GAME 模式。

(2) 在 onSensorChanged()方法中进行判断，如果当前 SensorEvent 中包含的是加速度传感器，就将 sensorEvent 中的 values 数组赋值给加速度传感器 values 数组；如果当前 SensorEvent 中包含的是磁场传感器，就将 sensorEvent 中的 values 数组赋值给磁场传感器数组。为了避免两个数组指向同一个引用，要使用 clone()克隆方法。

(3) 定义一个长度为 9 的 float 数组 R，调用 SensorManager 的静态方法 getRotationMatrix()，计算接收来自加速度传感器和磁场传感器的数据，然后将计算出的旋转数据放在 R 数组中。

(4) 定义一个长度为 3 的 float 数组 values，调用 SensorManager 的静态方法 getOrientation()，

将手机在各个方向上的旋转数据都存放在 values 数组中。values[0]记录手机围绕 Z 轴的旋转弧度，values[1]记录手机围绕 X 轴的旋转弧度，values[2]记录手机围绕 Y 轴的旋转弧度，调用 Math.toDegrees(values[0])方法将其转化成角度值，最后对值进行处理即可。

以上步骤涉及以下两个核心方法。

(1) public static boolean getRotationMatrix(float[] R, float[] I, float[] gravity, float[] genmagnetic)

该方法的作用是接收来自加速度传感器和磁场传感器的数据，然后计算出一个用于确定方向的矩阵放在 R 数组中。

- float[] R 是一个长度为 9 的 float 数组，当调用 getRotationMatrix()方法后将计算出的旋转数据存在该 R 数组中。
- float[] I 用于将地磁向量转换成重力坐标的旋转矩阵，通常指定为 null 即可。
- float[] gravity 为加速度传感器输出的 values 值。
- float[] genmagnetic 为磁场传感器输出的 values 值。

(2) public static float[] getOrientation(float[] R, float[] values)

该方法的作用用于获取上一步中的旋转矩阵并提供一个方向矩阵。方向矩阵的值表明设备相对于地球磁场北极的旋转，以及设备相对于地面的倾斜度和摇晃。

- float[] R 是一个长度为 9 的 float 数组，存储了旋转数据的 R 数组。
- float[] values 是一个长度为 3 的 float 数组。当调用 SensorManager 的静态方法 getOrientation()时，将手机在各个方向上的旋转数据都存放在 values 数组中。values[0]记录手机围绕 Z 轴的旋转弧度，values[1]记录手机围绕 X 轴的旋转弧度，values[2]记录手机围绕 Y 轴的旋转弧度。

【实例 Magentic】利用加速度传感器和磁场传感器制作指南针。

(1) 修改布局文件 activity_main.xml，代码如下所示：

```
<?xml version="1.0" encoding="utf-8"?>
<LinearLayout xmlns:android="http://schemas.android.com/apk/res/android"
    android:layout_width="match_parent"
    android:layout_height="match_parent"
    android:orientation="vertical" >
    <TextView
        android:id="@+id/textview"
        android:layout_width="match_parent"
        android:layout_height="wrap_content"    />
    <ImageView
        android:id="@+id/imageView"
        android:layout_width="200dp"
        android:layout_height="200dp"
        android:layout_gravity="center_horizontal"
        android:src="@drawable/compass"
        />
    <TextView
```

```
        android:id="@+id/infotext"
        android:layout_width="match_parent"
        android:layout_height="wrap_content" />
</LinearLayout>
```

(2) 修改 MainActivity.java 文件，代码如下所示：

```
public class MainActivity extends AppCompatActivity {
    private TextView textView_main_info;
    private TextView infotext;
    private ImageView imageView_main_arrow;
    private SensorManager sensorManager;
    private Sensor mageneticSensor = null;
    private Sensor accelerometerSensor = null;
    float[] accelerometerValues = new float[3];
    float[] magneticValues = new float[3];
    float lastRotateDegree = 0;
    private SensorEventListener listener = new SensorEventListener() {
        @Override
    public void onSensorChanged(SensorEvent sensorEvent) {
        /*如果当前 SensorEvent 中包含的是加速度传感器，
        就将 sensorEvent 中的 values 数组赋值给 accelerometerValues 数组
        如果当前 SensorEvent 中包含的是磁场传感器，
        就将 sensorEvent 中的 values 数组赋值给 magneticValues 数组
        为了避免两个数组指向同一个引用，要使用 clone()克隆方法*/
        if (sensorEvent.sensor.getType() == Sensor.TYPE_ACCELEROMETER) {
            accelerometerValues = sensorEvent.values.clone();
        } else if (sensorEvent.sensor.getType() == Sensor.TYPE_MAGNETIC_FIELD) {
            magneticValues = sensorEvent.values.clone();
        }
        //定义一个长度为 9 的 float 数组
        float[] R = new float[9];
        //getRotationMatrix()方法接收来自加速度传感器和磁场传感器的数据，
        //然后将计算出的旋转数据放置在 R 数组中
        SensorManager.getRotationMatrix(R, null, accelerometerValues, magneticValues);
        //定义一个长度为 3 的 float 数组
        float[] values = new float[3];
        /*getOrientation()方法将手机在各个方向上的旋转数据都存放在 values 数组中
        values[0]记录手机围绕 Z 轴的旋转弧度
        values[1]记录手机围绕 X 轴的旋转弧度
        values[2]记录手机围绕 Y 轴的旋转弧度
        * */
        SensorManager.getOrientation(R, values);
        //将围绕 Z 轴的旋转弧度值转化成角度值
        float rotateDegree = -(float) Math.toDegrees(values[0]);
```

```
            //根据计算出的旋转角度，制作指南针图片的旋转动画
            if (Math.abs(rotateDegree - lastRotateDegree) > 1) {
                RotateAnimation animation = new RotateAnimation(
                        lastRotateDegree, rotateDegree,
                        Animation.RELATIVE_TO_SELF, 0.5f,
                        Animation.RELATIVE_TO_SELF, 0.5f);
                animation.setFillAfter(true);
                imageView_main_arrow.startAnimation(animation);
                lastRotateDegree = rotateDegree;
            }
            /*当 values[0]取值范围为-180～+180 时，+180 度和-180 度表示正南方向，
            0 度表示正北方向，-90 度表示正西方向，+90 度表示正东方向 */
            textView_main_info.setText("角度为：" + Math.toDegrees(values[0]));
        }
        @Override
        public void onAccuracyChanged(Sensor sensor, int i) {
        }
    };
    @Override
    protected void onCreate(Bundle savedInstanceState) {
        super.onCreate(savedInstanceState);
        setContentView(R.layout.activity_main);
        imageView_main_arrow = findViewById(R.id.imageView);
        textView_main_info = findViewById(R.id.textview);
        infotext = findViewById(R.id.infotext);
        sensorManager = (SensorManager) getSystemService(Context.SENSOR_SERVICE);
        /*获取加速度传感器对象，并注册监听器，使用 SENSOR_DELAY_GAME 模式*/
        accelerometerSensor
 = sensorManager.getDefaultSensor(Sensor.TYPE_ACCELEROMETER);
        sensorManager.registerListener(listener, accelerometerSensor,
sensorManager.SENSOR_DELAY_NORMAL);
        /*获取磁场传感器对象，并注册监听器，使用 SENSOR_DELAY_GAME 模式*/
        mageneticSensor
 = sensorManager.getDefaultSensor(Sensor.TYPE_MAGNETIC_FIELD);
        sensorManager.registerListener(listener, mageneticSensor,
sensorManager.SENSOR_DELAY_NORMAL);
        if (mageneticSensor == null) {
            Toast.makeText(this, "设备不支持该功能！", Toast.LENGTH_LONG).show();
        } else {
            String str = "\n 名字：" + mageneticSensor.getName() +
                "\n 电池：" + mageneticSensor.getPower() +
                "\n 类型：" + mageneticSensor.getType() +
                "\nVendor:" + mageneticSensor.getVendor() +
```

```
                "\n 版本：" + mageneticSensor.getVersion() +
                "\n 幅度：" + mageneticSensor.getMaximumRange();
        infotext.setText(str);
    }
}
@Override
protected void onDestroy() {
    super.onDestroy();
    sensorManager.unregisterListener(listener, accelerometerSensor);
    sensorManager.unregisterListener(listener, mageneticSensor);
}
}
```

程序运行结果如图 11.5 所示。

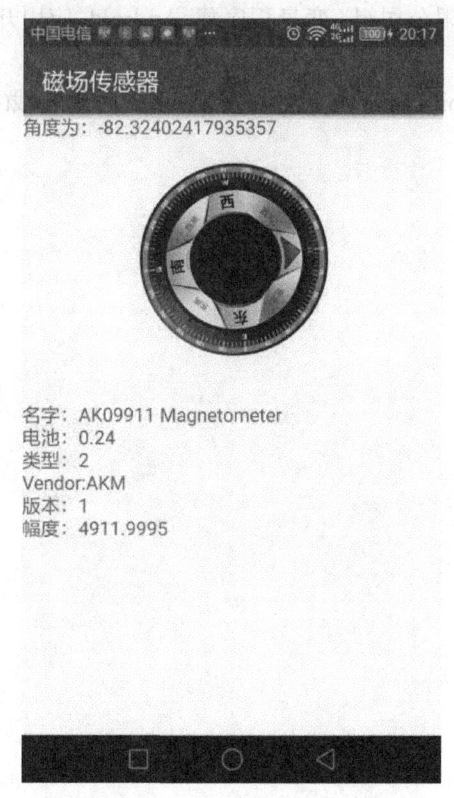

图 11.5　自制指南针效果图

参 考 文 献

[1] 王翠萍. Android Studio 应用开发实战详解. 北京：人民邮电出版社，2017.
[2] 郭霖. 第一行代码 Android. 2 版. 北京：人民邮电出版社，2017.
[3] 傅由甲，王勇. Android 移动网络程序设计案例教程(Android Studio 版). 北京：清华大学出版社，2018.
[4] 赵克玲. Android Studio 程序设计案例教程(微课版). 北京：清华大学出版社，2018.
[5] 青岛英谷教育科技股份有限公司. Android 程序设计及实践. 西安：西安电子科技大学出版社，2016.
[6] 北京育知同创科技有限公司组. 变身程序猿 Android 应用开发. 北京：电子工业出版社，2017.
[7] 兰红，李淑芝. Android Studio 移动应用开发从入门到实战(微课版). 北京：清华大学出版社，2018.